"十四五"职业教育国家规划教材

UI设计

（第2版）

主　编　高振清　杨亚萍

副主编　普　星　殷红梅　周晴红　汪小霞

主　审　张胜生

北京理工大学出版社
BEIJING INSTITUTE OF TECHNOLOGY PRESS

内 容 简 介

本书共分基础篇、设计篇、综合篇三大篇，基础篇主要介绍了 Photoshop 与 Illustrator 两大设计软件的操作方法与使用技巧，力图使学习者对 UI 设计软件有初步的了解。设计篇以案例形式分别介绍了软件 UI、Web UI、APP UI 的设计原则、界面布局、设计方法及一些规范，通过训练，使学习者能对 UI 设计有全面、深入的了解，并具备主流界面设计的能力。综合篇主要通过真实案例帮助学习者提升 UI 设计的综合技能。

本书由浅入深，内容层次清晰，案例翔实，以培养 UI 设计制作相关岗位的职业能力和职业素养为核心，让学习者由浅入深地学会 UI 设计主要流程和技能。本书可作为相关计算机专业培养平面设计、UI 设计技能型人才的教材。

图书在版编目（CIP）数据

UI 设计/高振清，杨亚萍主编. --2 版. -- 北京 ：北京理工大学出版社，2022.1（2024.1 重印）
ISBN 978-7-5763-1009-2

Ⅰ. ①U… Ⅱ. ①高… ②杨… Ⅲ. ①人机界面–程序设计 Ⅳ. ①TP311.1

中国版本图书馆 CIP 数据核字（2022）第 029802 号

责任编辑：王玲玲　　**文案编辑**：王玲玲
责任校对：刘亚男　　**责任印制**：施胜娟

出版发行 / 北京理工大学出版社有限责任公司
社　　址 / 北京市丰台区四合庄路 6 号
邮　　编 / 100070
电　　话 /（010）68914026（教材售后服务热线）
（010）68944437（课件资源服务热线）
网　　址 / http://www.bitpress.com.cn

版 印 次 / 2024 年 1 月第 2 版第 5 次印刷
印　　刷 / 唐山富达印务有限公司
开　　本 / 787 mm × 1092 mm　1/16
印　　张 / 16.5
字　　数 / 399 千字
定　　价 / 59.80 元

前 言

近几年，随着我国互联网的高速发展，互联网产业的规模在不断扩大，产品的人性化意识日趋增强，用户体验越来越受到重视。UI 设计人才缺口巨大，就业前景广阔。

本书以适应社会需求为目标，以培养技术能力为主线，以项目为载体组织编写。在编写内容上，以“够用”为度，以“实用”为准，理论紧密联系实际，按照认知规律，兼顾 UI 设计人员在工作中使用的原则，来安排本书的结构体系。

本书主要体现出如下特色：

（1）采用项目化编排，打破了传统的章节式编排方式，着重于对软件操作技能的训练。按照 UI 设计师的职业发展过程，将全书分为 3 个部分，共 32 个工作任务。任务中包含了预备知识部分，适合初学者在任务实践前自行学习，后面还有拓展练习，有利于巩固所学知识。

（2）按一体化教材的思路编写。本书内容丰富、层层递进，阐述简明扼要，并配套相关的网络学习平台，配套电子教案、PPT 课件、操作素材等，同时，在关键知识点、技能点上配备微课资源，便于学生泛在学习的开展。

（3）本书编者全部是来自教学一线和企业一线 UI 设计工作岗位的教师和设计师，具有丰富的教学和实践经验。

本书建议总学时为 64 课时，具体模块学时分配如下：

序号	模块名称	重点内容	学时分配			编者
			理论	实践	合计	
1	Photoshop 基础操作	掌握 Photoshop 基本工具的使用方法； 掌握基本快捷键； 会使用蒙版进行图片合成； 掌握图片处理的基本技能	6	8	14	殷红梅
2	Illustrator 基础操作	掌握 AI 基本工具的使用方法； 掌握基本快捷键； 掌握 AI 效果菜单的使用方法； 会用 AI 进行图形设计	6	6	12	高振清
3	软件 UI 设计	了解 UI 软件概念； 会使用 Photoshop 进行典型软件界面设计	2	4	6	汪小霞
4	Web UI 设计	了解 Web UI 概念； 会使用 Photoshop 进行常见网站界面设计	6	6	12	杨亚萍
5	APP UI 设计	了解 APP UI 概念； 会使用 Photoshop、AI 进行 APP 界面设计	4	4	8	周晴红
6	综合案例设计	会根据企业需求使用 Photoshop 与 AI 设计综合案例	2	10	12	普星

本书由高振清、杨亚萍担任主编，普星、殷红梅、周晴红、汪小霞担任副主编，李刚参编，整本书的统稿、格式排版工作由高振清完成，本书由江苏省省级产业教授张胜生主审。在此对所有为本书付出辛勤工作的成员表示最衷心的感谢！

由于作者水平有限，书中不妥之处在所难免，恳请读者批评指正并提出改进建议，如果有任何问题，欢迎发邮件至邮箱 1090805377@qq.com，作者将尽力为您答疑解惑。

编　者

目　录

第一部分　基　础　篇

第二部分　设　计　篇

第三部分　综　合　篇

01

第一部分

基 础 篇

项目一 Photoshop 基础操作

知识目标

1. 了解 Photoshop 图形图像的基础知识
2. 掌握 Photoshop 常用工具的使用方法
3. 掌握 Photoshop 常用菜单的使用方法
4. 掌握图片调色命令的使用方法
5. 掌握图层样式的使用技巧
6. 掌握图层蒙版的用法
7. 掌握剪贴蒙版的用法
8. 了解 Photoshop 的应用范畴

能力目标

1. 会使用 Photoshop 裁剪和调整图片大小
2. 会使用 Photoshop 调整图片色调
3. 会使用魔棒、多边形套索等工具抠图
4. 会使用 Photoshop 修复图片
5. 会使用 Photoshop 合成图片

任务 1　新建、保存和关闭图像

任务知识目标

1. 掌握 Photoshop 的启动与文件的新建方法
2. 熟悉 Photoshop 的界面
3. 掌握工具箱中选择工具、矩形工具组、画笔工具的操作方法
4. 掌握基本快捷键的使用方法
5. 掌握文件的保存与关闭方法

新建、保存和关闭图像

任务预备知识

知识 1：新建文件

新建文件相当于准备一张尺寸合适的空白画布。新建文件的方法有两种：

① 选择“文件”菜单中的“新建”菜单项。

② 使用快捷键 Ctrl+N。

注：预设尺寸：

① 宽度、高度：注意单位（厘米、毫米、像素、英寸、点、派卡和列）。

② 分辨率：注意分辨率的设置，分辨率越大，图像文件越大，图像越清楚，存储时占的硬盘空间越大，在网上传播得越慢（单位为像素/厘米、像素/英寸）。

③ 模式：RGB 颜色模式、位图模式、灰度模式、CMYK 颜色模式、Lab 颜色模式。

④ 文档背景：设定新文件的各项参数后，单击“OK”按钮或按下 Enter 键，就可以建立一个新文件。

知识 2：保存文件

在工作中或完成工作后，需要保留自己的工作成果，Photoshop 提供了三种保存文件的方法：

① 存储：当文件是曾经存储过的文件时，执行“存储”命令后会保存当前文件状态，覆盖原文件。

② 存储为：对一个已有文件执行“存储为”命令或对新建文件执行“存储”命令时，都会出现“存储为”对话框，可将当前文件以另一文件名及文件格式进行保存。

③ 存储为 Web 所用格式：GIF 格式图像或者用户处理的图像要用于 Web 网页时，就选择“存储为 Web 所用格式”来存储文件。

知识 3：关闭文件

Photoshop 中关闭文件有以下几种方法：

① 双击图像文件标题栏的“眼睛”图标。

② 单击图像文件标题栏的“关闭”图标。

③ 选择“文件”菜单中的“关闭”命令。

④ 使用快捷键 Ctrl+W 或 Ctrl+F4。

如果要同时关闭所有打开的文件，则可以使用窗口菜单中的“关闭全部”命令。

任务实施

【任务要求】

在 Photoshop CS6 中新建一个宽 800 像素、高 600 像素，分辨率为 72 像素/英寸的图像文件，然后在其中进行简单的绘制、输入自己的个人信息，再将其以“学号姓名”为文件名进行保存，格式选择“jpeg”，最后将其关闭。（主要练习新建、保存和关闭图像文件的方法。注意像素与厘米不能混淆。）

【操作步骤】

步骤 01： 启动 Photoshop，选择“文件”→“新建”命令，在弹出的“新建”对话框中设置相关参数，单击“确定”按钮，即可新建一个图像文件，如图 1-1-1 所示。

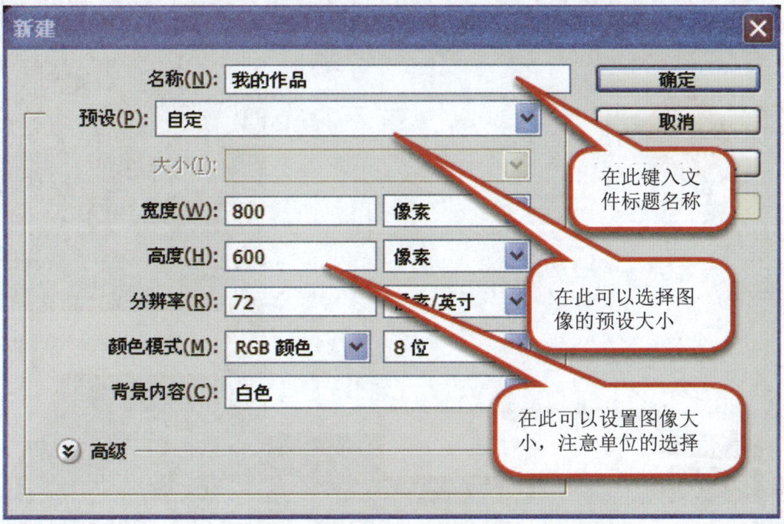

图 1-1-1

步骤 02： 设置图像背景色，颜色自定，通过 Ctrl+Delete 组合键填充，如图 1-1-2 所示。

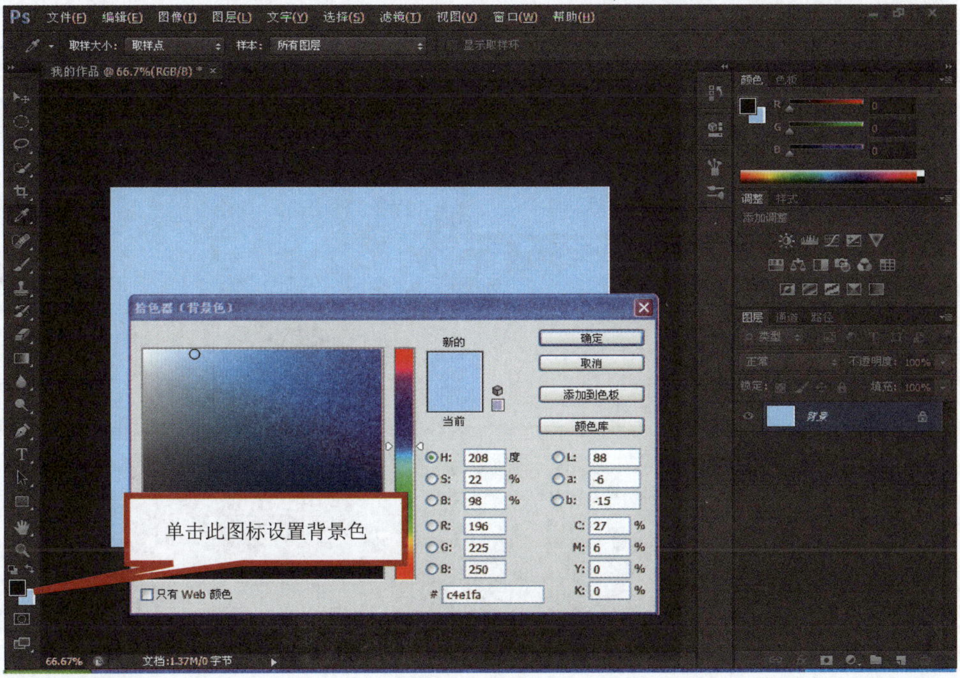

图 1-1-2

步骤 03： 新建一个图层，选择选框工具绘制一个选区，设置前景色，颜色自定，通过 Alt+Delete 组合键填充，按 Ctrl+D 组合键取消选区，如图 1-1-3 所示。

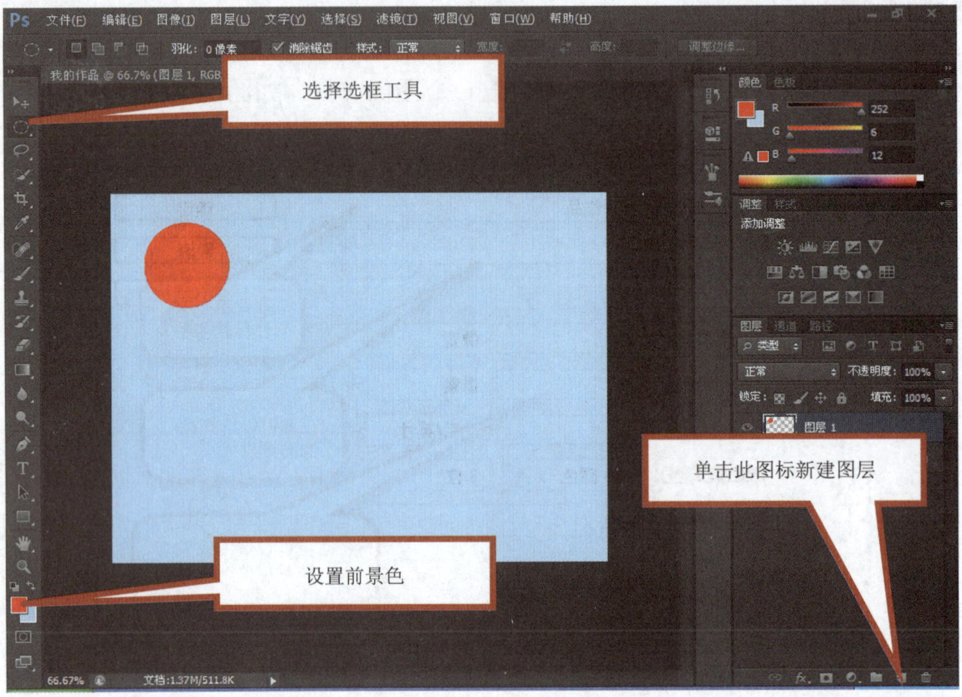

图 1-1-3

步骤 04： 新建一个图层，选择画笔工具绘制任意图形，如图 1-1-4 所示。

图 1-1-4

步骤 05： 选择文字工具输入自己的姓名，如图 1-1-5 所示。

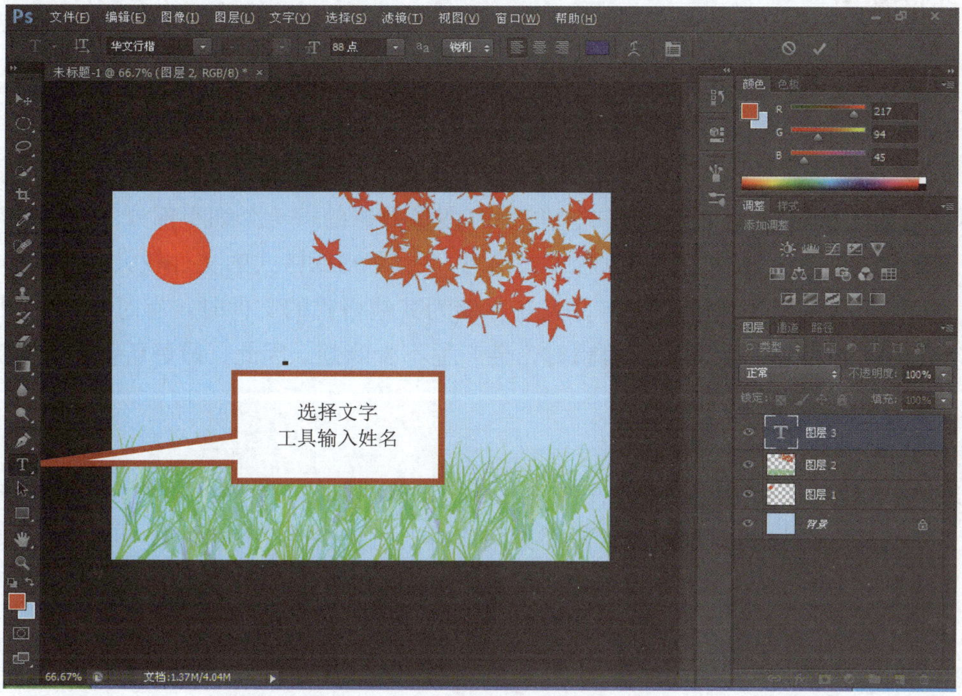

图 1-1-5

步骤 06： 单击“文件”→“存储”，打开存储为对话框，设置保存路径、文件名、文件格式后单击“保存”按钮，如图 1-1-6 所示。

图 1-1-6

拓展知识

图像文件的格式

1. PSD 格式

PSD 格式是 Photoshop 的专用格式，能保存图像数据的每一个细小部分，包括像素信息、图层信息、通道信息、蒙版信息、色彩模式信息，所以 PSD 格式的文件较大。而其中的一些内容在转存为其他格式时将会丢失，并且在存储为其他格式的文件时，有时会合并图像中的各图层及附加的蒙版信息，当再次编辑时，会产生不少麻烦。因此，最好备份一个 PSD 格式的文件，然后再进行格式转换。

2. TIFF 格式

TIFF 格式是一种通用的图像文件格式，是除 PSD 格式外唯一能存储多个通道的文件格式。几乎所有的扫描仪和多数图像软件都支持该格式。该格式支持 RGB、CMYK、Lab 和灰度等色彩模式，它包含非压缩方式和 LZW 压缩方式两种。

3. JPEG 格式

JPEG 格式也是比较常用的图像格式，压缩比例可大可小，被大多数的图形处理软件所支持。JPEG 格式的图像还被广泛应用于网页的制作。该格式还支持 CMYK、RGB 和灰度色彩模式，但不支持 Alpha 通道。

4. BMP 格式

BMP 格式是标准的 Windows 及 OS/2 的图像文件格式，是 Photoshop 中最常用的位图格式。此种格式在保存文件时几乎不经过压缩，因此它的文件体积较大，占用的磁盘空间也较大。此种存储格式支持 RGB、灰度、索引、位图等色彩模式，但不支持 Alpha 通道。它是 Windows 环境下最不容易出错的文件保存格式。

5. GIF 格式

GIF 格式是由 CompuServe 公司制定的，能保存背景透明化的图像形式，但只能处理 256 种色彩，常用于网络传输，其传输速度要比其他格式的文件快很多，并且可以将多张图像存储为一个文件，形成动画效果。

6. PNG 格式

PNG 格式是 CompuServe 公司开发出来的格式，广泛应用于网络图像的编辑。它不同于 GIF 格式图像，除了能保存 256 色外，还可以保存 24 位的真彩色图像，具有支持透明背景和消除锯齿边缘的功能，可在不失真的情况下进行压缩保存图像。在不久的将来，PNG 格式将会是网页中使用的一种标准图像格式。PNG 格式文件在 RGB 和灰度模式下支持 Alpha 通道，但是在索引颜色和位图模式下不支持 Alpha 通道。

任务2　改变图像大小和裁切图像

任务知识目标

1. 掌握修改图像大小的操作方法
2. 掌握修改画布的方法
3. 掌握裁剪工具的使用
4. 掌握图像的裁剪方法

改变图像大小和裁剪图像

任务预备知识

知识：图像大小与画布大小

很多Photoshop初学者无法区分图像大小和画布大小，电脑屏幕是按像素展示的，画布大小指的是一定的像素排布起来的长和宽，像素的密度指分辨率。画布大小主要用于广告设计，不同的输出方式对分辨率有不同的要求，要首先确定分辨率是否适合应用的输出方式，一般喷绘的分辨率为72像素/英寸即可，名片一般要达到200像素/英寸以上。图像大小包括像素大小和文档大小两个方面。整体调图一定要约束比例。如果不调整，画布就是图像，图像就是画布。调整图像，画布同步变化。调整画布，图像不变，但是画布调整尺寸比图像尺寸小，起到裁切的作用。

任务实施

【任务要求】

① 重新设置图片“模特.jpg”的大小，使其宽度为800像素，保持纵横比例，分辨率为72像素/英寸，将修改好的图片另存，文件名为“重设图片大小”，文件格式为JPG。

② 对修改后的模特图片进行裁剪，去除四周多余的图像，将修改好的图片另存，文件名为“图片裁剪”，文件格式为JPG。

【操作步骤】

步骤01： 启动Photoshop，选择“文件”→“打开”命令，选择素材图片“模特.jpg”并打开。该素材是数码相片，原始文件较大，Photoshop在打开时已经自动选择了一个显示比例，如果按100%显示，即使是全屏，也只能显示相片的局部，如图1-2-1和图1-2-2所示。

图 1-2-1

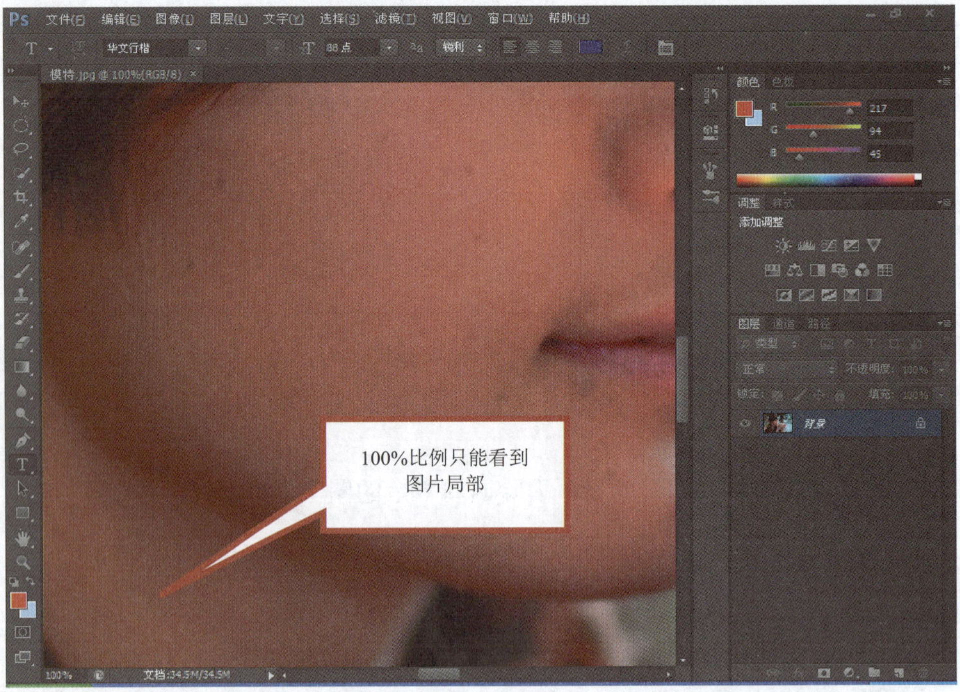

图 1-2-2

步骤 02： 选择“图像”→“图像大小”，弹出“图像大小”对话框，如图 1-2-3（a）所示。更改其中像素大小宽度为 800，分辨率为 72 像素/英寸，可以看到高度也自动变化，如图 1-2-3（b）所示。

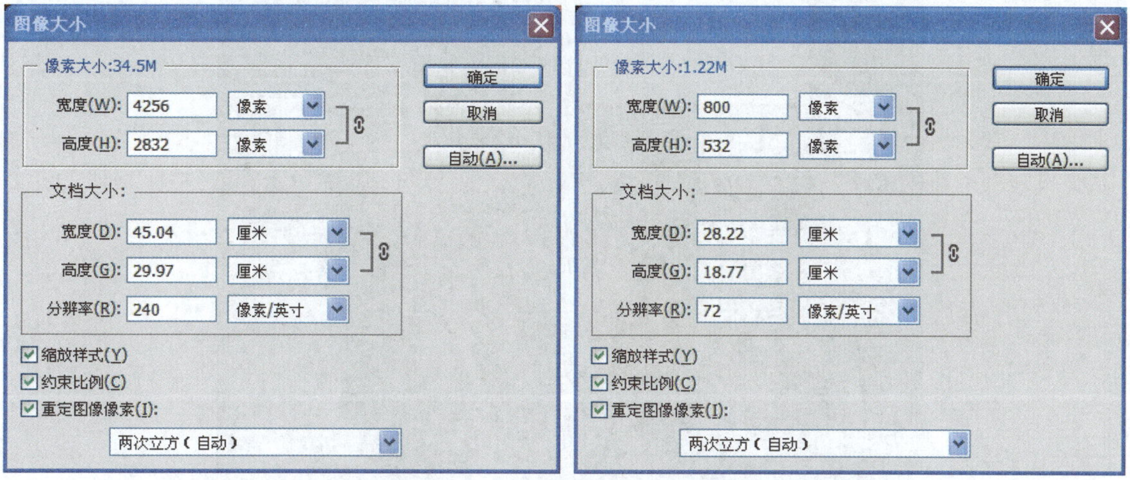

（a）　　　　　　　　（b）

图 1-2-3

步骤 03： 单击“确定”按钮，可以看到此时即使是按照 100%比例显示，也可以在屏幕中看到整个图像了，如图 1-2-4 所示。（注意宽度和高度之间的锁链图标，思考该图标的作用。）

图 1-2-4

步骤 04： 在处理图像时，往往需要对图像进行裁剪，选择工具箱中的裁剪工具，拖曳出想要的范围，然后双击鼠标，或者按 Enter 键，即可裁剪图片，如图 1-2-5 所示。

步骤 05： 完成后，按照要求保存文件。

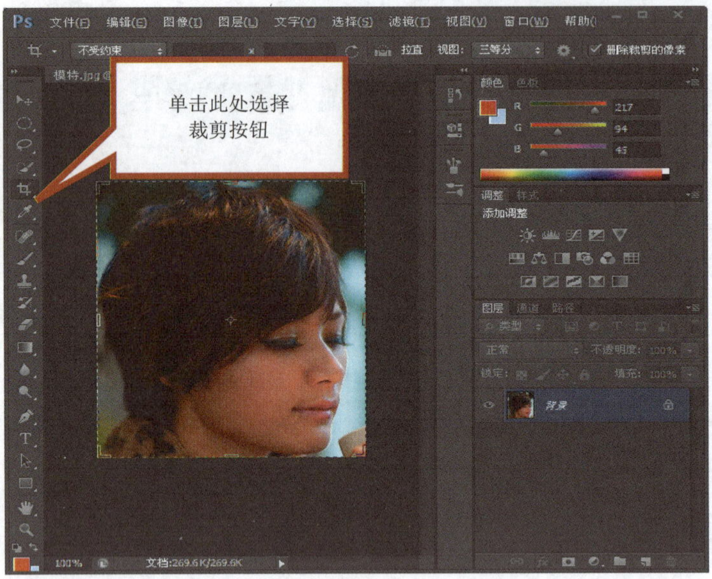

图 1-2-5

任务 3　调整数码照片

任务知识目标

1. 了解调整层的作用
2. 会利用色阶调整照片
3. 会利用曲线调整照片
4. 利用色相饱和度调整照片

调整数码照片

任务预备知识

知识 1：色阶

色阶表示图像亮度强弱的指数标准，也就是色彩指数。在数字图像处理教程中，指的是灰度分辨率（又称为灰度级分辨率或者幅度分辨率）。图像的色彩丰满度和精细度是由色阶决定的。色阶指亮度，和颜色无关，但最亮的只有白色，最不亮的只有黑色。

往右拖动“输入色阶”左边的黑色滑块时，图像会变暗；将右边的白色滑块向左拖动时，图像会变亮。同时将黑色滑块和白色滑块向中间拖动，图像对比度就会增大。往右拖动“输出色阶”中的黑色滑块时，图像变亮；往左拖动白色滑块，图像变暗。总的来说，色阶是用于改变亮度和对比度的。输入色阶黑白滑块的移动，使亮的更亮，暗的更暗；输出色阶的黑白滑块的拖动，使图像整体发生变化。

知识 2：曲线

曲线可调节全体或是单独通道的对比，也可以调节任意局部的亮度，还可以调节颜色。

曲线原理：拖动 RGB 曲线改变亮度，拖动 CMYK 曲线改变油墨。

RGB 曲线：它的横坐标是原来的亮度，纵坐标是调整后的亮度。

CMYK 曲线：它的横坐标是原来的油墨量，纵坐标是调整后的油墨量。

知识 3：色相饱和度

色相（Hue，简写为 H）：每种颜色的固有颜色相貌叫作色相。颜色的名称是根据色相来决定的，如红色、橙色、蓝色、黄色、绿色。颜色体系中最基本的色相为赤、橙、黄、绿、青、蓝、紫，将这些颜色相互混合可以产生许多颜色。

饱和度（Chroma，简写为 C）：饱和度是指颜色的强度或纯度。饱和度表示色相中颜色本身色素分量所占的比例，使用 0%（灰色）～100%（完全饱和）来度量。

任务实施

【任务要求】

① 打开图片“梯田.jpg”，利用色阶调整图片，恢复图片真实色彩，以原文件名保存。

② 打开图片“荷花.jpg”，调整图片色相饱和度，使颜色更鲜艳动人，以原文件名保存。

③ 打开图片“落日.jpg”，调整图片颜色曲线，呈现出落日的金黄色，以原文件名保存。

【操作步骤】

步骤 01：打开图片“梯田.jpg”，单击“创建新的填充或调整图层”按钮，选择“色阶”，创建色阶调整层，如图 1-3-1 所示；分别调整黑场、灰场和白场的参数，直至恢复图片真实色彩，效果如图 1-3-2 所示。

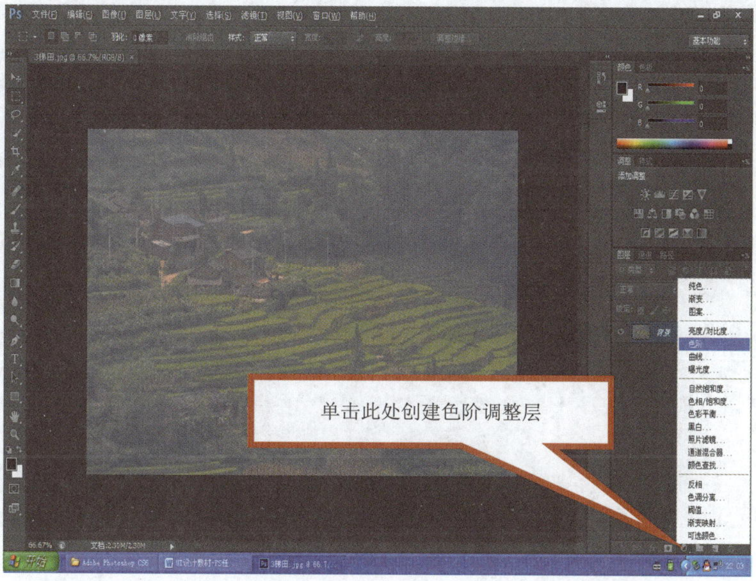

图 1-3-1

图 1-3-2

步骤 02： 打开图片“荷花.jpg”，单击“创建新的填充或调整图层”按钮，选择“色相/饱和度”，创建色相/饱和度调整层，如图 1-3-3 所示。分别调整色相（中间为暖色调，两边为冷色调）、饱和度（值越大，颜色越鲜艳）、明度（值越大，图片越明亮），使荷花颜色更鲜艳，如图 1-3-4 所示。

图 1-3-3

图 1-3-4

步骤 03： 打开图片“落日.jpg”，单击“创建新的填充或调整图层”按钮，选择“曲线”，创建曲线调整层，如图 1-3-5 所示；选择红色曲线，向上调整，增加红色，如图 1-3-6 所示；选择蓝色曲线，向下调整，增加黄色，如图 1-3-7 所示；选择 RGB 曲线，进行 S 形调整，增加反差，最终达到金黄色落日效果，如图 1-3-8 所示。

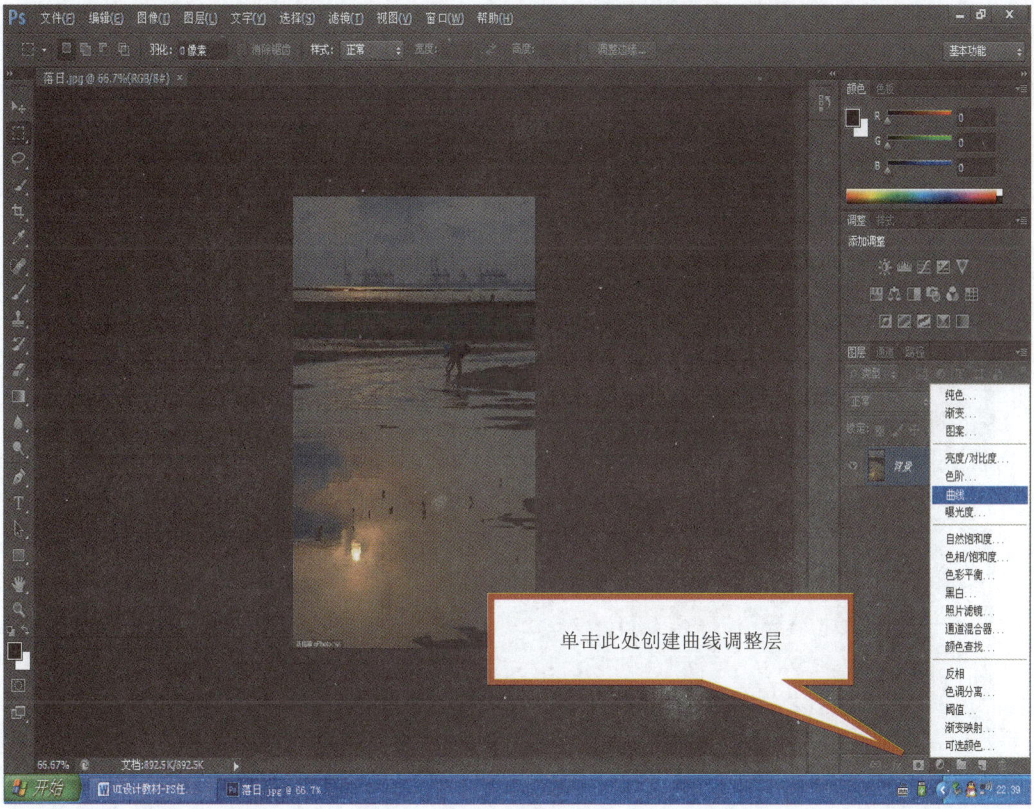

图 1-3-5

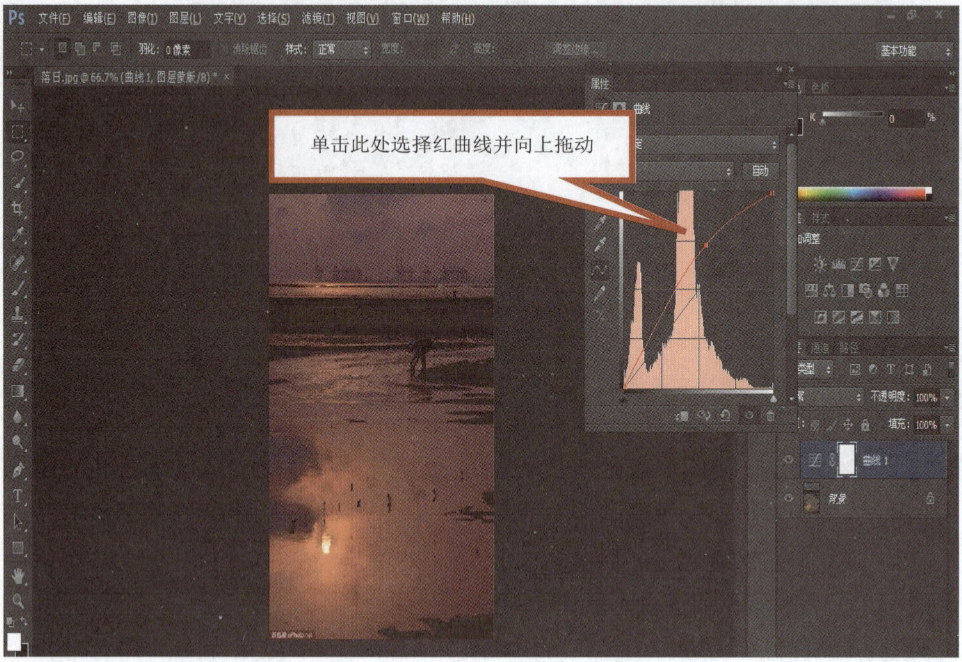

图 1-3-6

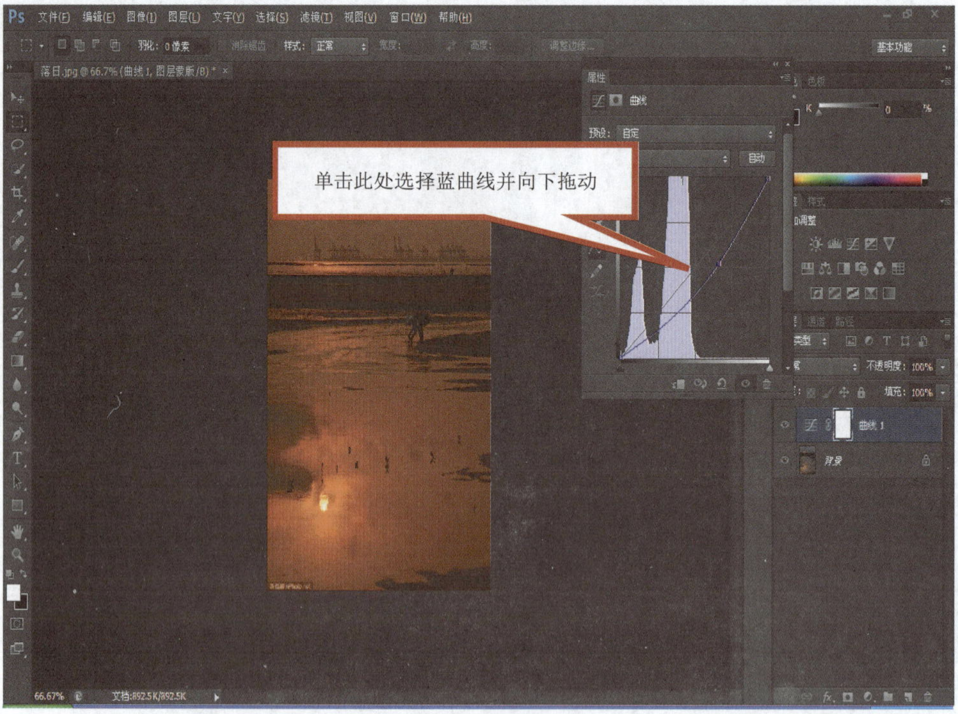

图 1-3-7

步骤 04： 完成后，按要求保存文件。

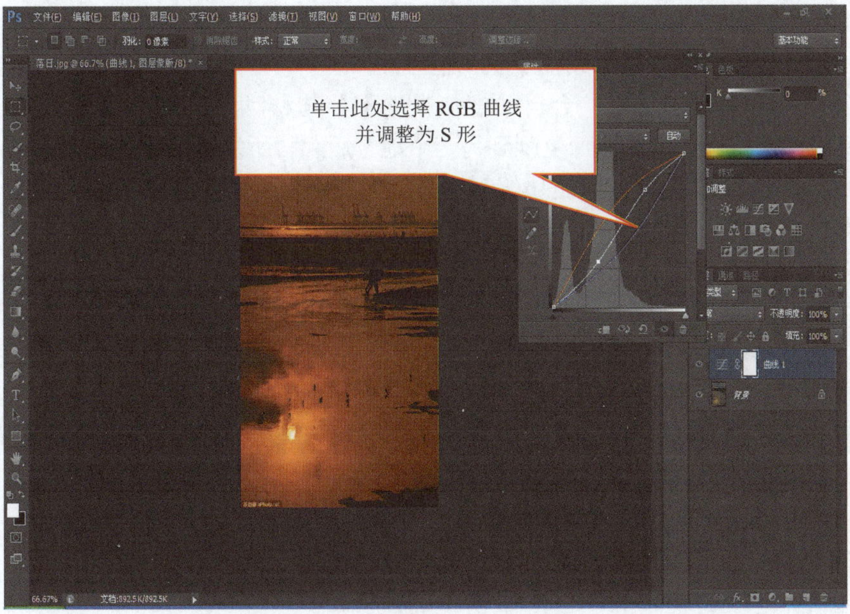

图 1-3-8

任务4 修复人脸

任务知识目标

1. 掌握红眼工具的使用
2. 掌握污点修复工具的使用
3. 掌握修复工具的使用
4. 掌握减淡工具的使用

修复人脸

任务预备知识

1. 修复画笔工具

需要取样，在某处取样后再复制到别处，并且会对周围颜色自动融合（按住 Alt 键单击取样，松开后左键单击为粘贴）。

对齐：勾选后取样点会与鼠标箭头对等，如不勾选，会一直以之前取样的地方为取样点。

仿制源：可对图层中的图像仿制出大小不一、方向不一的图像。

2. 污点修复画笔工具

不需要取样，可对图像中微小的缺陷进行修复，如皮肤类。

① 近似匹配：找周围相似的匹配。

② 创建纹理：使用画笔内部的纹理对需要的地方进行覆盖。

③ 内容识别：对图像内容自动识别并修复。

3. 修补工具

可直接建立选取，移动选区到需要的颜色上。

① 源模式：在移动选区后，会自动把缺失的部分与移动地的周围填充与融合。

② 目标模式：将选区内的图像复制到另一个地方后，与所复制的地方周围图像融合。

③ 透明：控制修复后的图像是边缘融合还是纹理融合。

④ 图案：将选区内的填充图案与周围融合，图案是软件自带的。

⑤ 适应：对融合度进行调节。

4. 内容感知移动工具

① 移动模式：对框选出来的图像进行移动后，在原来的地方会自动填充周围图像并融合，而框选出来后的图像像是粘贴在另外一个地方一样，也会自动与周围融合。

② 扩展模式：对框选出来的图像进行复制后，移动到另一个地方并进行融合。

5. 红眼工具

主要是对眼睛的一些处理，直接单击要修复的地方即可。

① 瞳孔大小：设定瞳孔区域的大小，越小就越模糊。

② 变暗量：对眼睛明暗的调节，值越小就越暗。

任务实施

【任务要求】

打开图片“吉他手.jpg”，使用修复工具组进行人脸修复。

【操作步骤】

步骤 01： 打开图片“吉他手.jpg”，右击背景图层，选择“复制”图层，创建背景副本图层，如图 1-4-1 所示。

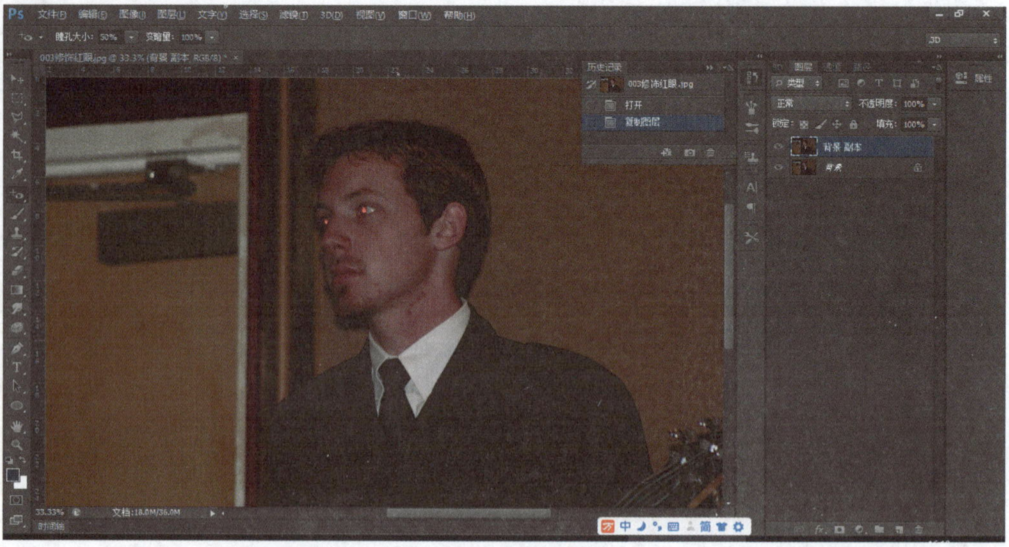

图 1-4-1

步骤 02： 选择修复工具组下的红眼工具，在吉他手的红眼处单击进行修复，如图 1-4-2

所示，消除红眼后效果如图 1-4-3 所示。

图 1-4-2

图 1-4-3

步骤 03：选择修复工具组下的污点修复工具，适当放大直径，在吉他手脸上的痘痘、斑点处单击进行修复，如图 1-4-4 所示。

图 1-4-4

步骤 04：选择修复工具组下的修补工具，框选吉他手的眼袋，拖动鼠标移至面部较光滑区域进行替代，可以重复多次以达到最佳效果，如图 1-4-5 所示。（按 Ctrl+D 组合键取消选区）

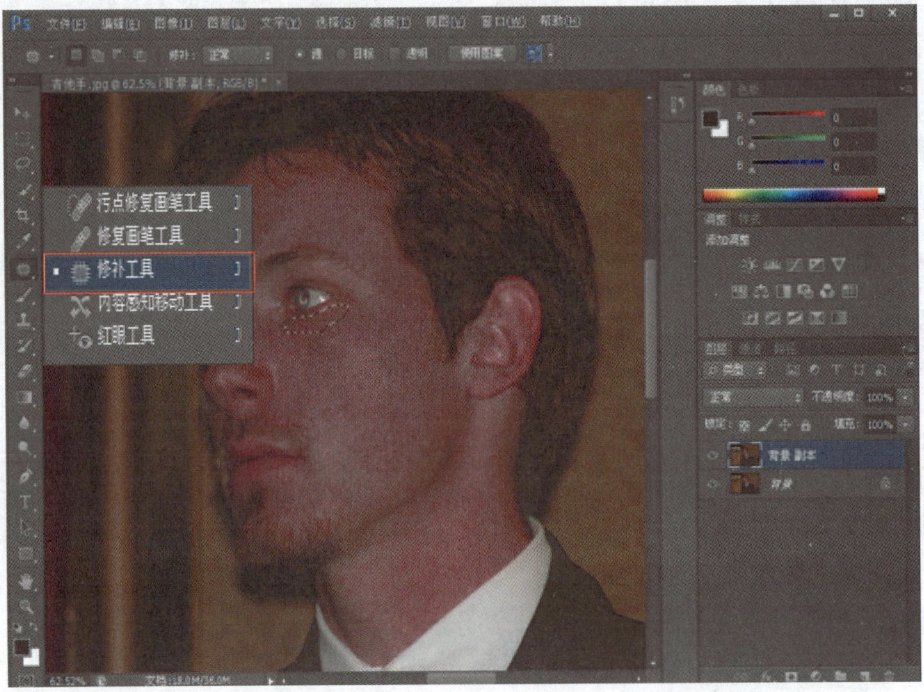

图 1-4-5

步骤 05： 减淡皮肤较黑部分颜色。选择工具箱中的减淡工具，在选项栏上设置“范围”为“阴影”，曝光度为 10%，放大直径，然后用鼠标在面部较暗的皮肤上拖动，使皮肤变亮些，如图 1-4-6 所示。

图 1-4-6

步骤 06： 完成后，按要求保存文件。

任务 5 修 复 照 片

任务知识目标

1. 掌握修复工具组的使用
2. 掌握仿制图章工具的使用
3. 掌握图案图章工具的使用

任务预备知识

1. 仿制图章工具

仿制图章工具可将图像的一部分复制到同一图像的其他部分或者复制到具有相同颜色模式的任何打开的文档中。仿制图章工具对于复制对象或者移去图像中的缺陷非常有用。

使用仿制图章工具的操作方法为：在工具箱中选取仿制图章工具，然后把鼠标放到要被复制的图像的窗口上，这时鼠标将显示一个图章的形状，和工具箱中的图章形状一样。按住 Alt 键，单击一下鼠标进行定点选样，这样复制的图像就被保存到剪贴板中。把鼠标移到要复制图像的窗口中，选择一个点，然后按住鼠标拖动即可逐渐出现复制的图像。

仿制图章工具的选项栏部分各项的作用如下：

● 画笔：通过调整画笔的大小，可设置每次仿制区域的大小。

● 模式：设置仿制图章的绘图模式，其原理与图层混合模式一致。更改混合模式，复制出的图像也会发生改变。

● 对齐：选中该项，表示连续对像素进行取样，即使释放鼠标按钮，也不会丢失当前取样点。如果取消选择对齐，则会在每次停止并重新开始绘制时，使用初始取样点中的样本像素。

● 样本：从指定的图层中进行数据取样。要从现用图层及其下方的可见图层中取样，选择“当前和下方图层”；要仅从现用图层中取样，选择“当前图层”；要从所有可见图层中取样，则选择“所有图层”。

2. 图案图章工具

该工具功能是复制图案，无须选择取样点，只需在选择图案后，在图像中按下鼠标并拖动就可以将所选图案绘制到图像中。

使用图案图章工具的操作方法为：

● 选择图案图章工具。

● 在选项栏中选取画笔笔尖，并设置画笔选项（混合模式、不透明度和流量）。

● 在选项栏中选择“对齐”，会对像素连续取样，而不会丢失当前的取样点，即使松开鼠标按键，也是如此。如果取消选择“对齐”，则会在每次停止并重新开始绘画时，使用初始取样点中的样本像素。

● 在选项栏中，从“图案”弹出的面板中选择图案。

● 如果希望对图案应用印象派效果，选择“印象派效果”。

● 在图像中拖移可以使用该图案进行绘画。

任务实施

【任务要求】

打开素材图片“女孩.jpg”，使用仿制图章工具和修补工具将照片中的工作人员去除，效果如图 1-5-1 所示。

（a）

（b）

图 1-5-1

【操作步骤】

步骤 01： 打开素材图片“女孩.jpg”，右击背景图层，选择复制图层，创建背景副本图层，如图 1-5-2 所示。后面的操作都在背景副本图层上进行，如果对制作效果不满意，可将背景副本图层删除，重新再做。

图 1-5-2

步骤 02： 先去除“工作证”以下工作人员的身体。选择“仿制图章工具”，在选项栏上设置画笔为 50 像素，模式为正常，不透明度和填充均为 100%。不勾选“对齐”，按住 Alt 键，在图右侧水泥地上设置取样点，然后在“工作证”以下工作人员的身体上拖动鼠标，将其变成水泥地，可多次取样。去除部分身体后的效果如图 1-5-3 所示。

图 1-5-3

步骤 03：使用修补工具修复上步复制得到的水泥地。上步操作去除工作人员的身体后，得到的水泥地不太自然，可用修补工具进行修复。在选项栏上选择修补为“目标”，然后在右边水泥地上拖动鼠标，选出一选区，如图 1-5-4 所示。用鼠标拖动选区到新的水泥地上，多拖几次，将水泥地修复自然，完成后如图 1-5-5 所示。（按 Ctrl+D 组合键取消选区）

图 1-5-4

图 1-5-5

步骤 04：去除工作人员其他部分。采用上述方法，去除图像中工作人员的其他部分。左侧裸露胳膊可用其两侧的绿色植物修复，去除上身时可选取墙为取样点，去除头部时可选取头旁边的植物为取样点。完成后如图 1-5-6 所示。

图 1-5-6

拓展任务　去除图片水印

任务要求：打开图片“水印服装.jpg”，如图 1-5-7 所示，使用修补工具和仿制图章工具将图片中的降价标识和水印去除，将修改好的图片另存，文件名为“去水印”，文件格式为 JPG。

原图

去水印后

图 1-5-7

任务6　简 单 抠 图

任务知识目标

1. 掌握魔棒工具的使用
2. 掌握多边形套索工具的使用

简单抠图

任务预备知识

1. 魔棒工具

魔棒工具是 Photoshop 中提供的一种比较快捷的抠图工具，对于一些分界线比较明显的图像，通过魔棒工具可以很快速地将图像抠出，魔棒的作用是可以知道单击的那个地方的颜色，并自动获取附近区域相同的颜色，使它们处于选择状态。

使用魔棒工具的操作方法为：在工具箱中选取魔棒工具，然后把鼠标放到图像上单击，图像中颜色相近的部分即被选中。

魔棒工具的部分选项的功能如下（图 1-6-1）：

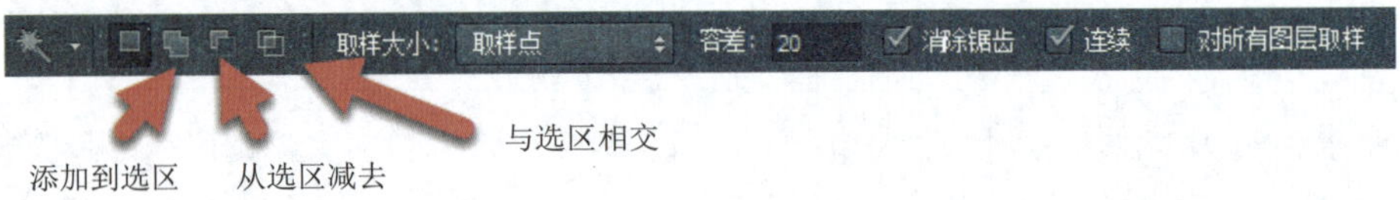

图 1-6-1

- 容差：指所选取图像的颜色接近度，也就是说，容差越大，图像颜色的接近度越小，选择的区域也就相对变大了。
- 连续：指选择图像颜色时，只能选择一个区域中的颜色，不能跨区域选择。比如，如果一个图像中有几个相同颜色的圆，当然它们都不相交时，如果选择了“连续”，单击一个圆，只能选择这一个圆，如果没有单击“连续”，那么整张图片中相同颜色的圆都能被选中。
- 对所有图层取样：选中了这个选项，整个图层中相同颜色的区域都会被选中；如果没选，只会选中单个图层的颜色。
- 添加到选区：保留前面的选区不动，增加新选的范围。
- 从选区减去：把后面选取的部分从前面的选区中去除。
- 与选区相交：仅保留两次选取的公共部分。

2. 多边形套索工具

多边形套索工具是 Photoshop 中提供的一种比较快捷的抠图工具，使用该工具可以快速抠取边缘复杂的图像。多边形套索工具可以用鼠标连续单击某一对象的边缘，最终形成一个选区，从而达到抠图的目的。

使用多边形工具的操作方法为：

步骤 01： 在工具箱中选中“多边形套索”工具。

步骤 02： 在要进行定义的选取框边缘上单击鼠标，拖曳鼠标到另一点，单击鼠标，定义一条直线。继续这样的操作，在“开始处”的点上单击，将完成整个选取框定义。也可以在最后一个点处双击鼠标，软件将自动连接首尾两个点，定义选取框。

多边形套索工具是最精确的不规则选择工具，它与放大图像这样的功能结合在一起，可以制作出非常复杂而精确的选择区。

任务实施

【任务要求】

打开素材图片“多边形套索抠图.jpg”，使用多边形套索工具选取最外面的纸箱，效果如图 1-6-2 所示。

原图

效果图

图 1-6-2

【操作步骤】

步骤 01： 打开素材图片“多边形套索抠图.jpg”。

步骤 02： 双击背景图层解锁，如图 1-6-3 所示。

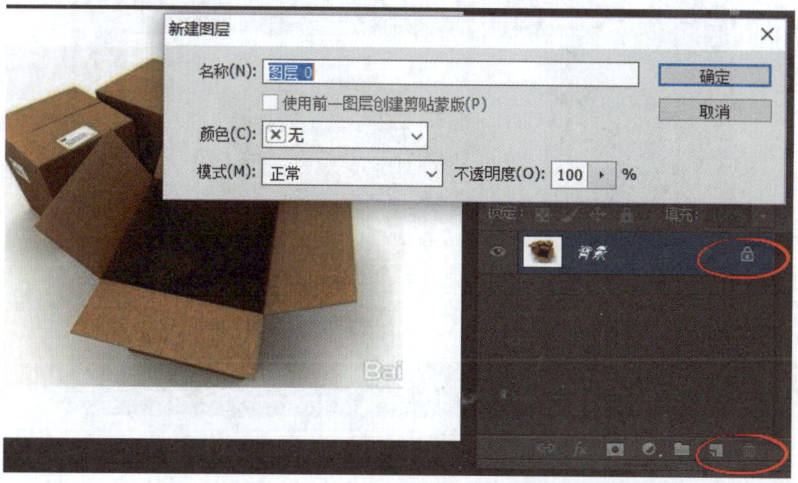

图 1-6-3

小技巧：用鼠标按住图 1-6-3 中的小锁，将其拖入下面的垃圾筒图标，这样也能快速解锁。

步骤 03：选取多边形套索工具，用鼠标单击最外面纸箱任意边缘，设置选区起始点，如图 1-6-4 所示。

图 1-6-4

步骤 04：按图 1-6-5 所示次序分别单击纸箱的各个边缘点，最终形成一个形区。

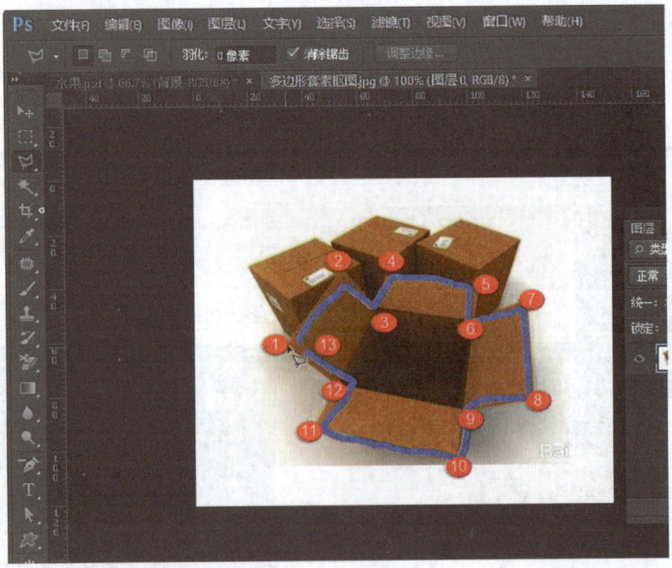

图 1-6-5

步骤 05：选择“菜单”→“反向”，选取纸箱以外的区域，按 Del 键删除，再按 Ctrl+D

组合键取消蚂蚁线，完成抠图，如图 1-6-6 所示。

图 1-6-6

步骤 06： 可以将图片保存成 PNG 或 GIF 格式，保留透明背景，或者直接将该图层拖到别的图像文件中运用。

任务 7　使用图层蒙版美化肌肤

任务知识目标

1. 了解图层蒙版的作用
2. 会使用图层蒙版
3. 会使用滤镜
4. 掌握高斯模糊的作用

任务预备知识

1. 图层蒙版

图层蒙版可以轻松控制图层区域的显示或隐藏，是进行图像合成最常用的手段。

使用图层蒙版的好处在于，可以在不破坏图像的情况下反复实验、修改混合方案，直到得到所需的效果。

- 如果要隐藏当前图层中的图像，可以使用黑色涂抹蒙版；
- 如果要显示当前图层中的图像，可以使用白色涂抹蒙版；
- 如果要使当前图层中的图像呈现半透明效果，则应使用灰色涂抹蒙版，或者在蒙版中填充渐变。

2. 高斯模糊

利用高斯模糊滤镜把人物图片整体模糊处理，然后用图层蒙版控制好模糊的范围，即需要处理的皮肤部分，这样可以快速消除皮肤部分的杂色及瑕疵。如果一次模糊后还不够光滑，可以盖印图层，适当多模糊一点，再用蒙版控制好皮肤范围，直到自己满意为止。

光滑磨皮大致分为三个步骤：第一步，用高斯模糊滤镜模糊皮肤，用蒙版控制范围，去掉较为明显的杂色及瑕疵；第二步，用涂抹工具处理细小的瑕疵，并加强五官等部位的轮廓；第三步，整体美白及润色。

任务实施

【任务要求】

打开图片“磨皮素材.jpg”，完成磨皮美白效果，另存为“磨皮.jpg”，如图 1-7-1 所示。

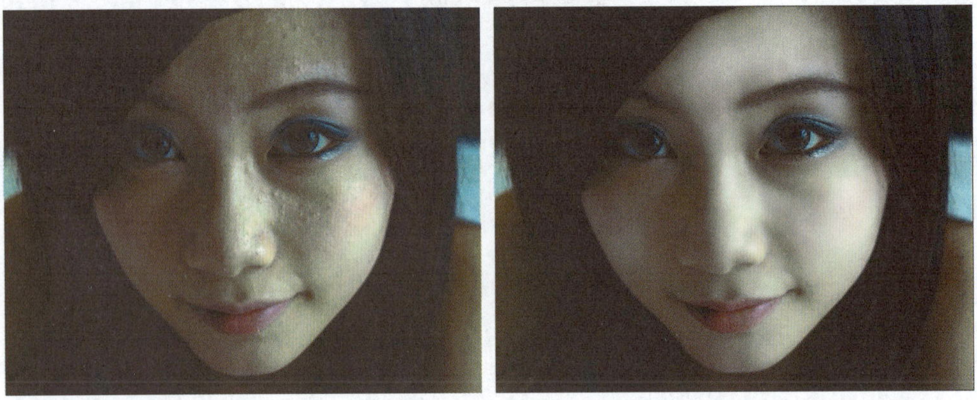

原图　　效果图

图 1-7-1

【操作步骤】

步骤 01： 打开图片“磨皮素材.jpg”，复制背景图层。在背景副本图层上，先使用修复工具组对面部肌肤上比较明显的斑点进行适当修复，效果如图 1-7-2 所示。

图 1-7-2

步骤 02： 复制背景副本图层，得到背景副本 2 图层。在该图层上执行“滤镜”→“模糊”→“高斯模糊”，设置半径为 5 像素左右。这个值可以根据自己的需要调节，数值越大，模糊程度越大，如图 1-7-3 所示。

图 1-7-3

步骤 03： 模糊处理之后需要为该图层添加蒙版。按住 Alt 键的同时，单击“图层”面板底部的“添加图层蒙版”按钮，为图层添加黑色蒙版。添加黑色蒙版的目的是将背景副本 2 图层隐藏起来，这时图像又会清晰起来，如图 1-7-4 所示。

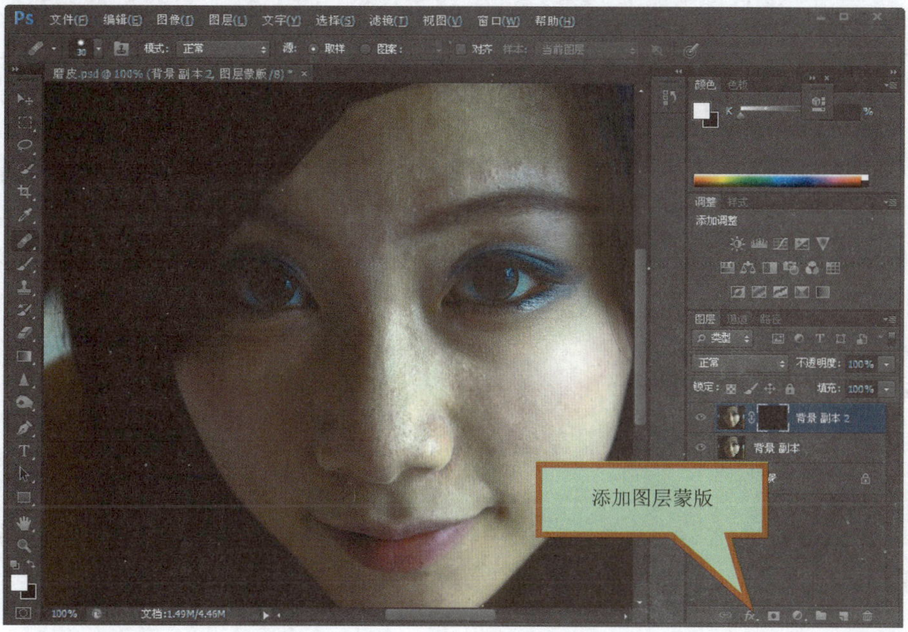

图 1-7-4

步骤 04：添加完黑色蒙版后，就可以开始给人像做“美肤”了，选择画笔工具，画笔大小根据画面大小选择，不透明度在 30%～40%最佳，这样力度较小，容易控制。之后就在黑色蒙版上对需要磨皮的地方进行涂抹，涂抹时一定要细致，可以在有雀斑的地方多涂抹几次，直到完全消除为止。需要注意的是，千万不要在人像的轮廓处涂抹，这样会使整个画面看起来模糊。完成后效果如图 1-7-5 所示。

图 1-7- 5

步骤 05：将背景副本图层再复制一份，得到背景副本 3 图层。将其移动至背景副本 2 图层之上，设置图层模式为滤色，整体提亮肌肤，如图 1-7-6 所示。

图 1-7-6

步骤 06： 此时，人物的面部肌肤已经有了很大改善。嘴唇颜色偏暗，可以对嘴唇进行局部处理。新建图层 1，利用套索工具将人物的嘴唇抠选出来，如图 1-7-7 所示。

图 1-7-7

步骤 07： 不要取消选区，对抠选出来的嘴唇区域添加曲线调整层，选择红色曲线，适当拖动，调亮嘴唇颜色，如图 1-7-8 所示。

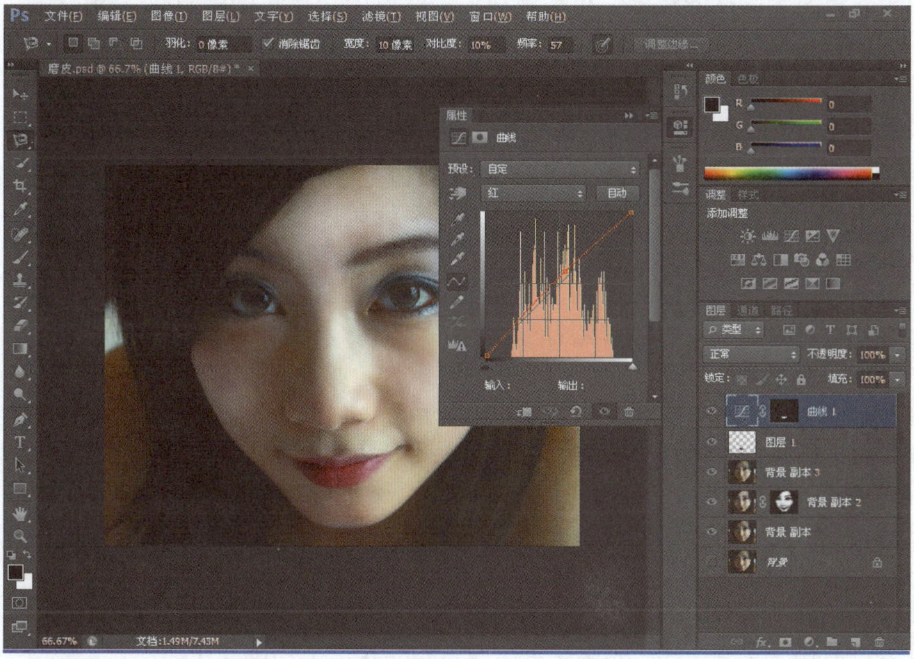

图 1-7-8

步骤 08： 完成后，按照要求保存文件。

任务8　利用图层蒙版合成照片

任务知识目标

1. 会移动图片
2. 了解图层蒙版的作用
3. 会使用图层蒙版
4. 会使用图层蒙版合成照片

任务预备知识

1. 建立蒙版

在 Photoshop 中创建图层蒙版时，一般是先创建选区，然后通过选区创建蒙版；也可以先创建图层蒙版，然后在蒙版上决定隐藏或显示图层的哪些部分。

（1）添加显示或隐藏整个图层的蒙版

当前图像无任何选区时，选择要创建蒙版的图层或组，然后执行以下操作之一：

如创建显示整个图层的蒙版，可在“图层”面板中单击“新建图层蒙版”按钮，或选取“图层”→“图层蒙版”→“显示全部”，即创建显示全部图层的蒙版。

如创建隐藏整个图层的蒙版，可按住 Alt 键并单击“新建图层蒙版”按钮，或者选取“图层”→“图层蒙版”→“隐藏全部”，即创建隐藏全部图层的蒙版。

（2）应用另一个图层中的图层蒙版

可将某个图层的图层蒙版拖到其他图层，实现图层蒙版的移动；也可复制蒙版，按住 Alt 键并将蒙版拖动到另一个图层。

2. 修改蒙版

修改蒙版常用绘制类工具，最常用的是画笔工具。如需将显示的内容隐藏，则用黑色对蒙版进行涂抹；如需将已被隐藏的内容重新显示，就用白色对蒙版进行涂抹；如需将内容以半透明效果显示，则用灰色对蒙版进行涂抹。

3. 停用和启用蒙版

选择“图层”→“图层蒙版”→“停用”菜单命令，可停用蒙版。按 Shift 键的同时，单击“图层”面板中的图层蒙版缩略图，图层蒙版重新显示。

任务实施

【任务要求】

打开素材图片“木瓜.jpg”和“西瓜.jpg”，使用蒙版进行图片合成，如图 1-8-1 所示。图片另存为“木瓜西瓜.jpg”。

图 1-8-1

【操作步骤】

步骤 01：打开素材图片“木瓜.jpg”与“西瓜.jpg”，将西瓜.jpg 移动至木瓜.jpg 上，如图 1-8-2 所示。

图 1-8-2

步骤 02：复制背景图层，将其移动到图层 1 之上，如图 1-8-3 所示。

图 1-8-3

步骤 03：选择背景副本图层，调整不透明度至 50%左右，使得能看见下面西瓜所在图层的位置；选择图层 1，按 Ctrl+T 组合键打开自由变换工具，调整西瓜图片的大小和位置，使其与木瓜的果肉部分贴合，效果如图 1-8-4 所示。

图 1-8-4

步骤 04：选择背景副本图层，将不透明度调整为 100%，单击“新建图层蒙版”按钮，选择画笔工具，前景色设置为黑色，适当调整画笔笔尖大小，硬度为 0，不透明度与流量为 40%左右。选中图层蒙版缩略图，在木瓜左边果肉处涂抹，这时当前图层的果肉部分会隐藏，下一图层西瓜的果肉将会显示，中间部分反复涂抹，直到完全透明，边缘部分可以少次涂抹，让过渡变得非常和谐，如果过头了，可以将画笔颜色调整为白色，在原位置涂抹，即可恢复，之间可以选择西瓜图层，按 Crtl+T 组合键反复调整位置，让西瓜与木瓜完美结合，最终效果如图 1-8-5 所示。

图 1-8-5

拓展任务　合成夕阳风景照

将素材图片“雕塑”和“夕阳”合成，效果如图 1-8-6 所示。

图 1-8-6

任务 9　利用剪贴蒙版合成照片

任务知识目标

1. 掌握剪贴蒙版的作用
2. 掌握剪贴蒙版与图层蒙版的区别
3. 会使用剪贴蒙版
4. 会使用剪贴蒙版合成照片

利用剪贴蒙版合成照片

任务预备知识

1. 剪贴蒙版

使用剪贴蒙版能在不影响原图像的同时，有效地完成剪贴制作，常用于对部分边缘比较明显的图像进行内容替换。剪贴蒙版可以用一个图层中包含像素的区域来限制它上层图像的显示范围。它的最大优点是可以通过一个图层来控制多个图层的可见内容，而图层蒙版和矢量蒙版都只能用于控制一个图层。

具体操作：打开“图层”→“创建剪贴蒙版”，也可以按住 Alt 键，在两图层中间出现图标后单击左键，建立剪贴蒙版后，上方图层缩略图缩进，并且带有一个向下的箭头。

2. 剪贴蒙版与图层蒙版的区别

剪贴蒙版与普通的图层蒙版的区别是显而易见的：

① 从形式上看，普通的图层蒙版只作用于一个图层，给人的感觉好像是在图层上面进行遮挡一样。但剪贴蒙版却是对一组图层进行影响，而且是位于被影响图层的最下面。

② 普通的图层蒙版本身不是被作用的对象，而剪贴蒙版本身又是被作用的对象。

③ 普通的图层蒙版仅仅是影响作用对象的不透明度，而剪贴蒙版除了影响所有顶层的不透明度外，其自身的混合模式及图层样式都将对顶层产生直接影响。

任务实施

【任务要求】

打开素材图片“心形云彩.jpg”和“全家福.jpg”，使用剪贴蒙版进行图片合成，图片另存为“全家福合成.jpg”，如图 1-9-1 所示。

图 1-9-1

【操作步骤】

步骤 01： 打开素材图片“心形天空.jpg”，先利用修补工具和图章工具去除图片上的多余内容，如图 1-9-2 所示。

步骤 02： 使用魔棒工具抠选出心形区域，单击“选择”→“修改”→“羽化 2 像素”，如图 1-9-3 所示。

图 1-9-2

图 1-9-3

步骤 03： 将抠选出来的心形区域复制到新图层，按 Ctrl+J 组合键完成复制，如图 1-9-4 所示。

图 1-9-4

步骤 04： 打开“全家福.jpg”图片，并拖到心形图层上面，生成图层 2，降低图层 2 的不透明度，按 Ctrl+T 组合键调节全家福大小且对应好位置，如图 1-9-5 所示。完成后恢复图层

2 的不透明度。

图 1-9-5

步骤 05：创建剪贴蒙版，打开“图层”→“创建剪贴蒙版”，也可以按住 Alt 键，在图层 2 和图层 1 中间出现图标后单击左键，建立剪贴蒙版，可以根据需要继续调节全家福的位置和大小。最终效果如图 1-9-6 所示。

图 1-9-6

拓展任务　为裙子加图案

任务要求：打开图片“裙子”和“老虎”，用剪贴蒙版为裙子加上老虎图案，如图 1-9-7 所示。

图 1-9-7

项目二 Illustrator 基础操作

知识目标

1. 掌握 Illustrator 常用工具的使用方法
2. 掌握 Illustrator 常用菜单的使用方法
3. 掌握 Illustrator 图层、透明度、外观、颜色、符号、描边面板的使用方法
4. 了解 Illustrator 的应用范畴

能力目标

1. 会选择合适图像处理软件对图像进行相应处理
2. 会使用 Illustrator 设计 LOGO 与各种矢量形状
3. 会使用 Illustrator 创作透视图
4. 会使用 Illustrator 进行文字创意设计
5. 会使用 Illustrator 效果菜单给图形添加特效
6. 会使用 Illustrator 创建复杂、有规律的图形

素质目标

1. 培养学生良好的设计创意能力
2. 培养学生良好的语言沟通能力
3. 培养学生爱国主义情怀
4. 培养学生良好的价值观

任务 1　绘制第一个图形

任务效果展示

效果如图 2-1-1 所示。

图 2-1-1

任务知识目标

1. 掌握 AI 的启动与文件的新建方法
2. 熟悉 AI 的界面
3. 掌握工具箱中选择工具、矩形工具组的操作方法
4. 掌握对象的复制、旋转、编组及混合对象的对齐与排列方法
5. 掌握填充与描边色设置的方法
6. 掌握给对象添加阴影的方法

任务预备知识

知识 1：使用 AI 新建文件

选择菜单“文件”→“新建”，就可以弹出新建文件对话框。可以根据文件的用途选择不同的配置文件类型：

① 如果文件将来需要打印出来，可以将“配置文件”选为“打印”，在“大小”中选择打印纸张的类型。印刷中的出血是指印刷后装订成册进行裁切预留出的切口，一般出血以 3 mm 宽度为标准。注意，一般印刷使用的颜色模式为“CMYK”，PPI 为图像分辨率，为了保证印刷的质量，一般建议设为 300 DPI，如图 2-1-2 所示。

② 如果文档是设计网页的草稿图，可以将“配置文件”选为“Web”，在“大小”中选择文件大小，这个尺寸一般与屏幕的分辨率有关，作为电脑或者移动设备上观看的图像，颜色模式一般为“RGB”，PPI 一般建议设为 72 dpi 即可，如图 2-1-3 所示。

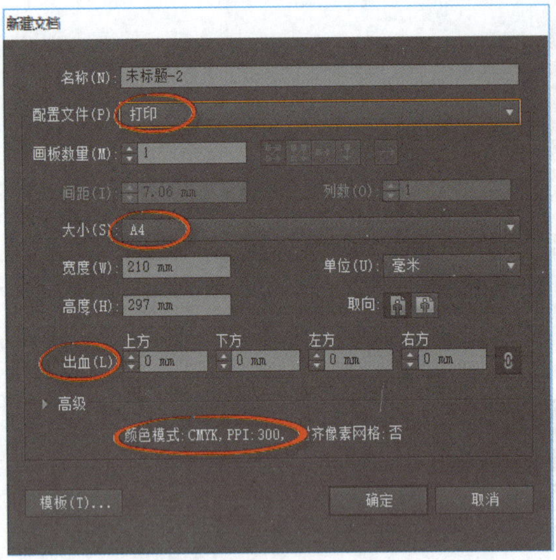

图 2-1-2

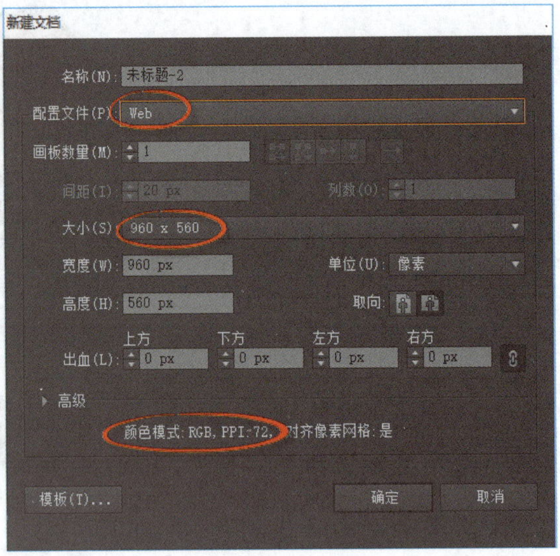

图 2-1-3

如果文件将来在 iPAD 或者手机、游戏机等设备上使用，可以将“配置文件”选为“设备”，再到“大小”中根据不同的设置进行选择，可以非常方便地了解这些设置中图像的标准大小是多少。如果是普通的电脑图片，则可以将“配置文件”选为“基本 RGB”，再进行“大小”的自定义设置，每种配置都有“画板数量”这个选项，如图 2-1-4 所示。默认情况下为一个画板，画板为 AI 中的绘图区域。可以为一个文件设置多个画板，比如一个包装盒的多个面，这样就能在一个画面中方便地进行设计了。如图 2-1-5 所示，文件中有三个画板，白色区域为画板区域，灰色区域可以作画，但导出为图像后，只保留画板（白色）区域中的内容，如图中箭头所指处的矩形，导出图像后，只有底下的一小块被保留。画板也可以在新建完文件后，用工具箱中的画板工具随意创建。

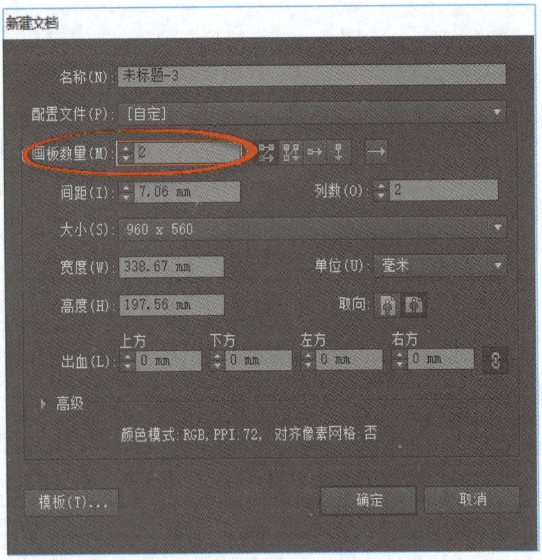

图 2-1-4

默认情况下，多个画板导出为一个整体图像，AI 也允许使用者按要求导出为所有画板，或者指定画板分别导出为单个图片，只需要选择菜单文件“导出”，然后勾选最底下的“使用画板”复选框即可，如图 2-1-6 所示。

图 2-1-5

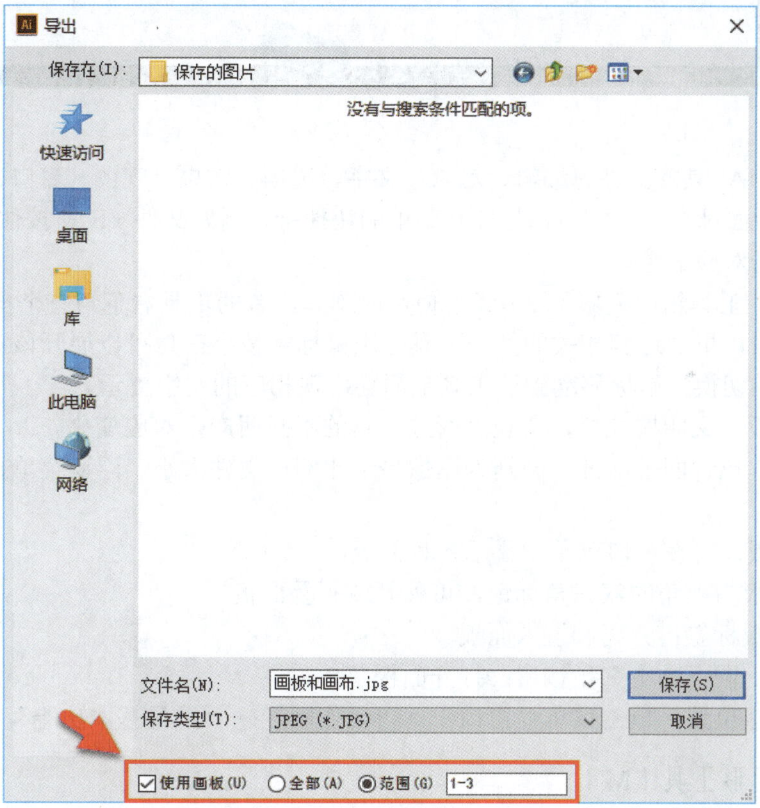

图 2-1-6

知识 2：AI 界面构成

Illustrator 的工作区是创建、编辑、处理图形和图像的操作平台，它由菜单栏、工具箱、选项栏、画板、状态栏等部分组成的。启动 Illustrator CS6 软件后，屏幕上将会出现标准的工作区界面，如图 2-1-7 所示。

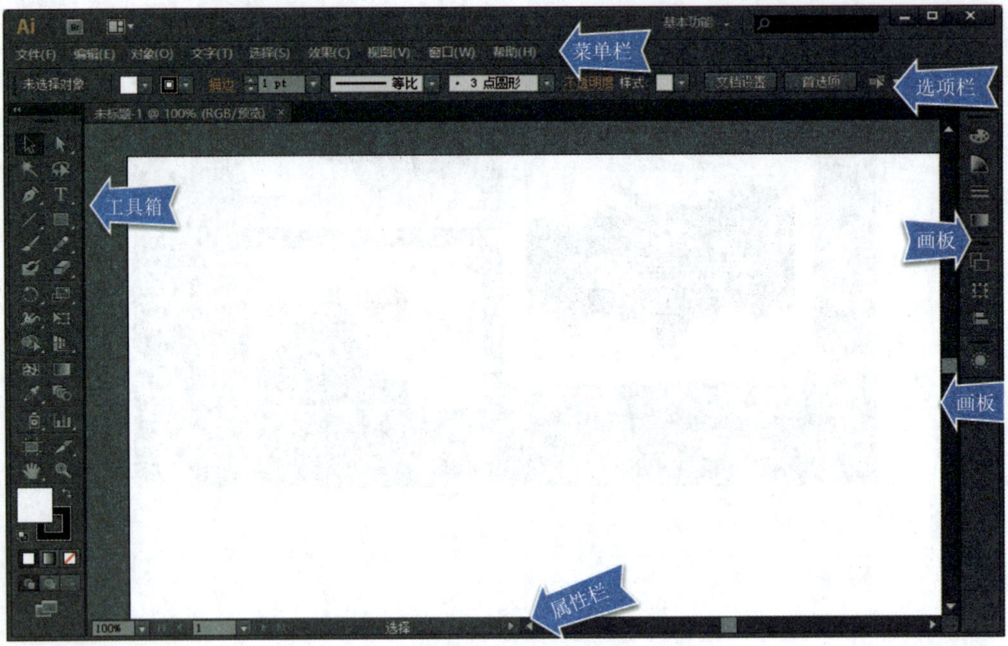

图 2-1-7

● 菜单栏：AI 具备文件、编辑、对象、文字、选项、效果、视图、窗口、帮助等九个菜单。每个菜单后面都有一个字母，是打开菜单的快捷键，例如文件（F），按住 Alt 键，再按 F 键，则可以打开对应的菜单。

● 工具箱：工具箱中列出了 AI 经常使用的工具，有的工具右下角有个小三角，表明这是一个工具组，里面还有相关的其他工具。用鼠标常按小三角可以展开该工具组，单击后可以进行工具的切换；鼠标移动到该工具上面会出现相应的文字提示。

● 选项面板：又叫属性栏，会随着所选工具的不同而产生对应变化。

● 状态栏：包含四个部分，分别为图像显示比例、文件大小、浮动菜单按钮、工具提示栏及滚动条。

● 浮动面板：可在窗口菜单中显示各种面板。

➢ 单击面板右上角的双三角标记，可展开或折叠面板。

➢ 拖动面板标签：分离和置入面板。

➢ 画板右上向下的小三角按钮：打开面板菜单。

➢ 复位面板位置：单击菜单“窗口”→“工作区”→“重置基本功能”。

知识 3：矩形工具（M）

用鼠标单击工具箱中的矩形工具，或者按 M 键，可以快速选中矩形工具，在工作区中按住鼠标并拖动，即可绘制一矩形；在矩形选项面板中可以分别设置所绘矩形的填充颜色、边框颜色、边框精细及样式、矩形的透明度等，如图 2-1-8 所示。

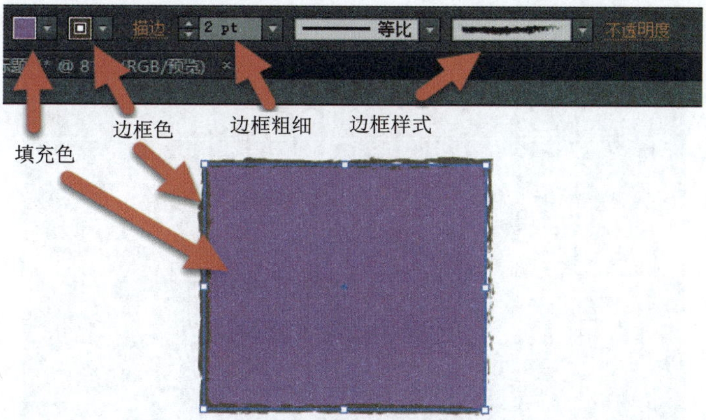

图 2-1-8

小技巧：在绘制矩形时按住 Shift 键，可以绘制正方形；按住 Alt 键，可以绘制由中心点发散的矩形；按住～键，可以绘制连续大小不一的矩形群。选中矩形工具后，在工作区中单击鼠标，会弹出精确绘制矩形的对话框，输入宽度与高度即可绘制一大小精确的矩形，如图 2-1-9 所示。

以上操作同样适用于圆角矩形工具、椭圆工具、多边形工具与星形工具，大家可以一一尝试，这里就不一一叙述了。

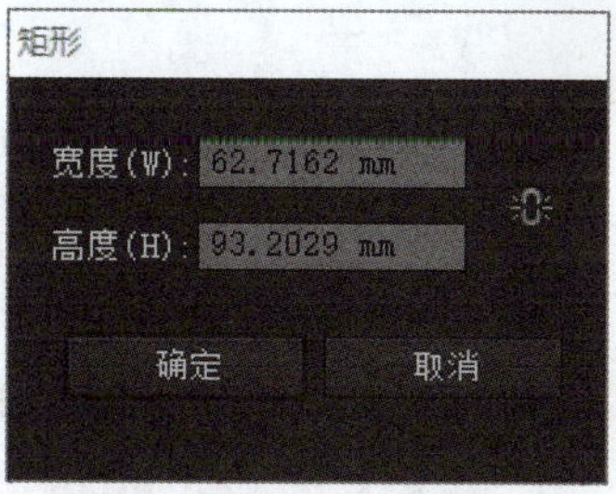

图 2-1-9

知识 4：多边形工具

使用鼠标长按矩形工具，在打开的工具组中选择多边形工具，默认情况下绘制的是六边形。在绘制多边形时，按上下箭头可以控制多边形的边数。其他多边形的控制可以参见矩形工具中的小技巧。

任务实施

【提示】

图 2-1-1 所示图形由三个有描边的六边形组成，可以先绘制一个，设定好填充颜色及边框宽度与颜色后，再复制同样的两个六边形。然后分别更改填充与边框色，组合后添加阴影，再旋转一定的角度，添加相应的文字与阴影就完成了。有能力的同学可以不看操作步骤自己完成任务。

【操作步骤】

步骤 01：启动 Illustrator，选择“文件”→“新建”命令，在弹出的“新建文档”对话框中将配置文件右边下拉列表选为“基本 RGB”，单击“确定”按钮，建立一个新文件，如图 2-1-10 所示。

步骤 02：选择左边工具栏中的“矩形工具”按钮，长按鼠标左键，弹出下级菜单，选择里面的多边形工具，如图 2-1-11 所示。在弹出的对话框中将“半径”设置为 20 mm，“边数”设置为 6，如图 2-1-12 所示。建立第一个六边形，如图 2-1-13 所示。

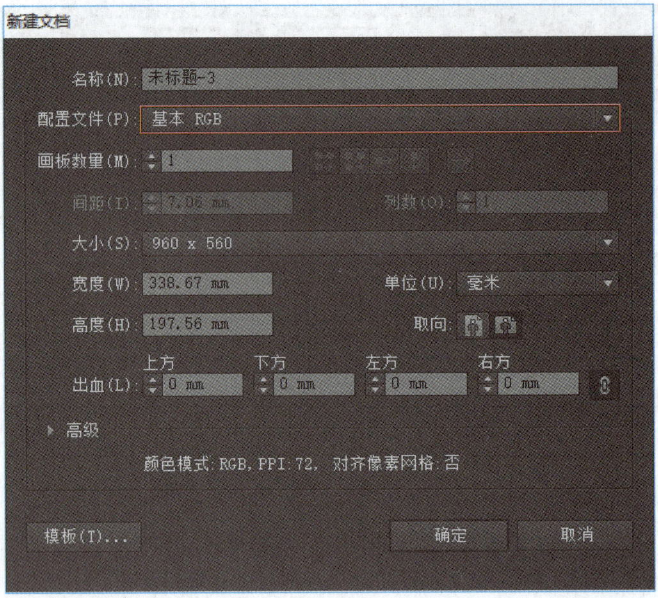

图 2-1-10

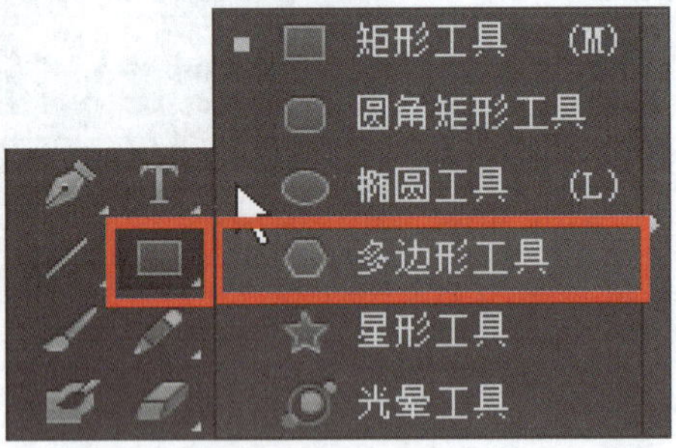

图 2-1-11

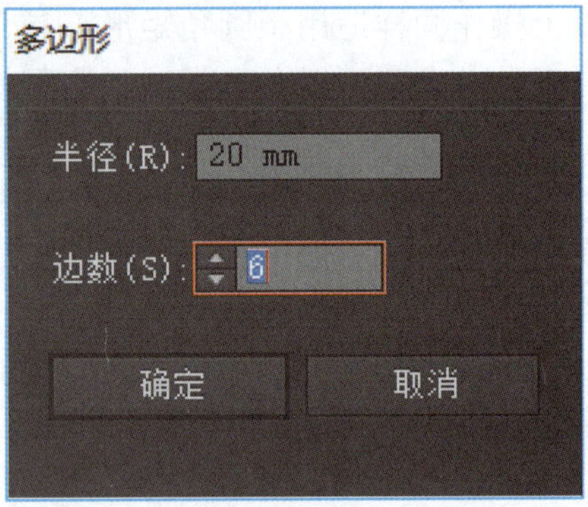

图 2-1-12

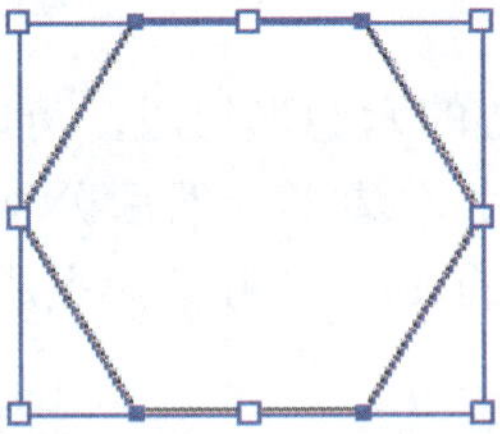

图 2-1-13

步骤 03：使用移动工具，选中六边形，单击上方路径属性栏中的“填色”下拉列表，选择 RGB 红，单击“描边”下拉列表，选择 R=66，G=33，B=11（第三排最后一个），修改描边粗细为 4 pt，如图 2-1-14 所示。

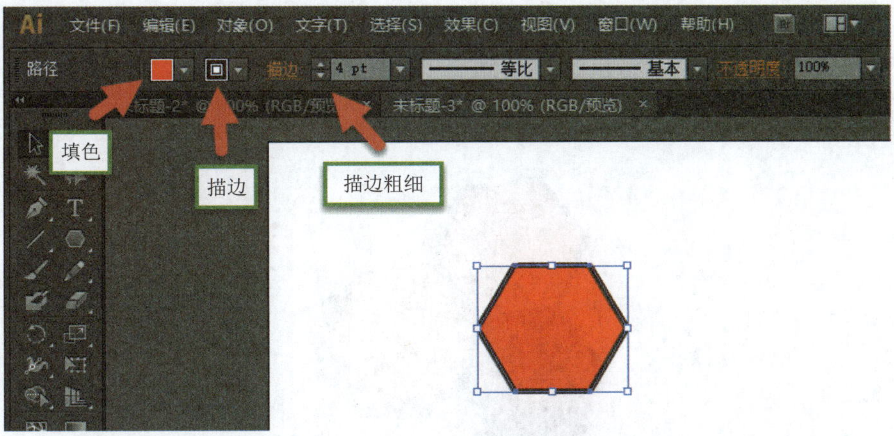

图 2-1-14

步骤 04： 按住 Alt 键，同时用鼠标左键拖动六边形，复制两个，并沿边线对齐排列，分别修改另两个六边形的颜色如下。右：填色 RGB 黄，描边 R=247，G=147，B=30（第一排最后一个），下：填色 RGB 蓝，描边 R=102，G=45，B=145（第二排最后一个），如图 2-1-15 所示。

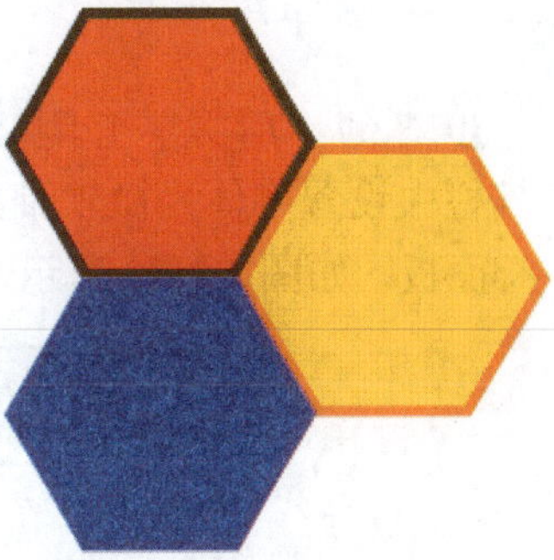

图 2-1-15

小技巧： 移动对象可以用鼠标操作，如需微调，可以用方向键进行。在使用选择工具拖动形状时，可以按住 Alt 键进行复制操作。

步骤 05： 用鼠标框选三个六边形后，右击，选择“编组”，选择“效果”→风格化”→“投影”，参数设置如图 2-1-16 所示。勾选“预览”复选框可以实时看到效果，为图形添加阴影效果。

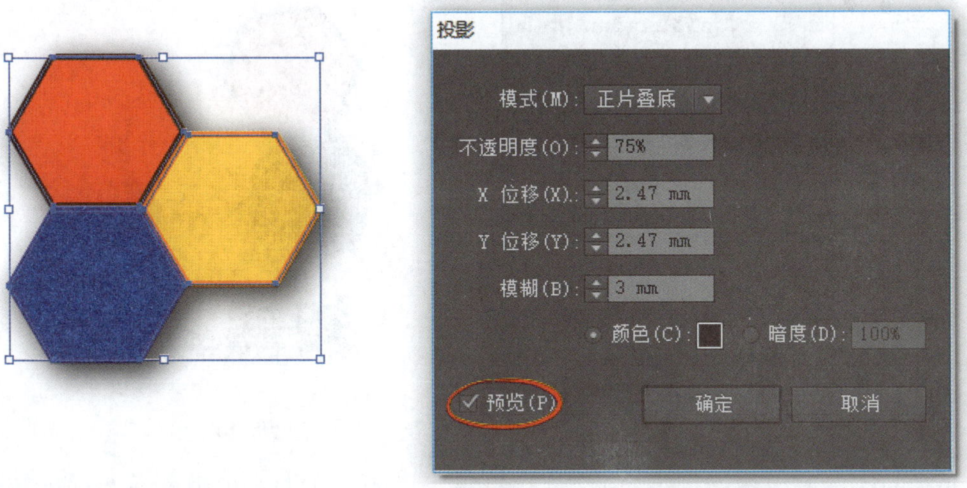

图 2-1-16

小技巧： 编组可以使对象变成一个整体，投影就不会出现错位的现象，如果不编组直接设置，则会出现有的对象的投影在另一个对象上面的现象，大家可以试一下对比效果。

提问：给对象添加投影后如何去掉投影呢？（大家可以百度搜索一下）

步骤 06： 选中编组对象，将鼠标移动到右上角控制点，鼠标形状变成双向弯曲箭头时按下鼠标，将对象旋转一定的角度，如图 2-1-17 所示。

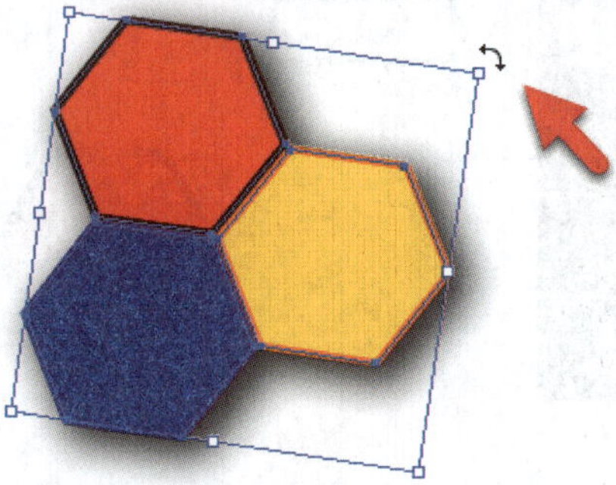

图 2-1-17

步骤 07： 用文字工具，在图形下方输入文字“知蜂堂”，选中文字，在上方文字属性工具栏中设置字体为微软雅黑，字形为 Bold，字号为 48，如图 2-1-18 所示。单击字符，打开字符面板，如图 2-1-19 所示，在选项中调整字距为 120，并按步骤 04 为文字添加阴影效果。

图 2-1-18

步骤 08： 同时选中图形与文字，在上方混合对象属性工具栏中选择水平居中对齐按钮，将两个对象水平居中对齐。最终效果如图 2-1-20 所示。

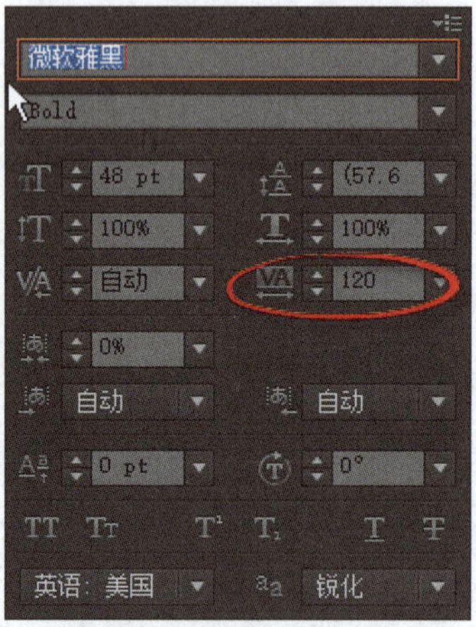

图 2-1-19

图 2-1-20

步骤 09： 选择菜单“文件”→“文档设置”，在弹出的对话框中单击“编辑画板”按钮，用鼠标调整左上角与右下角的控制点，使画板刚好可以容纳画面大小，去除多余空白。选择菜单“文件”→“存储为”，输入文件名字，选择类型为 AI，保存源文件；选择菜单“文件”→“导出”，输入文字名，选择类型 JPG，导出常用图片。

任务 2　绘制可爱熊猫图标

绘制可爱熊猫图标

任务效果展示

效果如图 2-2-1 所示。

图 2-2-1

任务知识目标

1. 掌握椭圆工具、镜像工具的使用方法
2. 掌握剪刀工具的使用方法
3. 掌握对象组合、排列、对齐的方法
4. 掌握路径查找器的使用方法

任务预备知识

知识 1：直接选择工具

● 用鼠标单击工具箱中的直接选择工具（A），或者按 A 键选中直接选择工具，该工具可以对绘制的图形进行造型操作。

● 选择一个锚点：使用直接选择工具单击形状，形状边缘会出现锚点，用鼠标单击某一个锚点，使该锚点变成一个实心的小点，表示当前选中该锚点，如图 2-2-2 所示。

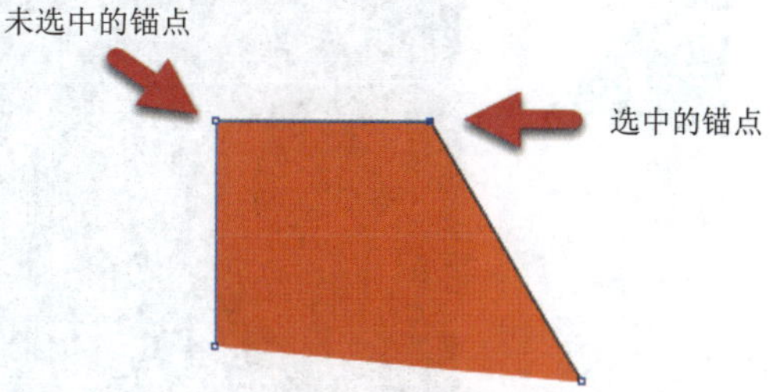

图 2-2-2

● 选择多个锚点：选中直接选择工具，用鼠标画一个框，凡是在框中的锚点都被选中。也可以按住 Shift 键，再用直接选择工具依次单击锚点，可同时选中多个锚点。

- 造型操作：选择锚点，拖动鼠标即可使形状发生变化。选中锚点后，单击转换工具可以用锚点在尖角与平滑之间转换，尖角工具使曲线变成直线，平滑工具使直线变成曲线，并在锚点两端出现两个控制柄，用鼠标拖动使形状发生变化，如图 2-2-3 所示。

知识 2：剪刀工具

用鼠标长按工具箱中的橡皮工具，在弹出的工具组中选择剪刀工具。剪刀是针对路径进行的操作，它的作用是打断路径线，只能在路径上进行操作。选择剪刀工具后，依次单击路径上的两个锚点，即可使路径产生分离，如图 2-2-4 所示。

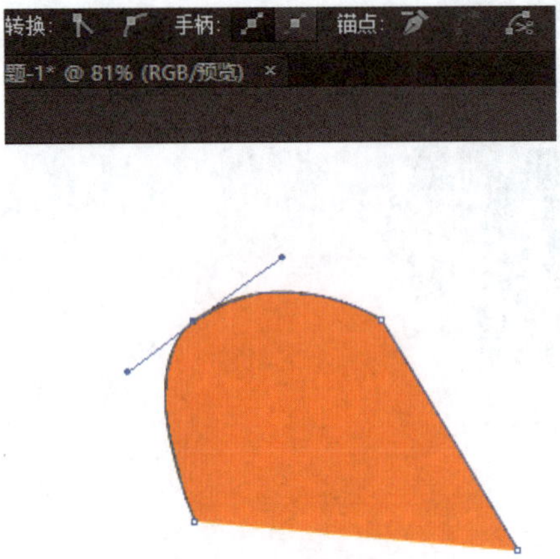

图 2-2-3

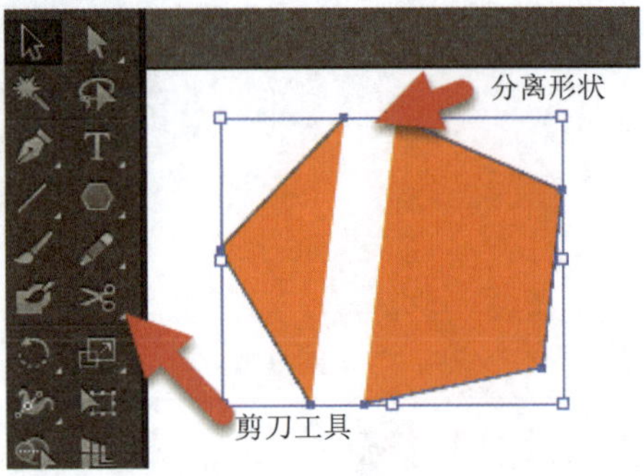

图 2-2-4

知识 3：镜像工具

用鼠标长按工具箱中的旋转工具，在弹出的工具组中选择镜像工具（O）或者按 O 键，即可选择镜像工具。该工具可以使形状按某个点产生镜像变化。使用镜像工具前，先要用选择工具选中对象，按 Alt 键单击镜像的中心点，再在弹出的对话框中选择镜像轴，单击“确定”按钮完成对象的镜像操作。单击“复制”按钮，在镜像的同时原对象不消失，如图 2-2-5 所示。

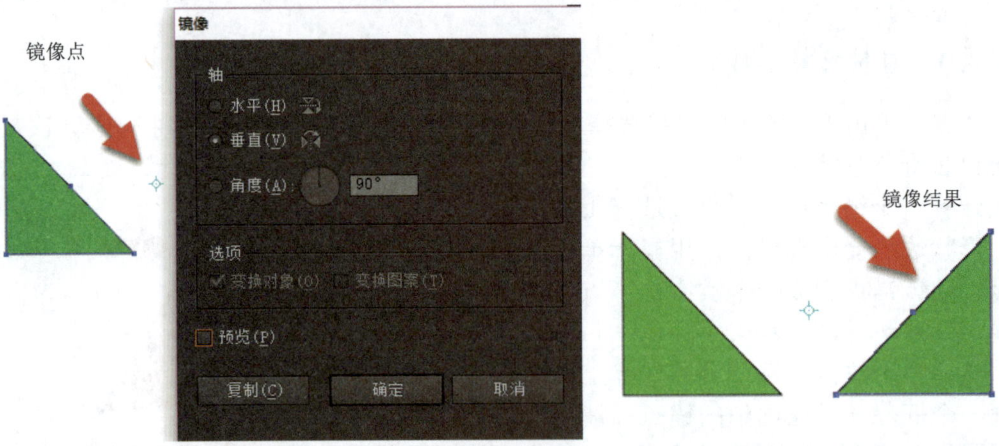

图 2-2-5

任务实施

【提示】

熊猫的头部由一个大椭圆变形得到，鼻子、眼睛、耳朵都由椭圆构成，嘴巴由两个椭圆联合后用剪刀工具截开后保留一半所得，右边脸部的阴影由头部椭圆复制后用剪刀工具截开后保留一半所得。有能力的同学可以不看操作步骤自己完成任务。

【操作步骤】

步骤 01： 启动 Illustrator，选择“文件”→“新建”命令，在弹出的“新建文档”对话框中将配置文件选为“基本 RGB”，其他保留默认设置，单击“确定”按钮，建立一个新文件。

步骤 02： 绘制脸部：使用椭圆工具，按住 Shift 键绘制一个较大的正圆，设置填充色为浅米色，描边色为无；用直接选择工具选中圆中间的两个锚点，将它们向下移动，形成脸部图形，如图 2-2-6 所示。

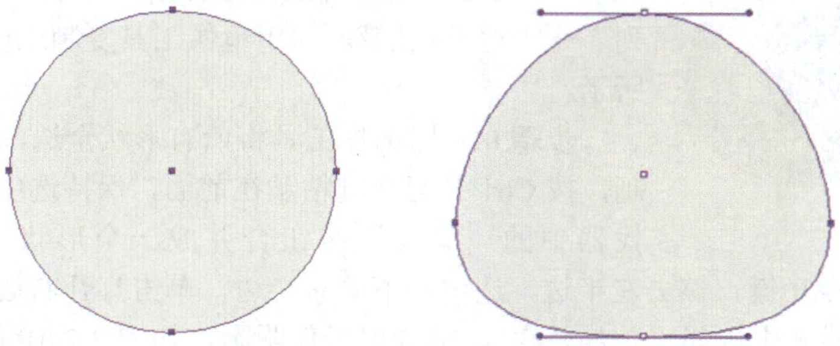

图 2-2-6

步骤 03： 绘制鼻子：绘制一个较扁的椭圆，填充深灰色，轮廓为无，作为熊猫的鼻子。

步骤 04： 绘制嘴唇：绘制两个椭圆，设置搭边为深灰，宽度为 5 pt，填充为无，选中这两个椭圆，选择菜单“窗口-路径查找器”，打开路径查找器，单击“联集”按钮将它们合并。选择剪刀工具并分别单击形状轮廓左右两边的锚点，将其分开。删掉上面的一半，得到熊猫的嘴唇，如图 2-2-7 所示。

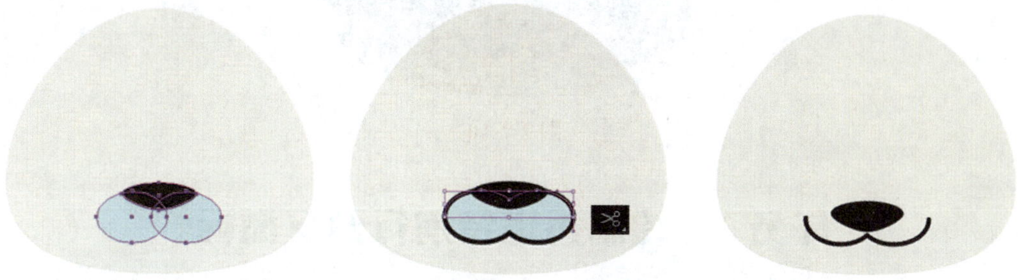

图 2-2-7

步骤 05： 绘制眼睛：绘制一个略大的椭圆，填充深灰，轮廓为无，用旋转工具略往右旋转，作为眼袋，绘制一大一小两个正圆，大圆填充白色，小圆填充深灰，排列后同时选用右击组合，形成左眼，单击选择镜像工具，按 Alt 键单击脸部中间位置，在弹出的对话框中设置轴为垂直，角度 90，单击“复制”生成右眼，如图 2-2-8 所示。

图 2-2-8

图 2-2-9

步骤 06： 绘制耳朵：选择椭圆工具绘制一大一小两个圆，大圆填充深灰，轮廓为无，小圆填充浅灰，轮廓为无。拖动小圆到大圆中间，位置为中心偏右下。将两个圆同时选中，右击编组，形成左耳朵，放到头部左上方位置，并右击，选择“排列”→“置于底层”。使用镜像工具复制生成右耳，如图 2-2-9 所示。

步骤 07： 用选择工具将所有形状全选，按 Ctrl+C 组合键复制，按 Ctrl+F 组合键粘贴在前面，保持选中状态，单击路径查找器中的“联集”按钮合并成一个形状，选择橡皮擦工具（Shift+E），按住 Alt 键，擦去左半边，选中剩下的右半边，单击打开右边浮动面板中的透明度面板，在混合模式中选择“正片叠底”，形成扁平化阴影，如图 2-2-10 所示。

图 2-2-10

任务 3　绘制香港特别行政区徽标

任务效果展示

如图 2-3-1 所示。

图 2-3-1

任务知识目标

1. 掌握旋转工具、比例缩放工具的使用方法
2. 掌握路径文字工具的使用方法、文字的翻转与位置的调整方法
3. 掌握钢笔工具的使用方法
4. 掌握重复复制变换的方法

任务预备知识

知识 1：区域文字工具

使用鼠标长按文字工具，在弹出的菜单中选择区域文字工具。
用法示例：
① 用钢笔工具或其他路径工具先绘制一个路径。
② 选中区域文字工具，单击该路径。
③ 输入字符，填满该区域，即可得到一个由字符构成的形状，如图 2-3-2 所示。

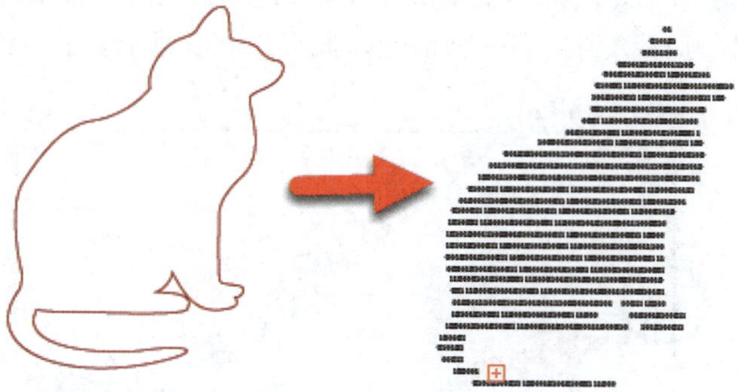

图 2-3-2

小技巧：也可以从 Photoshop 中用自定义形状工具绘制一个形状，再复制到 AI。单击右键，选择“释放复合路径”，再使用区域文字工具就能得到各种由数字或文字构成的有趣形状，如图 2-3-2 所示。

知识 2：路径文字工具

使用鼠标长按文字工具，在弹出的菜单中选择路径文字工具。

用法示例：

① 用钢笔工具先绘制一个路径。

② 选中路径文字工具，单击该路径。

③ 输入字符，字符会沿着路径分布，如图 2-3-3 所示。

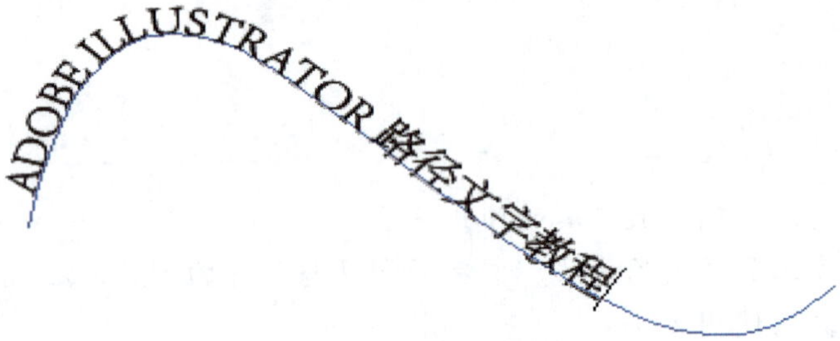

图 2-3-3

选择路径，会出现如图 2-3-4 所示情况。

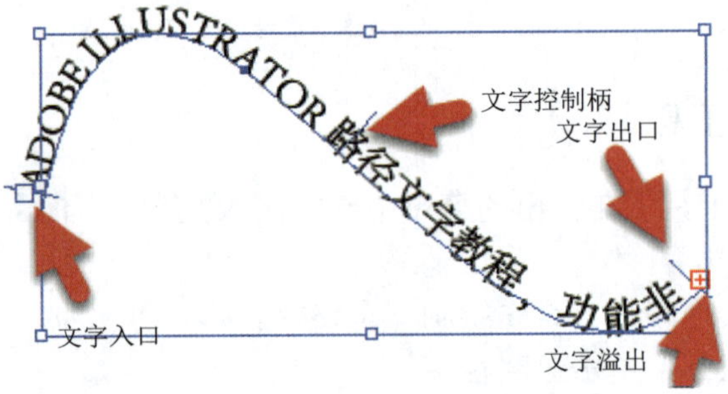

图 2-3-4

将鼠标移动到文字入口，鼠标形状变成一个带箭头的 T 形，拖动，可以改变文字起始点，如图 2-3-5 所示。将鼠标移动到文字控制柄处，鼠标形状变成一个向上的带箭头的 T 形，拖

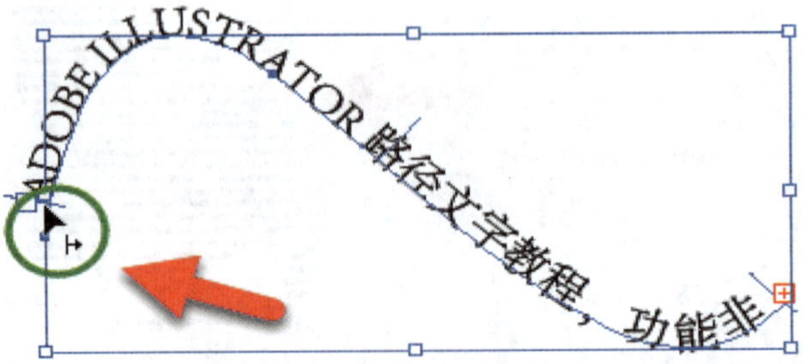

图 2-3-5

动鼠标也可以改变文字在路径上位置，并可以将文字进行翻转。文字出口处如果有一个红色的“+”号，表示文字部分有溢出，没有显示完整。

知识3：钢笔工具

在工具箱中用鼠标单击钢笔工具（P），或者按键盘上的P键，可以选中该工具。

① 使用钢笔工具绘制直线路径：用鼠标在画板上单击，产生一个锚点，移动鼠标，再次单击，产生另一个锚点，依此类推，可以产生直线路径。回到原点，鼠标指针变为一个右下角带小圆圈的笔尖形状，则形成一个封闭的路径，如图2-3-6所示。

小技巧： 按住Shift键可以绘制直线或者沿45°变化的线段。

② 使用钢笔工具绘制曲线路径：用鼠标在画板上单击，产生第一个锚点，移动鼠标，再次，单击并按住鼠标拖动，即可出现一段曲线。再次移动鼠标，单击，并按住左键拖动，则出现下一段曲线。本段曲线会与上段曲线发生关联效应，如图2-3-7所示。

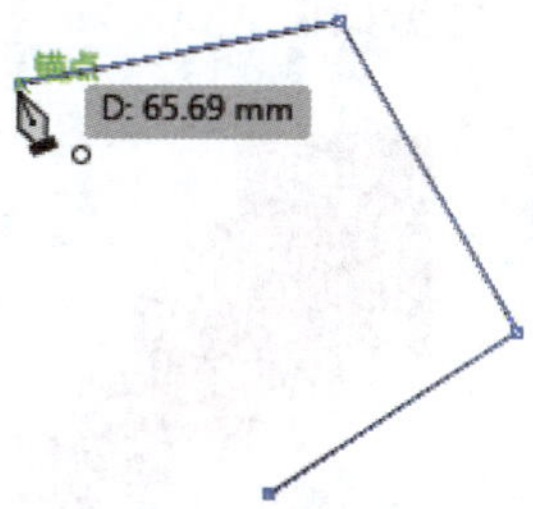

图2-3-6

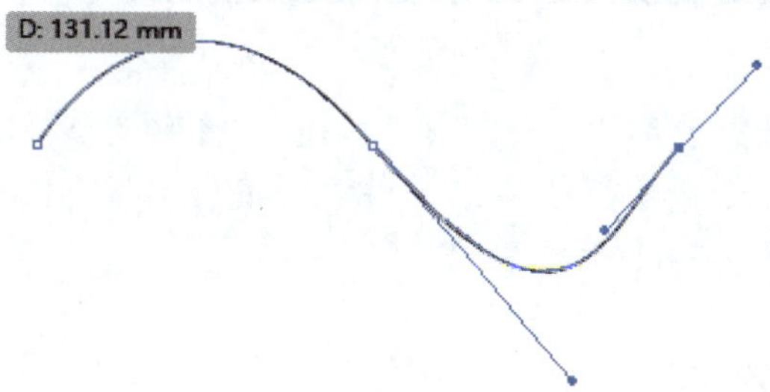

图2-3-7

③ 使用钢笔绘制混合路径：用鼠标在画板上单击，产生第一个锚点，移动鼠标，再次单击，并按住鼠标拖动，即可出现一段曲线。用鼠标在第二个锚点上单击，去掉锚点的一个控制柄，移动鼠标，单击，出现下一段直线。再次移动鼠标，单击，并按住鼠标拖动，可出现下一段曲线，如图2-3-8所示。

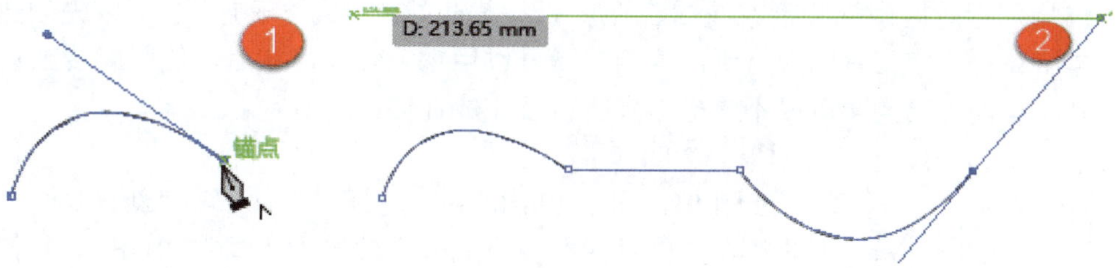

图2-3-8

知识4：再次变换

在AI中，对形状进行复制、移动、旋转等操作，第一次变换成功后，选择菜单“对象”→“变换”→“再次变换”，或者按快捷键Ctrl+D，可以继续上一次动作再执行一次，并可以一直执行下去。这是一个非常有用且有趣的动作，可以创作出非常有创意的形状。

示例 1：创建花环

① 绘制一个椭圆，填充为无，描边红色，3 pt。

② 选中椭圆，双击旋转工具，在弹出的对话框中输入角度 10°，单击“复制”，如图 2-3-9 所示。

③ 多次按 Ctrl+D 组合键再次变换，直到回到原点，如图 2-3-10 所示。

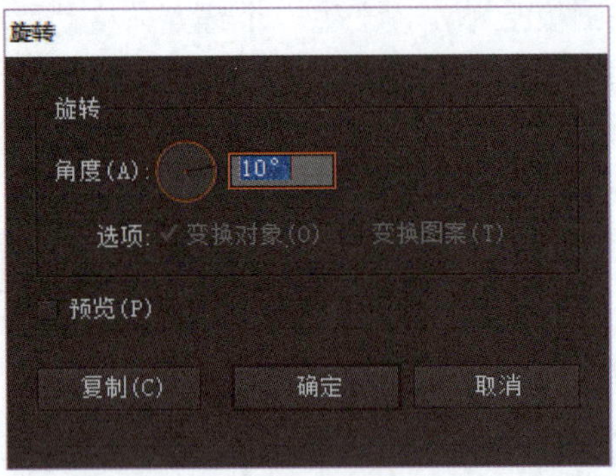

图 2-3-9

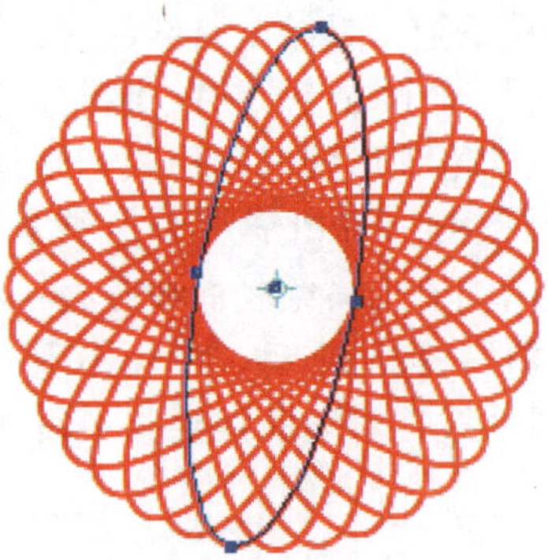

图 2-3-10

小技巧：使用“对象”→“变换”，将变换与再次变换配合使用，可以实现类似 Photoshop 中同时变换角度、位置与缩放的效果，如图 2-3-11 所示。

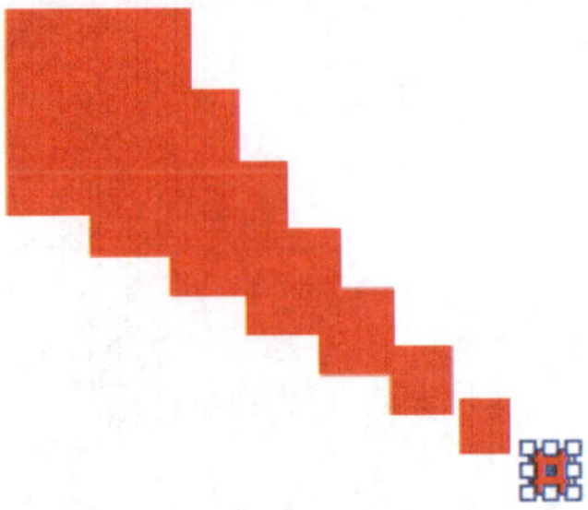

图 2-3-11

任务实施

【提示】

香港特别行政区徽标中间的红底与中华人民共和国国旗对应，代表祖国；紫荆花是香港市花，代表香港，徽标体现了香港是祖国不可分割的一部分。花瓣上的五颗星，象征香港同胞心中热爱祖国。徽标有红、白两种颜色，象征香港实践一国两制。整个徽标象征香港在祖国的环抱下，更加繁荣昌盛。

香港特别行政区徽标紫荆花花瓣、圆形与环绕的文字构成。环绕文字可以先创建好圆形路径，再用路径文字工具输入得到；紫荆花瓣可以用钢笔勾勒形状后，使用旋转工具沿 72° 复制得到。有能力的同学可以不看操作步骤自己完成任务。

【操作步骤】

步骤 01：启动 Illustrator，选择“文件”→“新建”命令，在弹出的新建文档对话框中将配置文件选为“基本 RGB”，其他保留默认设置，单击“确定”按钮，建立一个新文件。

步骤 02：使用椭圆工具，按住 Shift 键绘制一个正圆，取消填充，描边设置为红色，如图 2-3-12 所示。

图 2-3-12

步骤 03：选中椭圆后，双击比例缩放工具，在弹出的对话框中设置缩放比例为 80%，单击“复制”按钮，得到一个略小的椭圆，设置填充为红色，描边设置为无，如图 2-3-13 所示。

步骤 04：选中小的椭圆后，再次双击缩放比例工具，在弹出的对话框中设置缩放比例为

105%，单击“复制”按钮，在原位置得到一个略大的椭圆，使用路径文字工具单击新生成的圆的边框，输入文字“★中华人民共和国香港特别行政区★”，（★可以使用软件键盘中的特殊符号输入），选中文字后单击选项栏中的字符按钮，按图 2-3-14 所示进行设置。

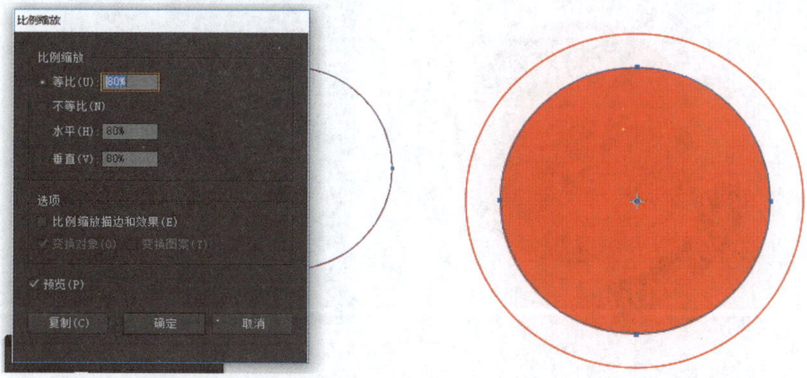

（a）　（b）

图 2-3-13

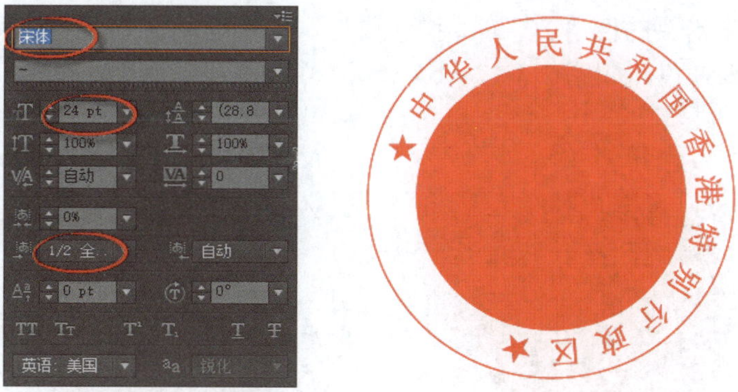

（a）　（b）

图 2-3-14

使用直接选择工具单击文字，将鼠标移动到图 2-3-15（a）所示位置，鼠标形状变为一个带箭头的倒“T”形，按住鼠标，拖动文字使其左右对齐，如图 2-3-15（b）所示。

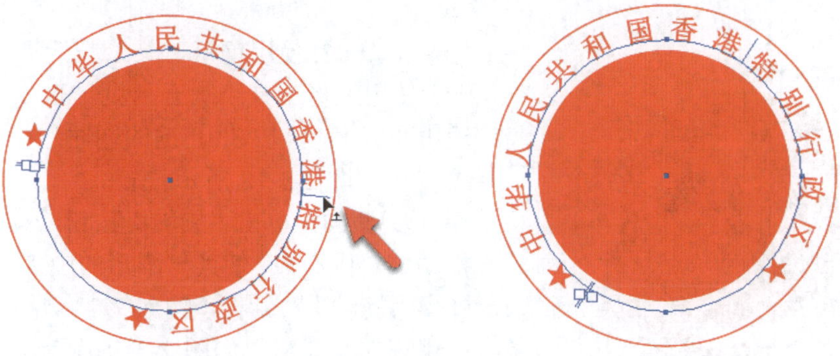

（a）　（b）

图 2-3-15

步骤 05： 选择外面的大圆，双击比例缩放工具，设置比例为 95。复制一个圆形路径，选择路径文字工具，输入“HONG KONG”，单击打开字符面板，按图 2-3-16（b）所示设置字体、字号。

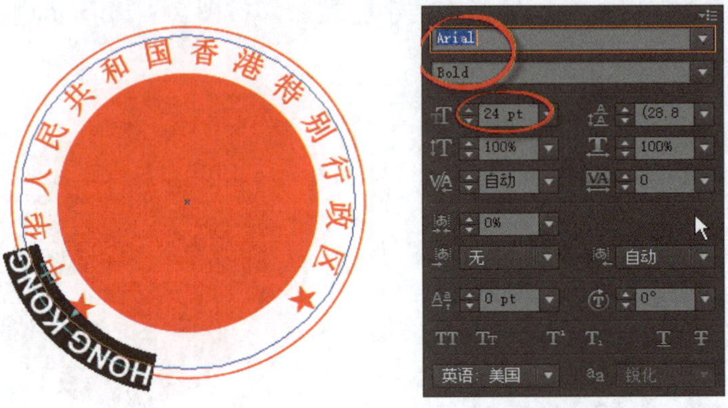

（a）　　（b）

图 2-3-16

步骤 06： 使用直接选择工具单击文字，将鼠标移动到图 2-3-17（a）所示文字控制柄位置，鼠标变为一个带箭头的倒“T”形，按住鼠标，向内拖动文字，将文字翻转，并左右对齐，设置文字颜色为红色，如图 2-3-17（b）所示。

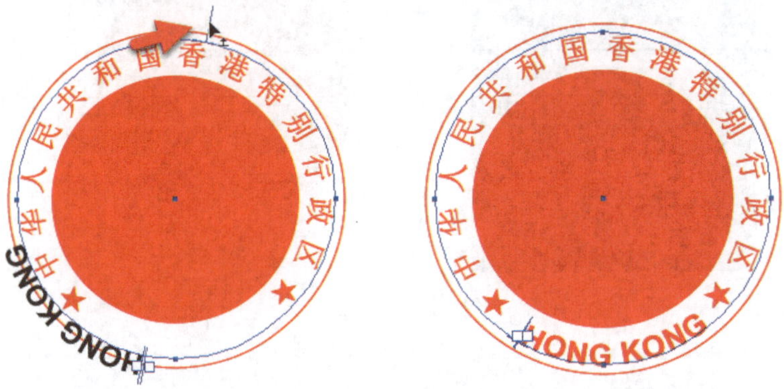

（a）　　（b）

图 2-3-17

图 2-3-18

步骤 07： 使用钢笔工具绘制紫荆花花瓣及中心弧形，使用星形工具绘制五角星，将三个形状调整至合适大小及角度，按 Shift 键的同时选中后按右键编组，放置在如图 2-3-18 所示位置。

步骤 08： 单击“旋转”按钮，按 Alt 键，用鼠标拖动旋转中心点，使其与圆形的中点重合。放开鼠标，弹出“旋转”对话框，输入 72°。单击“复制”按钮，产生第二个花瓣，如图 2-3-19 所示，按 Ctrl+D 组合键三次，得到全部五个花瓣，如图 2-3-20 所示。

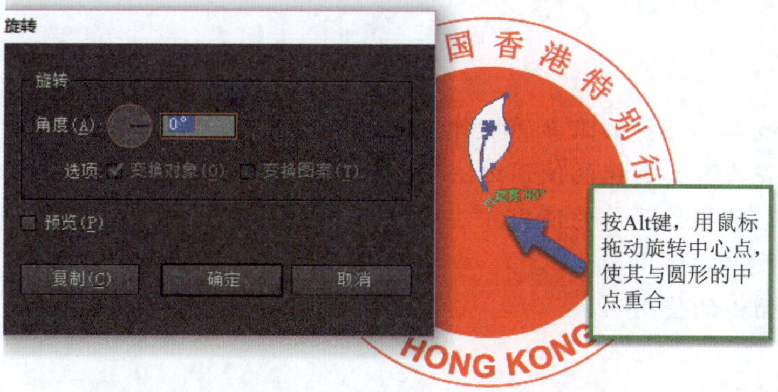

图 2-3-19

（a） （b）

图 2-3-20

任务 4　绘制蜘蛛网

任务效果展示

任务效果如图 2-4-1 所示。

图 2-4-1

绘制蜘蛛网

任务知识目标

1. 掌握螺旋线工具、星形工具的操作方法
2. 掌握路径查找器工具组的使用方法
3. 掌握常用路径操作菜单的使用方法
4. 掌握效果菜单的运用
5. 掌握符号面板的使用

任务预备知识

知识 1：螺旋线工具

用鼠标长按直线段工具，在弹出的工具组中选择螺旋线工具，即可选中该工具。

操作示例：

① 在工具箱中选取螺旋线工具，这时光标将会变成十字线。

② 绘制螺旋线是从中心开始的，把鼠标移动到预设螺旋线的中心，按下鼠标左键。

③ 按住鼠标左键不放，拖动鼠标调整螺旋线至所需大小。

④ 在绘制过程中，可以拖动鼠标转动螺旋线。绘制完成的螺旋线如图 2-4-2 所示。

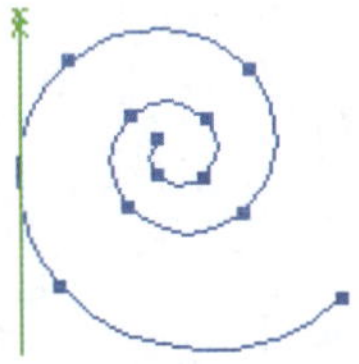
图 2-4-2

小技巧：

① 按住 Shift 键可以 45° 角画螺旋线。

② 转动鼠标可以改变螺旋线的环绕方向。

③ 按 Ctrl 键可以调节螺旋的疏密程度。

④ 绘制时按下～键，会绘制出很多的螺旋线。

⑤ 按下空格键，“冻结”正在绘制的螺旋线，可以在屏幕上拖动螺旋线。松开空格键后，可以继续绘制。

⑥ 绘制螺旋线时，拖动的同时按键盘上的向上或向下方向键，可以改变弧线弯曲的角度和方向。

知识 2：星形工具

用鼠标长按矩形工具，在弹出的工具组中选择星形工具，即可选中该工具。

操作示例：

① 在工具箱中选取星形工具，这时光标会变成十字线。

② 绘制星形是从中心开始的，把鼠标移动到星形的中心，按下鼠标左键。

③ 按住鼠标左键不放，拖动鼠标调整星形至所需大小。

④ 在绘制过程中，可以拖动鼠标转动星形。松开鼠标左键，星星绘制完成了，如图 2-4-3 所示。

小技巧：

① 在绘制星形的同时，按住 Shift 键可以绘制正星形。

② 在绘制星形的同时，按住 Ctrl 键可以调整星形内角的大小。

③ 在绘制星形的同时，按向下或者向上的方向键可以减少或增多星星的角点数。

④ 绘制时按下～键，会绘制出很多的星形。

⑤ 选中星形工具，单击画板，弹出对话框，可以精确设置星形。

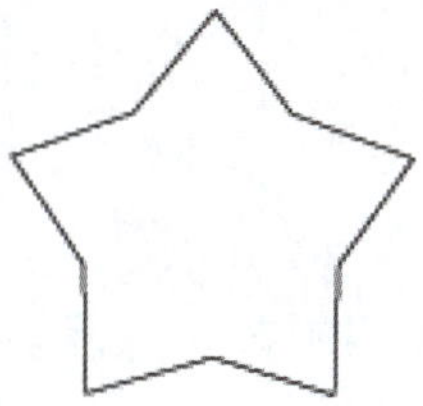

图 2-4-3

知识 3：符号的使用

用鼠标单击窗口右边浮动面板中的符号按钮，打开符号面板，单击面板左下方的符号库面板，可以找到更多的图形符号，如图 2-4-4 所示。

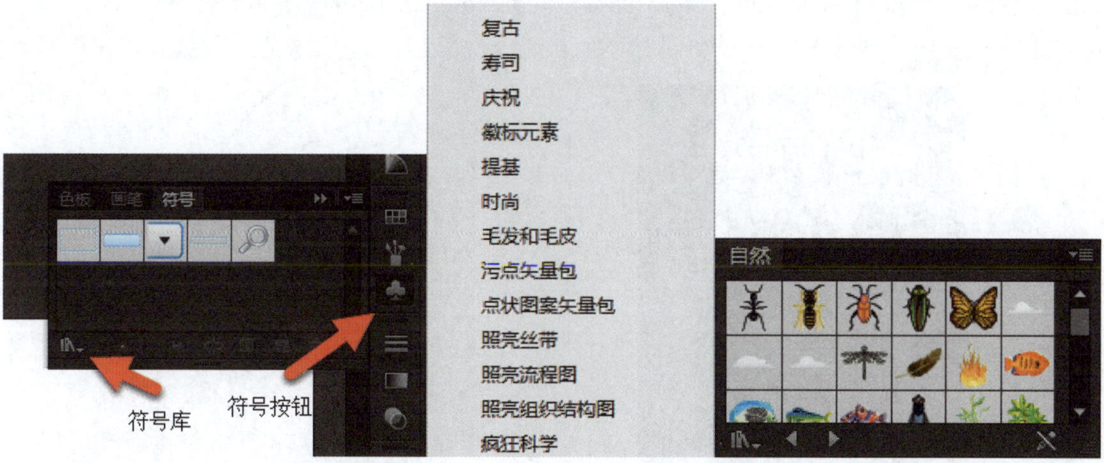

图 2-4-4

用鼠标将喜欢的符号拖入画板，即可完成符号的建立。

小技巧： 使用工具箱中的符号喷枪工具可以产生许多符号实例。长按该工具，可以弹出一系列符号操作工具，大家可以摸索一下，如图 2-4-5 所示。

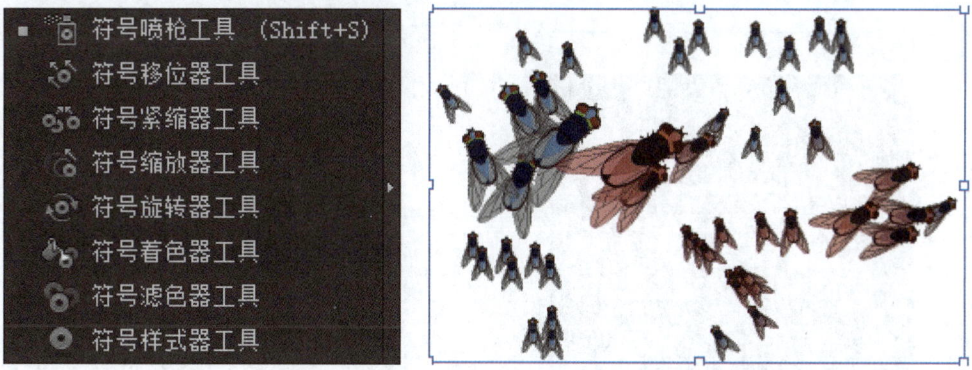

图 2-4-5

任务实施

【提示】

蜘蛛网由经线和纬线构成，其中纬线可以由螺旋线经过添加效果完成，纬线可以用星形工具绘制；也可以用直线旋转复制绘成，可以分别试一下。绘制完成后，再从符号库中找出蜘蛛与小昆虫的图片。有能力的同学可以不看操作步骤自己完成任务。

【操作步骤】

步骤 01： 启动 Illustrator，选择“文件”→“新建”命令，在弹出的“新建文档”对话框中将配置文件选为“基本 RGB”，其他保留默认设置，单击“确定”按钮，建立一个新文件。

步骤 02： 绘制蜘蛛网的纬线：在工具箱中选择直线工具组中的螺旋线工具，单击文件空白处，设置参数为：半径 90 mm，衰减 95%，段数 70，如图 2-4-6 所示。

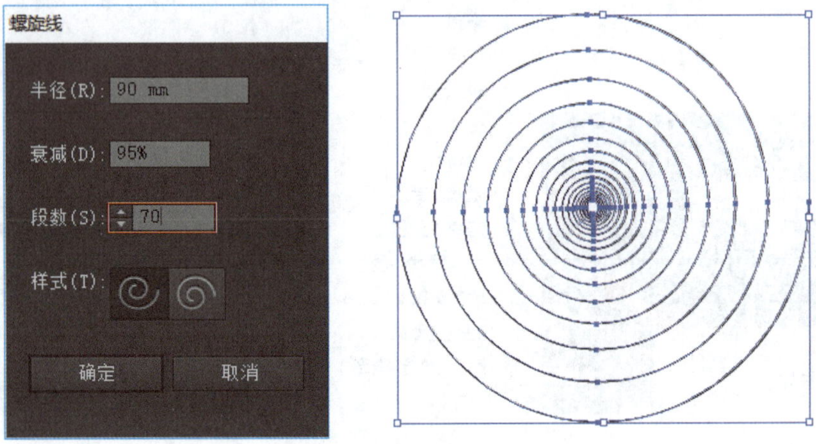

图 2-4-6

绘制蜘蛛网经线：选择矩形工具组中的星形工具，单击文件空白处，设置参数：半径 1 为 100 mm，半径 2 为 0，角点数 12，并将产生的经线移动，使其中心点与纬线中心点重合，如图 2-4-7 所示。

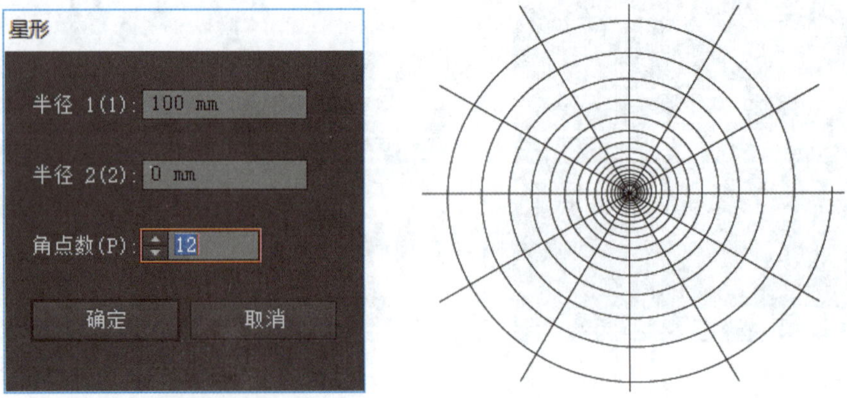

图 2-4-7

步骤 03： 选中所有路径，选择“窗口”→“路径查找器”，弹出“路径查找器”面板后，单击“轮廓”按钮，并设置描边颜色为灰色，如图 2-4-8 所示。

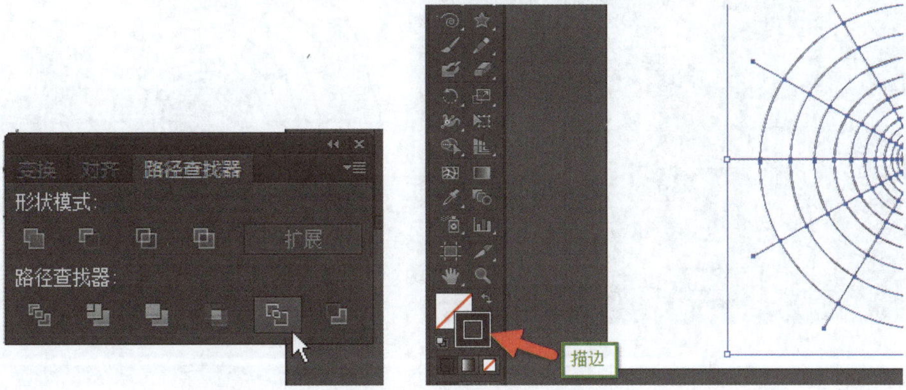

图 2-4-8

步骤 04： 选中所有路径，选择菜单“对象”→“路径”→“简化”，打开“简化”面板后，勾选“直线”复选框，单击“确定”按钮，将蜘蛛网纬线变成分段直线，如图 2-4-9 所示。

图 2-4-9

保持选中状态，再次选择“对象”→“路径”→“轮廓化描边”，把路径描边转换为填充。

步骤 05： 选择菜单“效果”→“扭曲和变换”→“扭拧”，弹出“扭拧”面板后，设置水平为 3%，垂直为 0，单击“确定”按钮，使蜘蛛网水平方向产生扭曲效果，如图 2-4-10 所示。

步骤 06： 保持选中状态，右击，选择“取消编组”。再选择菜单“效果”→“变形”→“拱形”，弹出“拱形”面板后，选择“拱形”，设置弯曲 30%，其他不变，单击“确定”按钮，使蜘蛛网呈上拱状态，如图 2-4-11 所示。

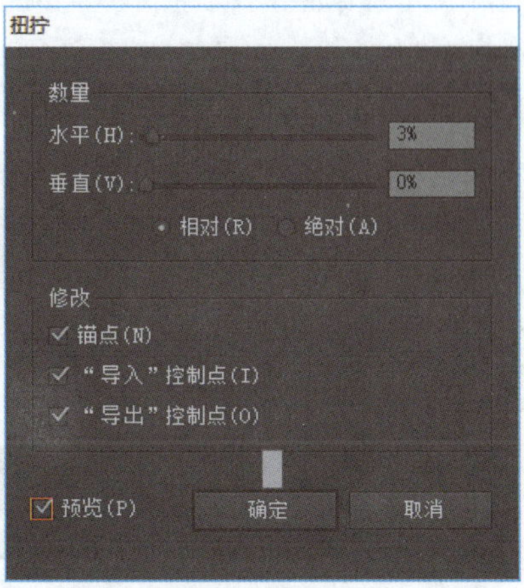

图 2-4-10

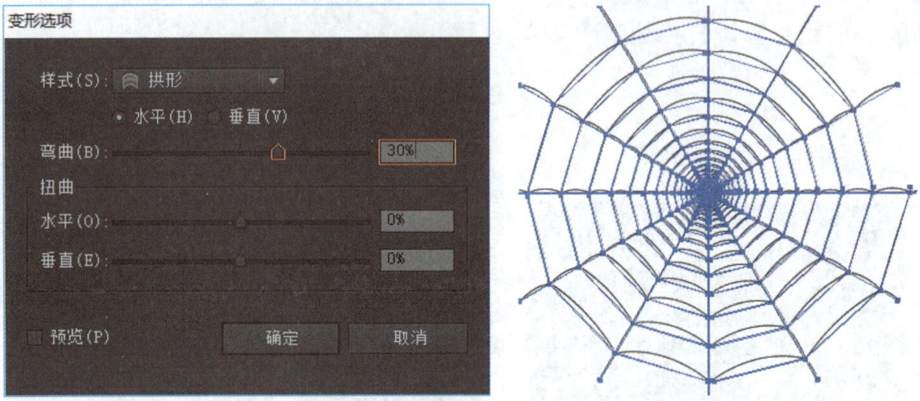

图 2-4-11

步骤 07： 选择菜单“对象”→“扩展外观”。

步骤 08： 选择所有路径，右击，选择“变换”→“旋转”，弹出“旋转”面板后，设置旋转角度为 180°。蜘蛛网绘制完成，如图 2-4-12 所示。

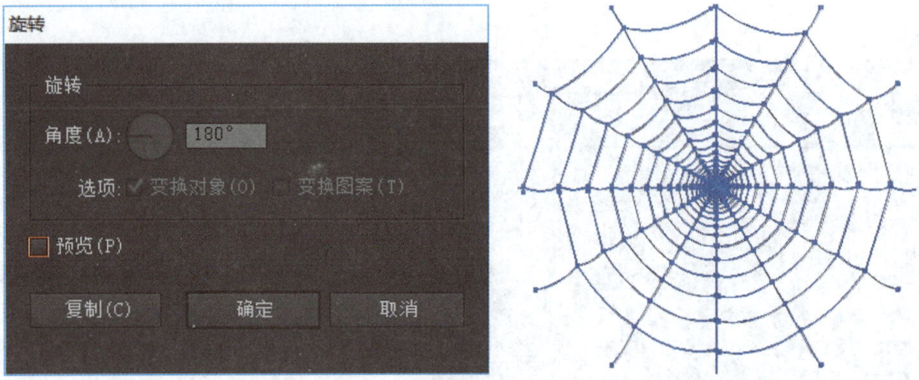

图 2-4-12

步骤 09： 从符号库中找到蜘蛛符号并拖入蜘蛛网上面，还可以从符号库中拖入其他一些昆虫，表示被蜘蛛网粘住的小昆虫：打开符号面板，选择“自然”，打开“自然”面板就可以看到很多昆虫了，如图 2-4-13 所示。用鼠标左键单击蜘蛛图案，拖到蜘蛛网上，然后调至合适的大小；拖入其他昆虫，并用符号着色器工具改变昆虫的颜色，如图 2-4-14 所示。

图 2-4-13

图 2-4-14

任务5 绘制折扇

任务效果展示

任务效果如图 2-5-1 所示。

图 2-5-1

绘制折扇

任务知识目标

1. 掌握旋转工具的使用方法
2. 熟悉再次变换的运用方法
3. 熟悉路径查找器的使用方法

4. 熟悉效果菜单的运用方法
5. 掌握颜色库的使用方法
6. 掌握透明度面板的使用方法

任务预备知识

知识 1：旋转工具

使用鼠标单击工具箱中的旋转工具（R），或按 R 键，就可以选中该工具。旋转工具可以使形状按某个支撑点进行旋转。

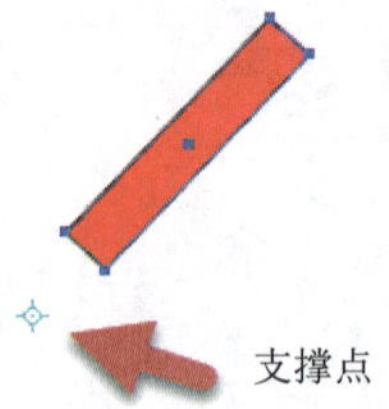

图 2-5-2

操作示例：

① 选择需要旋转的形状，这里选中一个矩形。

② 在工具箱中选取旋转工具，这时光标会变成十字线。

③ 用鼠标在画板任意位置单击，设置旋转支撑点。

④ 按住鼠标左键不放，拖动鼠标，使矩形绕支撑点旋转，最终结果如图 2-5-2 所示。

小技巧：旋转之前一定要选中一个或多个对象，选中旋转工具后，按 Alt 键，单击设置旋转支撑点，并弹出“旋转”对话框，设置后可以实现按支撑点精确旋转，如图 2-5-3 所示。单击“复制”按钮，则复制一个矩形后再进行旋转。

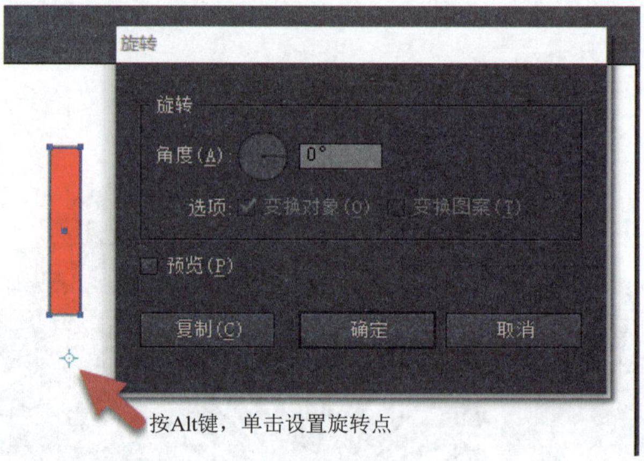

图 2-5-3

知识 2：路径查找器

单击菜单“窗口”→“路径查找器”，或者按 Shift+Ctrl+F9 组合键，打开“路径查找器”面板，使用该面板可以通过运算将路径进行合并或加减等操作，可以创建出更复杂的形状，它是 AI 中非常有用的一个面板。

操作示例：

① 在画板上绘制一个圆和一个矩形。

② 用选择工具同时选中这两个形状。

③ 单击“路径查找器”面板中的“合并”按钮，得到新的形状，如图 2-5-4 所示。

大家可以分别单击其他按钮一一尝试，掌握路径查找器的用法。

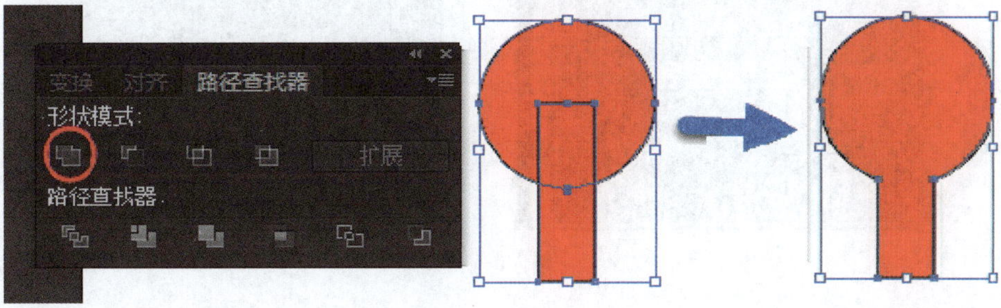

图 2-5-4

知识 3：透明度面板

如图 2-5-5 所示，单击右边浮动面板中的透明度按钮，可以使对象产生不同程度的透明度。

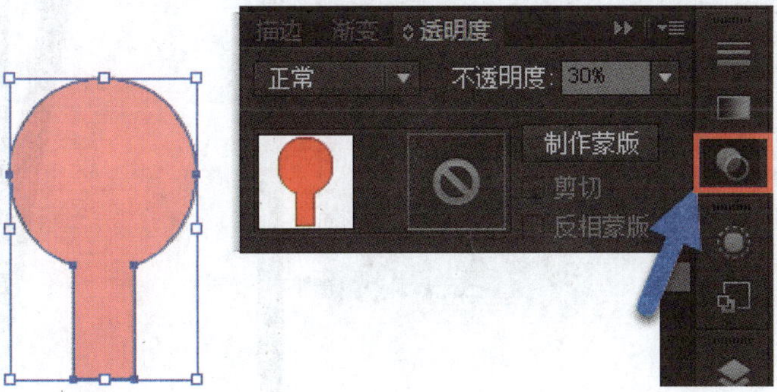

图 2-5-5

任务实施

【提示】

扇子由扇骨与扇面构成。扇骨的绘制，可以先绘制一个矩形，再通过旋转与再次变换得到。扇面形状的绘制比较复杂，为了表现出光线的明暗，制作扇面时，为了使边界贴合严密，可以先绘制一个以旋转中心点为中心点的圆，再用钢笔工具绘制出形状后，与圆通过运算得到一片扇面，然后通过旋转、复制的方法得到整个扇面。整个制作过程较为复杂，大家可以参照教程完成。

【操作步骤】

步骤 01： 启动 Illustrator，选择“文件”→“新建”命令，在弹出的“新建文档”对话框中将配置文件选为“基本 RGB”，取向选择为“横向”，其他保留默认设置。单击“确定”按钮，建立一个新文件。

步骤 02： 绘制扇骨：选择矩形工具，在画布上单击，建立宽度为 3 mm、高度为 60 mm

的矩形，填充深棕色（RGB:96,56,19），描边为无，如图 2-5-6 所示。

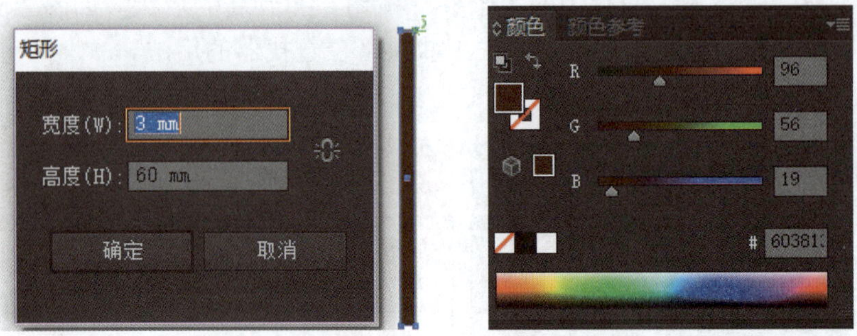

图 2-5-6

步骤 03： 选中矩形，单击旋转工具，按 Alt 键，单击矩形底部往上一点的位置，弹出“旋转”对话框，设置角度为 9°，单击“复制”按钮产生另一个矩形，如图 2-5-7 所示。

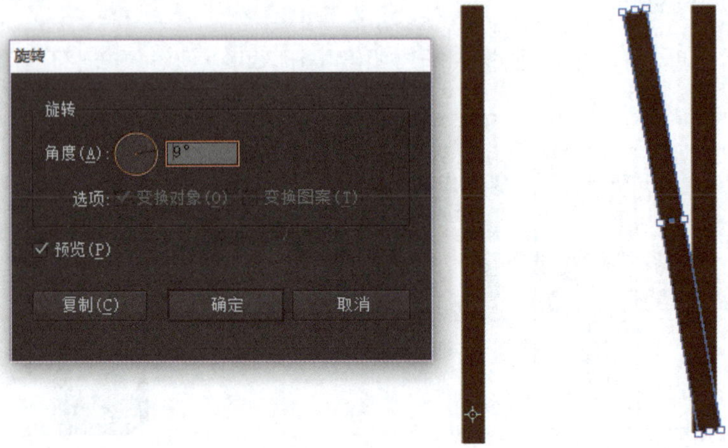

图 2-5-7

步骤 04： 按 Ctrl+D 组合键命令 7 次，得到半边扇骨，共 9 根。全部选中后，单击镜像工具，按 Alt 键，单击最右边那根扇骨的中点位置，弹出“镜像”对话框，如图 2-5-8 所示。设置垂直方向为 90°，单击“复制”按钮，得到右半边扇骨；全部选中，右击，选择“编组”。

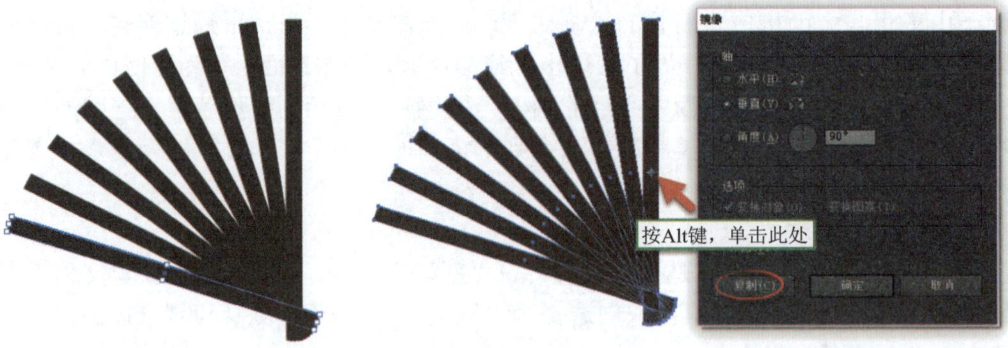

图 2-5-8

步骤 05： 绘制扇面：选择椭圆工具，按 Alt 键，单击扇骨子交点的中心点处，如图 2-5-9 所示，弹出“椭圆”对话框，设置宽度与高度均为 200 mm，画一个椭圆，填充为无，描边设置为黑色。选中圆形，双击比例缩放工具，在弹出的对话框中设置等比缩放，比例为 40%，单击“复制”按钮，得到一个小圆。

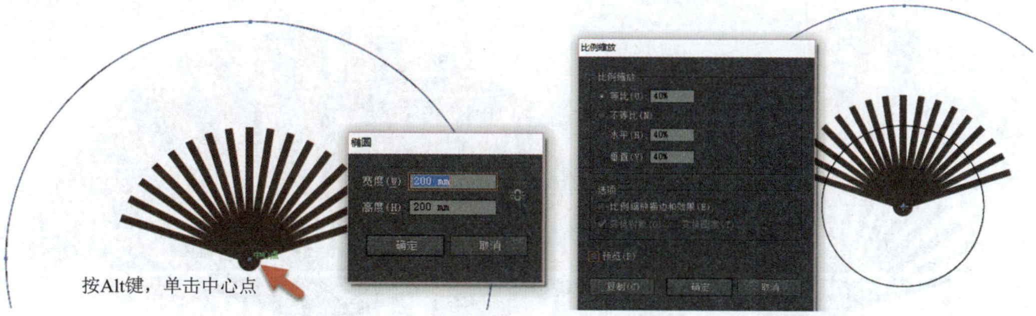

图 2-5-9

步骤 06： 选择钢笔工具，从中心点出发，绘制如图 2-5-10 所示形状，填充红色，描边为无，按 Shift 键的同时选中小圆与形状，打开“路径查找器”（“窗口”→“路径查找器”），单击“减去后方对象”按钮，得到一个梯形。

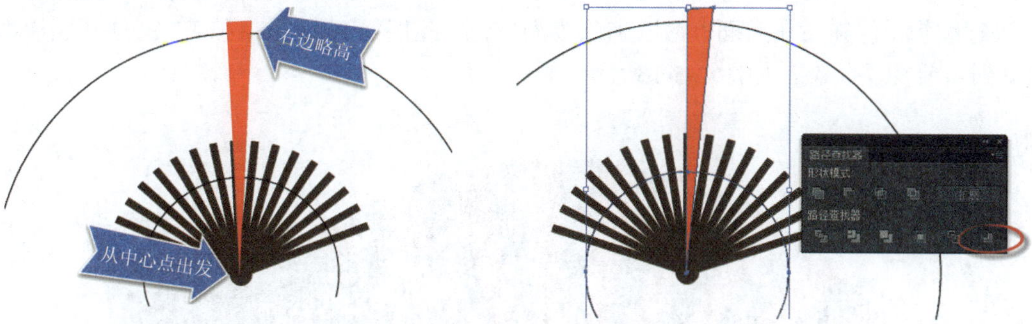

图 2-5-10

步骤 07： 选中形状，单击镜像工具，按 Alt 键后，单击形状的左边线，在弹出的“镜像”对话框中设置沿垂直镜像 90°，如图 2-5-11 所示。单击“复制”按钮得到左半边形状，填充蓝色。

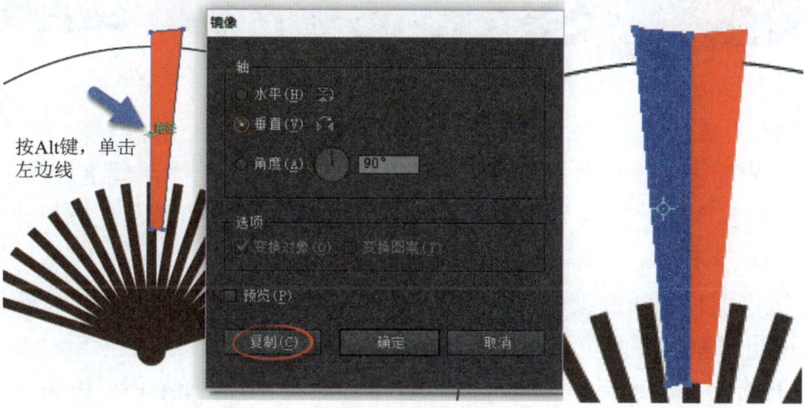

图 2-5-11

步骤 08： 选中形状，单击旋转工具，单击扇骨交汇中心点，将形状旋转中心点设置到那里，沿左拖动鼠标并按下 Alt 键，复制生成第二片形状。按 Ctrl+D 组合键 6 次，生成扇面左边形状。用同样的方法生成扇面右边形状，删除大圆，如图 2-5-12 所示。

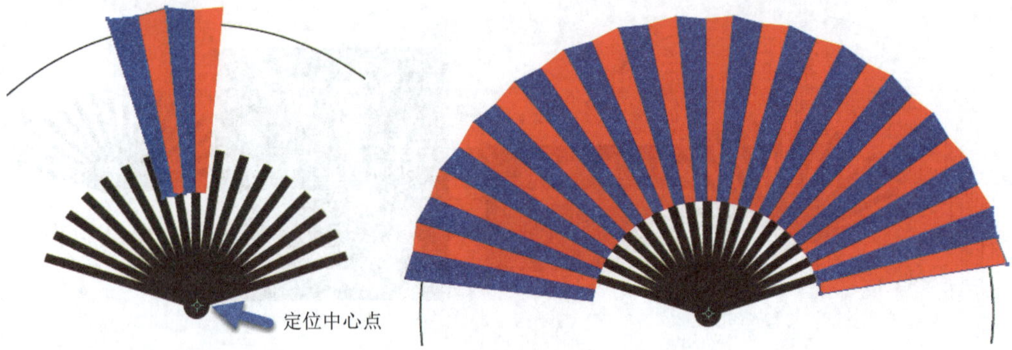

图 2-5-12

步骤 09： 按 Shift 键的同时选中所有蓝色形状，选择菜单“对象”→“复合路径”→“建立”，生成复合路径，用同样的方法将所有红色形状生成复合路径，并单击菜单“编辑”→“复制”，进行编辑，使其贴在后面，将填充色改为白色（此层为遮挡层）。按 F7 键打开图层面板，可以见到当前图层状态，如图 2-5-13 所示。

图 2-5-13

步骤 10： 在扇面上配上图片：选择“文件”→“置入”，将“清明上河图.jpg”素材导入文件，单击选项工具中的“嵌入”按钮，将图片转为嵌入形，将图片拉宽，比扇子宽度更宽一些，如图 2-5-14 所示。

步骤 11： 选中图片，选择菜单“效果”→“变形”→“拱形”，设置水平弯曲 75%；将变形后的图像适当调整大小及位置，使其覆盖整个扇面，如图 2-5-15 所示。

步骤 12： 右击图片，选择“排列”→“置于底层”，并选择菜单“编辑”→“复制”→“编辑”→“贴于后面”，生成同一位置的副本图片，如图 2-5-16 所示。

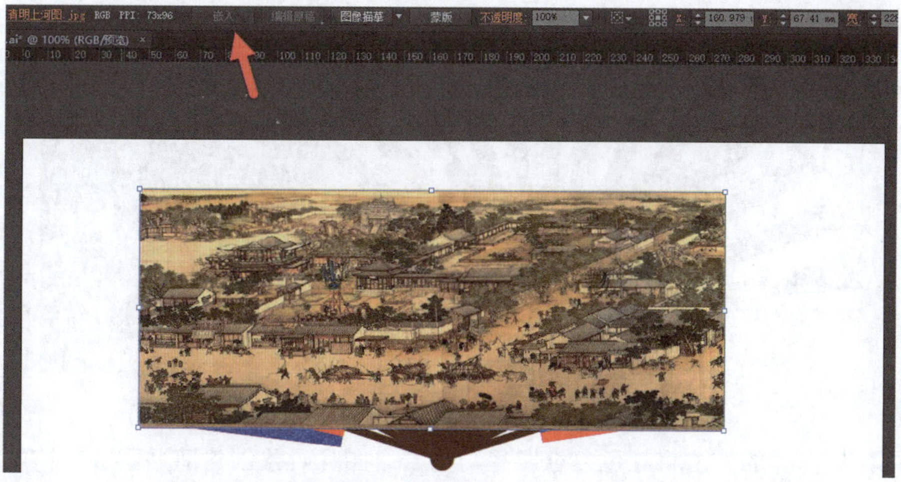

图 2-5-14

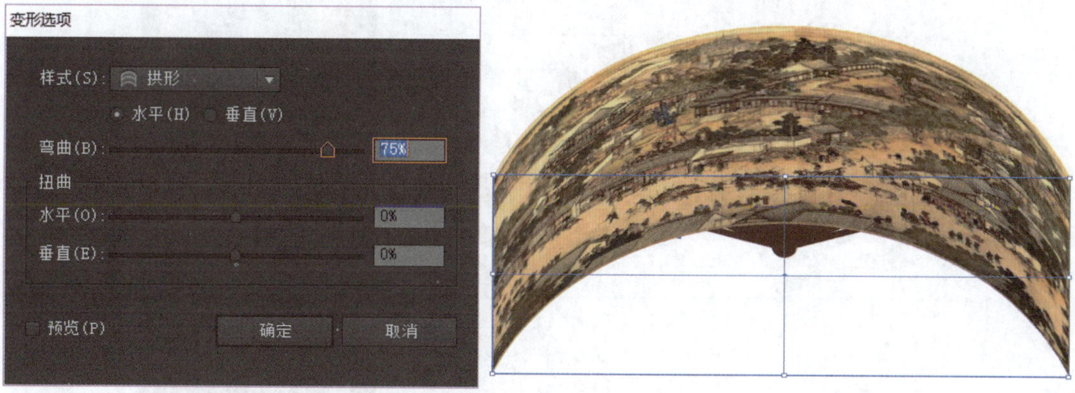

图 2-5-15

图 2-5-16

步骤 13： 单击图层左边的眼睛图标，关闭除蓝色复合路径与一个图片以外的所有图层，同时选中两个对象，选择菜单“对象”→“剪贴蒙版”→“建立”，如图 2-5-17 所示。

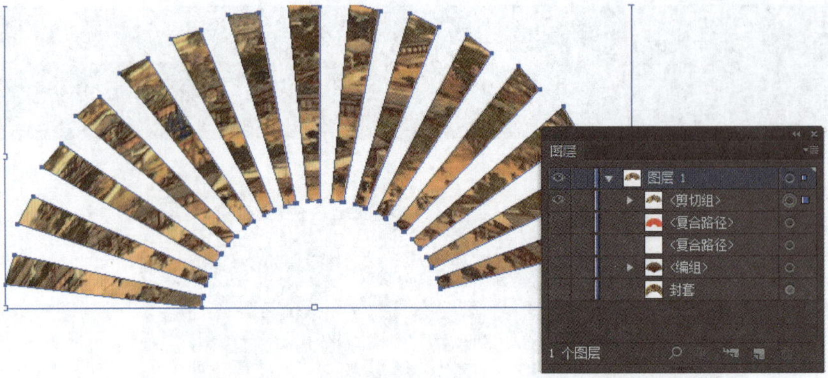

图 2-5-17

步骤 14: 用同样的方法将红色复合路径与另一个图片对象创建剪贴蒙版，并在右边的“透明度”面板中将图层的不透明度设置为 75%，如图 2-5-18 所示。

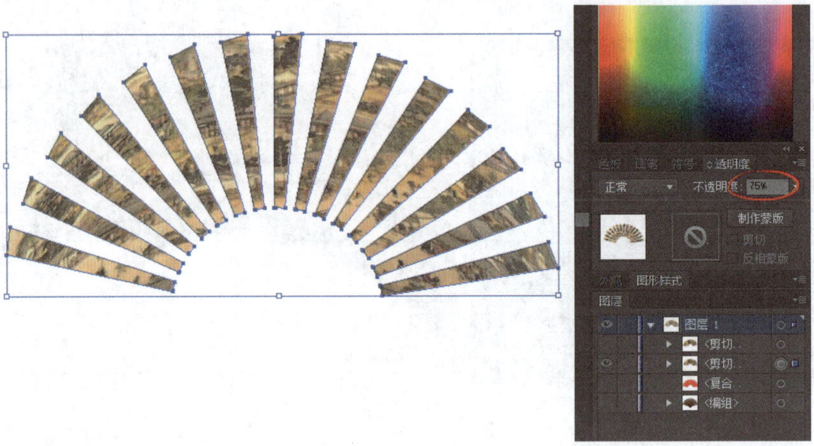

图 2-5-18

步骤 15: 单击对应的眼睛图标，将所有图片设置为可见。全选所有对象，选择菜单“对象”→“锁定”，将对象锁定，如图 2-5-19 所示。

图 2-5-19

步骤 16: 绘制一个高 70 mm，宽 8 mm 的矩形，用直接选择工具拖选下面的两个锚点。双击比例缩放工具，设置等比缩放，比例为 70%，单击“确定”按钮，将矩形下部缩小；再绘制一个高 40 mm、宽 3 mm 的矩形，将两个矩形首尾相接，垂直中心对齐，如图 2-5-20 中左边所示，同时选中两个矩形，在“路径查找器”中单击“集联”按钮，形成一个新形状；绘制一个椭圆，与矩形相交并按垂直方向中心对齐。同时选中椭圆和矩形对象，在“路径查找器”中单击“联合”按钮，如图 2-5-20 所示。

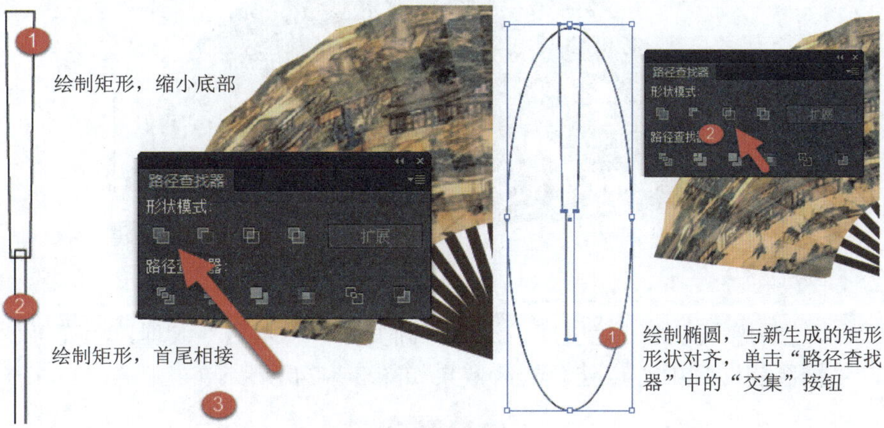

图 2-5-20

步骤 17：打开色板库，选择“渐变”→“木质”纹理，填充黑胡桃木色，如图 2-5-21 所示。

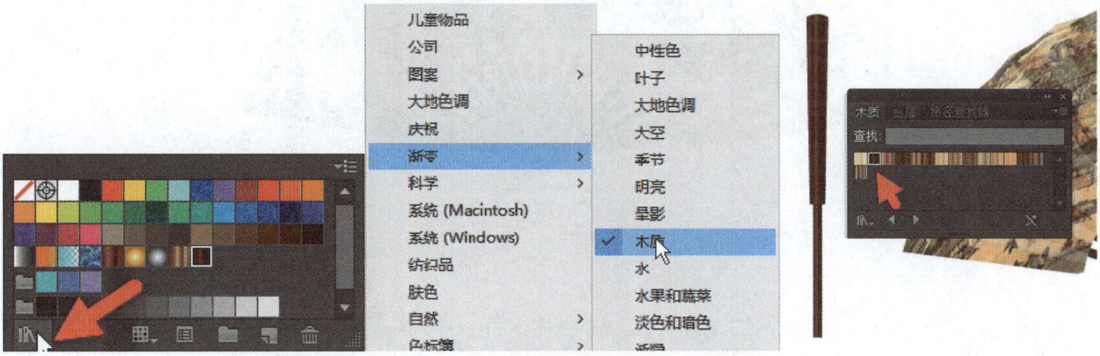

图 2-5-21

步骤 18：将得到的形状，将扇骨中心点旋转放置在扇子右边，如图 2-5-22 所示。

图 2-5-22

步骤 19：选中对象，单击“旋转”按钮，将中心点设置为扇骨交集处中心点，按 Alt 键旋转得到另一边，鼠标右击，选择“排列–置于底层”，填充颜色为深棕色（RGB：66，33，11），如图 2-5-23 所示。

图 2-5-23

步骤 20：绘制椭圆，打开色板库，选择“渐变”→“木质”纹理，填充渐变径向（参见步骤 17），将椭圆旋转到中心点处，最终效果如图 2-5-24 所示。

图 2-5-24

任务 6　绘制立体小屋

任务效果展示

任务效果如图 2-6-1 所示。

图 2-6-1

绘制立体小屋

任务知识目标

1. 掌握透视网格工具的使用方法
2. 掌握透视选区工具的使用方法
3. 熟悉路径查找器的使用方法

任务预备知识

知识：透视网格工具组

该工具组包含两个工具：一个是透视网络工具，另一个是透视选区工具。使用鼠标单击工具箱中的透视网格工具，或者按 Shift+P 组合键，则在画板中出现透视视图。透视网格可以在平面上呈现场景，就像肉眼所见的那样自然。视图中各个部件说明如图 2-6-2 所示。

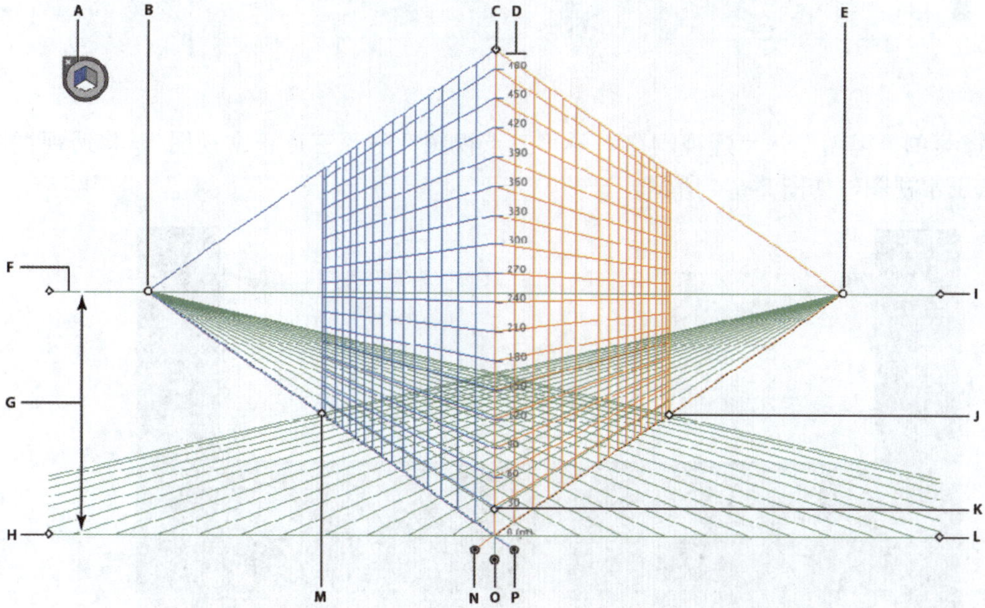

图 2-6-2

A—平面切换构件；B—左侧消失点；C—垂直网格长度；D—透视网格标尺；E—右侧消失点；F，I，L—水平线；G—水平高度；H—地平线；J，M—网格长度；K—网格单元格大小；N—右侧网络平面控制；O—水平网络平面控制；P—左侧网格平面控制

使用鼠标按住 N、P、O 控制柄，可以调整左右与上下网格平面。在选择“透视网格”时，还将出现“平面切换构件”工具，如图中的 A 部分所示。此构件可以选择活动网格平面。在透视网格中，“活动平面”是指在其上绘制对象的平面，以投射观察者对于场景中该部分的视野。

用鼠标按住透视网格工具，在弹出的工具组中选择透视选区工具，或按 Shift+V 组合键，“透视选区”工具可以：

- 在透视中加入对象、文本和符号。
- 在透视空间中移动、缩放和复制对象。
- 在透视平面中沿着对象的当前位置垂直移动和复制对象。

操作示例：

① 单击透视网格工具，画板中出现透视网格视图，如图 2-6-3 所示。

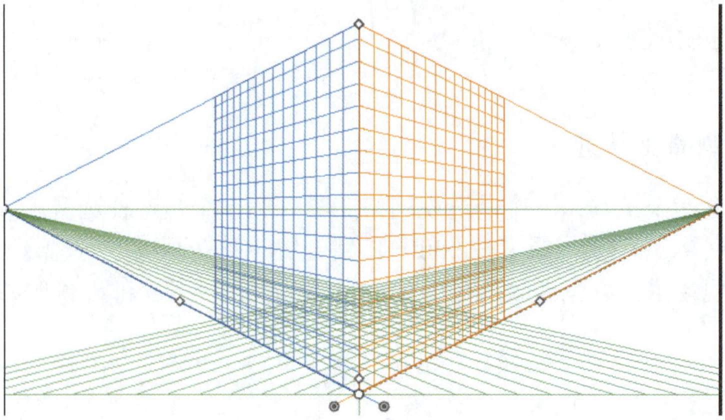

图 2-6-3

② 选择菜单“视图”→“透视网络”→“三点视图”→“三点正常视图”，将透视视图转换成三点正常视图，如图 2-6-4 所示。

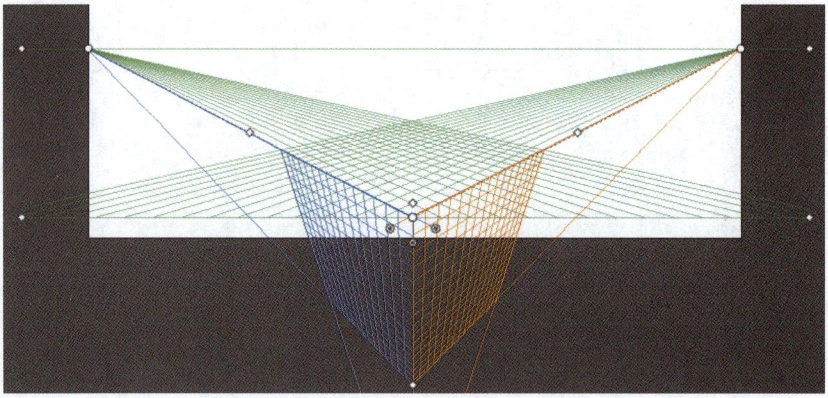

图 2-6-4

③ 在平面切换构件中单击边缘灰色部分，不选中任何一个视图，如图 2-6-5 所示。

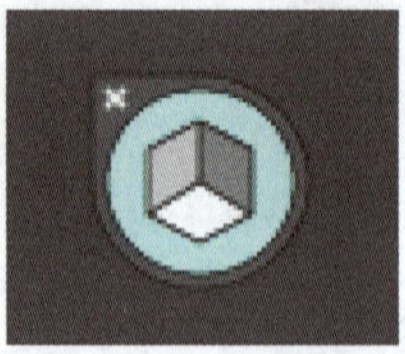

图 2-6-5

④ 绘制一个正方形，并复制两份，得到三个同样大小的正方形，如图 2-6-6 所示。

图 2-6-6

⑤ 按 Shift+V 组合键切换至透视选区工具，单击平面切换构件中的右侧网格，使右侧网格面变成黄色；将其中的一个正方形拖动到黄色右侧面部分，如图 2-6-7 所示。

图 2-6-7

⑥ 再次单击平面切换构件中的左侧网格，使左侧网格面变成蓝色；将另一个正方形拖到蓝色右侧面部分，再用鼠标单击平面切换构件中的水平网格面，使水平网格面变成绿色，将最后一个正方形拖到视图中的绿色部分，形成一个透视立方体，如图 2-6-8 所示。

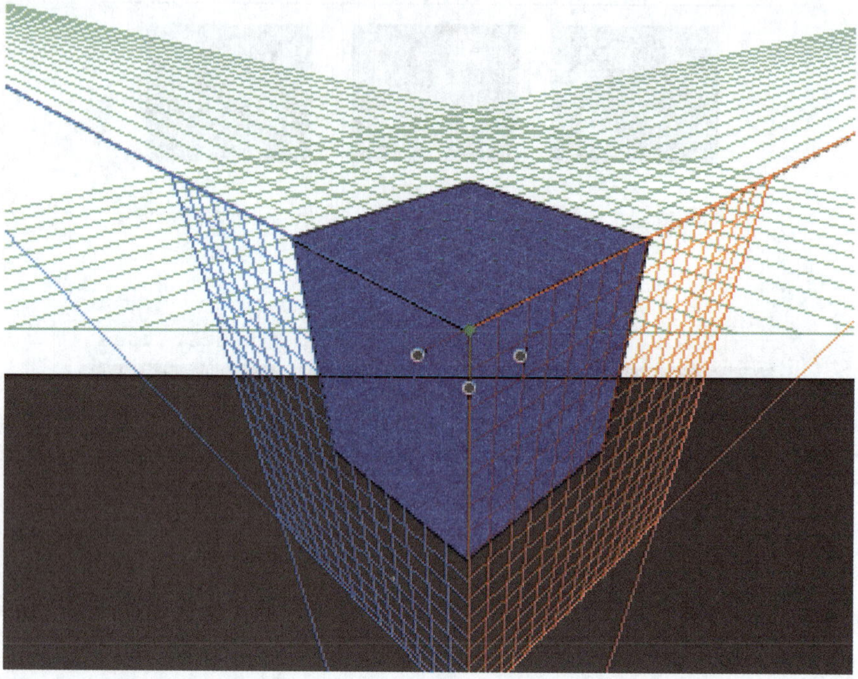

图 2-6-8

⑦ 用鼠标单击平面切换构件左上角的关闭按钮，退出透视网格视图，最终得到立方体，如图 2-6-9 所示。

图 2-6-9

任务实施

【提示】

立体小屋由最基本的矩形与三角形构成，任务的关键是熟悉透视网络工具组的使用方法。在绘制小屋时，需要反复地按 Shift+P 与 Shift+V 组合键来切换操作，有条件的同学可以自己尝试独立完成。

【操作步骤】

步骤 01：启动 Illustrator，选择“文件”→“新建”命令，在弹出的“新建文档”对话框中将配置文件选为“基本 RGB”，方向选择“横向”，其他保留默认设置，单击“确定”按钮，新建一个文件。

步骤 02：选择矩形工具，在画板上单击，在弹出的对话框中输入宽度 50 mm、高度 70 mm，建立一个矩形，如图 2-6-10 中的①所示。

步骤 03：选用多边形工具，在画板上单击，绘制时按向下方向键，调整边数为 3，并按 Shift 键绘制一个正三角形。调整三角形的宽度与矩形等宽，高度如图 2-6-10 中的②所示。

步骤 04：选中三角形，双击比例缩放工具，在“等比”中输入 150%，单击“复制”按钮，得到一个新的三角形，如图 2-6-10 中的③所示。

步骤 05：再将复制出来的三角形等比缩放 120%，得到第三个三角形，如图 2-6-10 中的④所示。

步骤 06：选中矩形，等比缩放 120%，复制得到第二个矩形，如图 2-6-10 中的⑤所示。

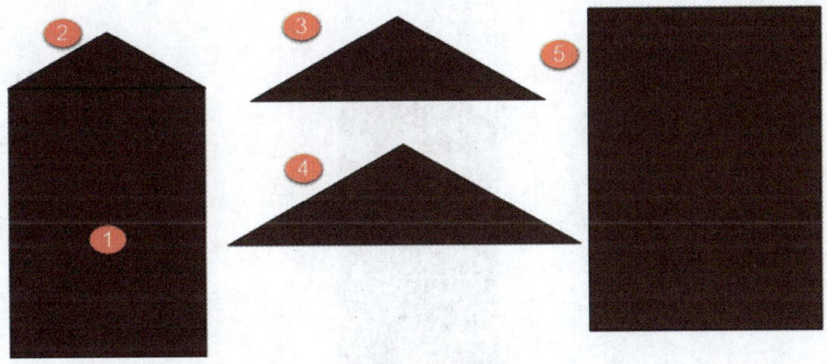

图 2-6-10

步骤 07：将③④底边对齐、垂直中心对齐，使用“路径查找器”得到形状，如图 2-6-11 所示。

图 2-6-11

步骤 08：将⑤与上面的形状再次取交集，得到侧边屋顶形状，如图 2-6-12 所示。

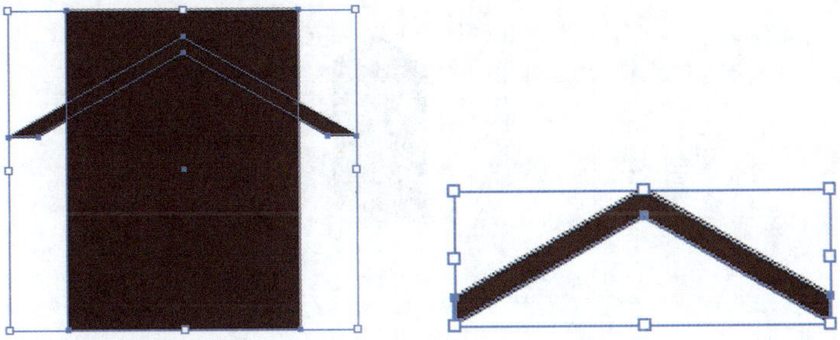

图 2-6-12

步骤 09：把①②集联，得到屋子侧墙，如图 2-6-13 所示。

步骤 10：按 Shift+P 组合键或单击透视网格工具，出现两点透视视图，用鼠标单击左上角平面切换构件中的右侧网络，如图 2-6-14 所示。

图 2-6-13

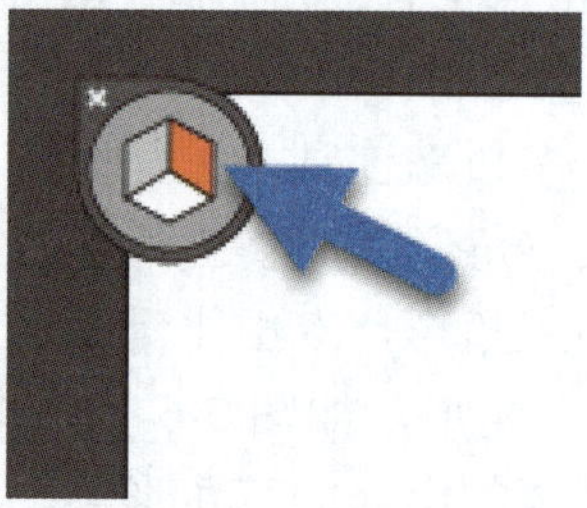

图 2-6-14

步骤 11：按 Shift+V 组合键或单击透视选区工具，将侧墙拖入黄色网格，如图 2-6-15 所示。

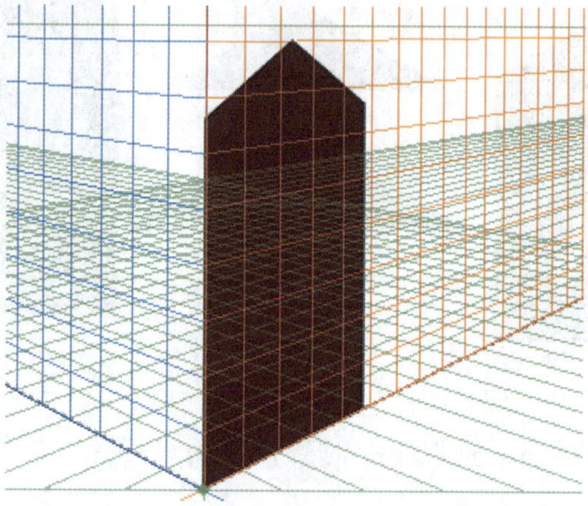

图 2-6-15

步骤 12：按 Shift+V 组合键，并使平面切换构件中右侧网络呈现选中状态，按 Alt 键并拖动右侧视图控制柄，将右视图网格往左拖，复制生成另一个墙面，如图 2-6-16 所示。

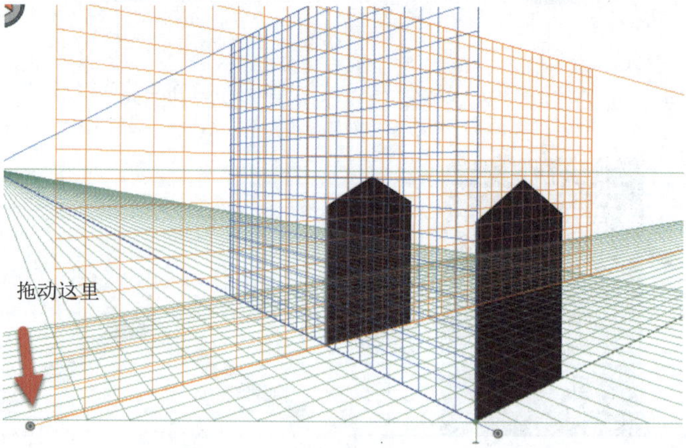

图 2-6-16

步骤 13：把黄色网格移动到屋子的第一个侧面偏右边一点的位置（屋顶和屋的侧面不是一个平面），然后将屋顶拖入黄色网格内，如图 2-6-17 所示。

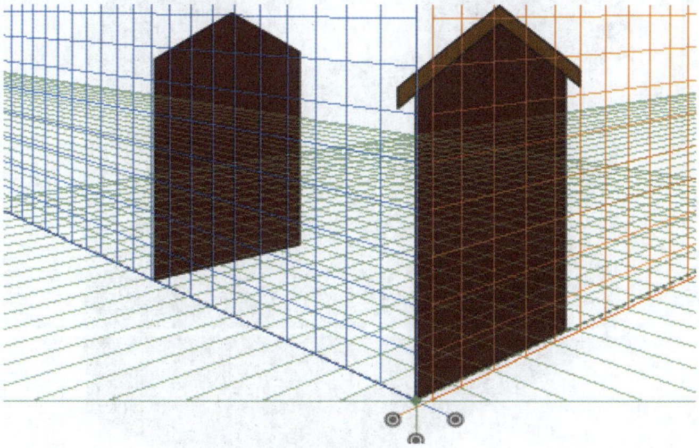

图 2-6-17

步骤 14：参照步骤 12，复制生成另一个屋顶，如图 2-6-18 所示。

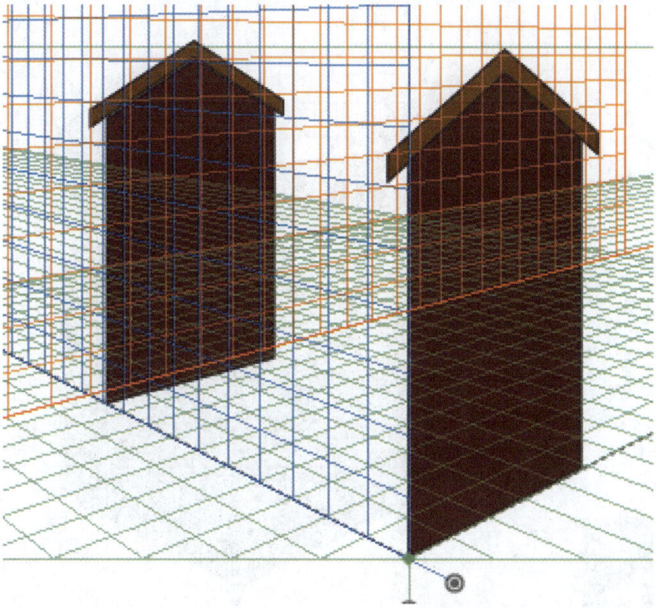

图 2-6-18

步骤 15：按 Shift+V 组合键，单击左上角视图切换构件中的左侧视图，切换到左侧视图，选择矩形工具绘制出前面的墙，如图 2-6-19 所示。

步骤 16：按 Shift+P 组合键，向左略微移动蓝色网格，右侧屋顶排列到最前面，再绘制一个矩形，如图 2-6-20 所示。

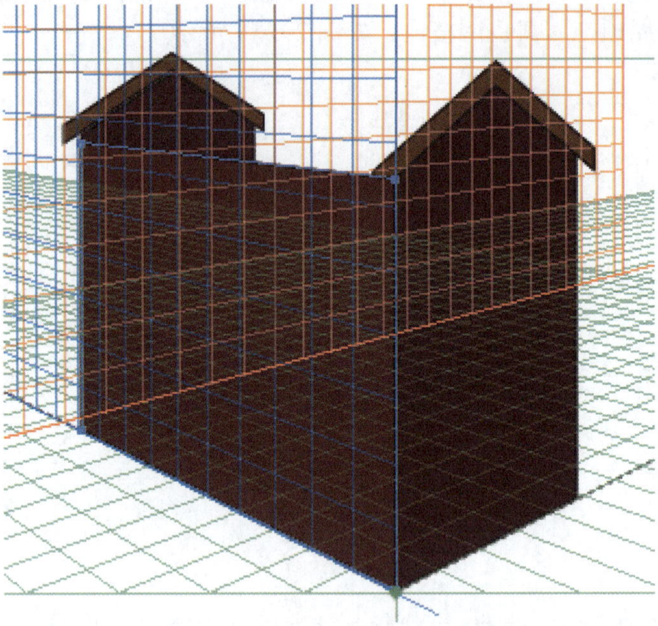

图 2-6-19

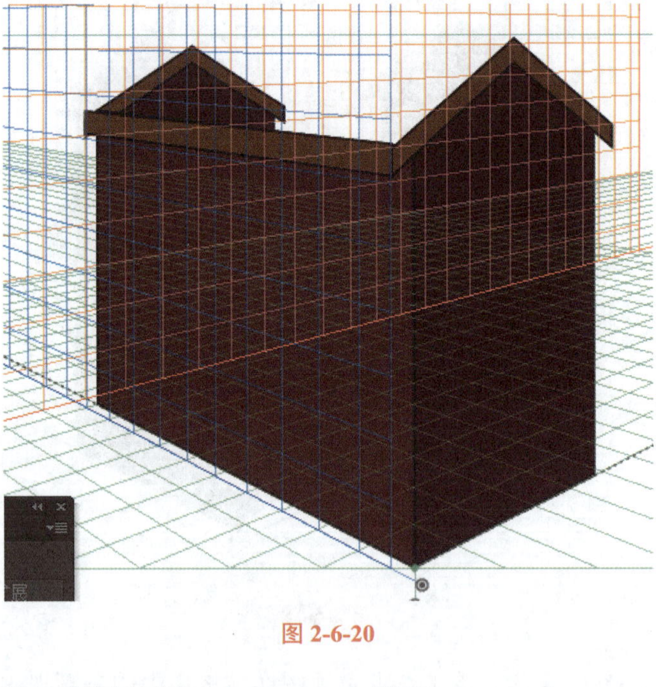

图 2-6-20

步骤 17：用钢笔工具绘制屋顶，如图 2-6-21 所示。

步骤 18：按 Shift+V 组合键，单击左上角平面，选择构件周边灰色部分，取消视图的选择，用矩形工具绘制窗的形状，编组后复制一份。另外，选中左、右网络，并将窗口拖到相应位置，如图 2-6-22 所示。

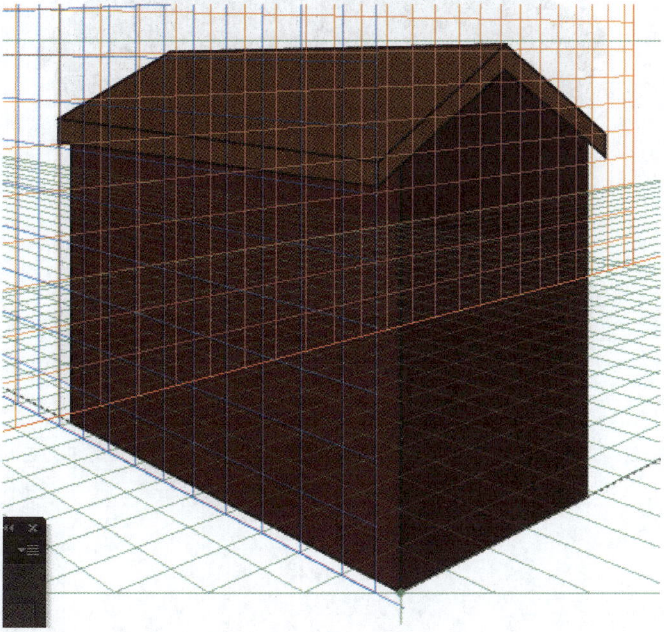

图 2-6-21

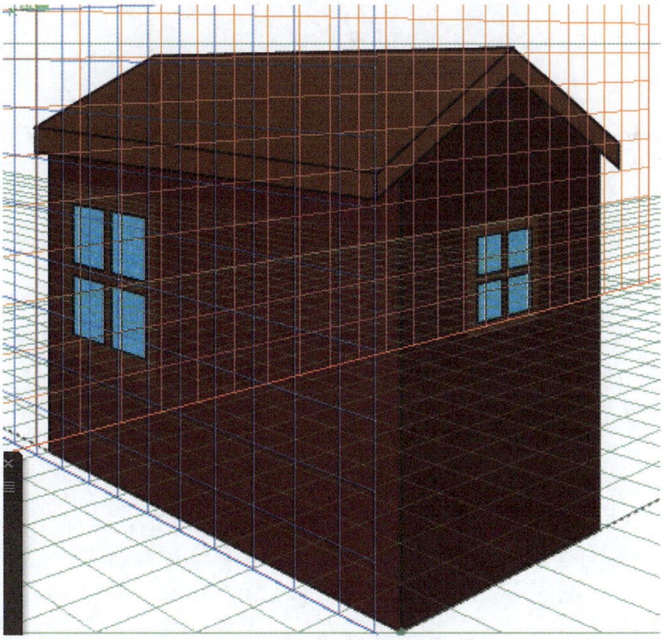

图 2-6-22

步骤 19：用同样的方法再给小屋加上门。按 Shift+V 组合键，单击左上角切换视图构件的关闭按钮，退出网格视图，得到最终的小屋图形，如图 2-6-23 所示。感兴趣的同学可以尝试给小屋添加烟囱、台阶等部件，进一步完善小屋。

图 2-6-23

02

第二部分

设 计 篇

项目三　软件 UI 设计

知识目标

1. 了解软件 UI 的内容及分类
2. 了解软件 UI 的设计原则与设计流程
3. 了解软件 UI 的基本元素
4. 掌握软件 UI 的常用设计技巧

能力目标

1. 会设计常见的软件封面
2. 具备软件界面设计的规划能力
3. 会设计较专业的播放器界面
4. 会制作各类按钮
5. 具备一定的颜色搭配能力

素质目标

1. 培养学生团队合作能力
2. 培养学生图形图像设计整体布局、颜色搭配能力
3. 培养学生良好的设计创意

任务 1　认识软件 UI

知识 1：什么是 UI

UI 即 User Interface（用户界面）的简称。UI 设计是指对软件的人机交互、操作逻辑、界面美观的整体设计。好的 UI 设计不仅是让软件变得有个性、有品位，还要让软件的操作变得舒适简单、自由，充分体现软件的定位和特点。

知识 2：UI 设计的内容

UI 设计的职能大体包括三方面：一是图形设计，即传统意义上的“美工”。当然，实际

上它们承担的不是单纯意义上美术工人的工作，而是软件产品的“外形”设计。二是交互设计，主要在于设计软件的操作流程、树状结构、操作规范等。一个软件产品在编码之前需要做的就是交互设计，并且确立交互模型、交互规范。三是用户测试/研究，这里所谓的测试，其目标在于测试交互设计的合理性及图形设计的美观性，主要通过目标用户问卷的形式衡量 UI 设计的合理性。如果没有这方面的测试研究，UI 设计的好坏只能凭借设计师的经验或者领导的审美来评判，这样会给企业带来极大的风险。

知识 3：UI 设计分类

UI 设计主要有软件 UI 设计、Web 前端设计、移动端设计。软件 UI 设计是软件与用户交互最直接的层面，软件界面的好坏决定用户对软件的第一印象。另外，设计良好的软件界面能够引导用户自己完成相应的操作，起到向导的作用。同时，软件界面如同人的面孔，具有吸引用户的直接优势。设计合理的软件界面能给用户带来轻松愉快的感受和成功的感觉；相反，设计失败的界面，会让用户有挫败感，再实用、强大的功能都可能在用户的畏惧与放弃中付诸东流。图 3-1-1～图 3-1-3 所示是设计合理的 UI 界面。

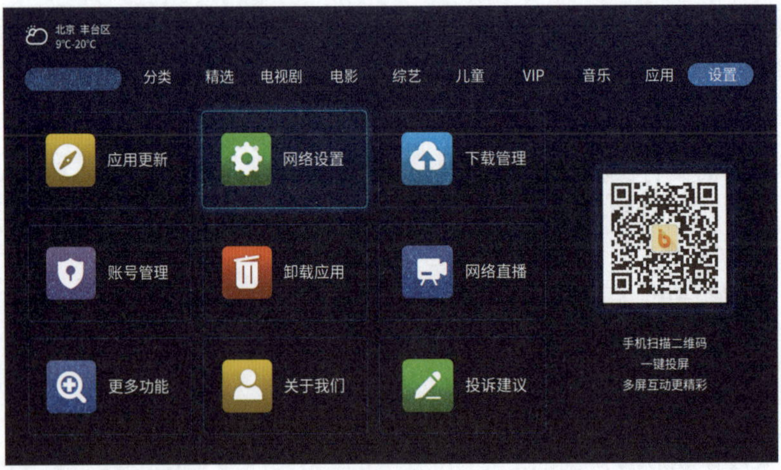

图 3-1-1

知识 4：软件 UI 的设计原则

① 简易性：界面的简洁是要让用户便于使用、便于了解产品，并能减少用户发生错误选择的可能性。

② 用户语言：语言界面中要使用能反映用户本身的语言，而不是设计者的语言。了解用户，因为用户的目标就是你的目标。试着重述用户，了解他们的技能水平和体验，以及什么是他们需要的。找出用户偏好什么样的界面，并观察他们在界面中如何操作。

③ 记忆负担最小化

④ 考虑人类大脑处理信息的限度：人类的短期记忆有限且极不稳定，24 小时内存在约 25%的遗忘率。所以，对用户来说，浏览信息要比记忆更容易。

⑤ 一致性：它是每一个优秀界面都具备的特点。界面的结构必须清晰且一致，风格必须与产品内容相一致。

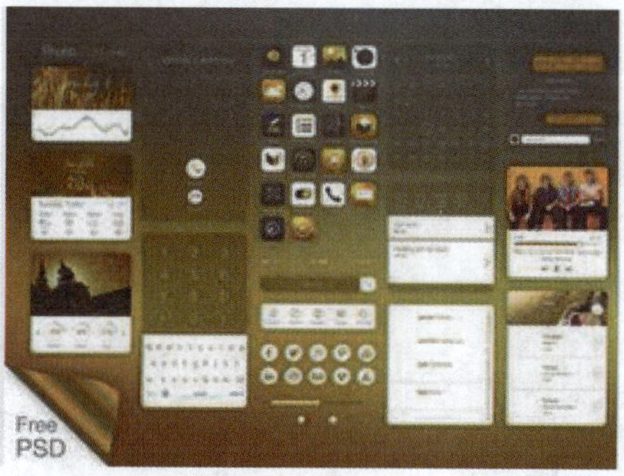

图 3-1-2

图 3-1-3

⑥ 清楚：在视觉效果上便于理解和使用。

⑦ 用户的熟悉程度：用户可通过已掌握的知识来使用界面，但不应超出一般常识。

⑧ 从用户习惯考虑：想用户所想，做用户所做。用户总是按照他们自己的方法理解和使用。

⑨ 排列：一个有序的界面能让用户轻松地使用。

⑩ 安全性：用户能自由地做出选择，且所有选择都是可逆的。在用户做出危险的选择时，有信息介入系统的提示。

⑪ 灵活性：即互动多重性，不局限于单一的工具（包括鼠标、键盘或手柄、界面）。简单来说，就是要让用户方便地使用。

⑫ 人性化：高效率和用户满意度是人性化的体现。应具备专家级和初级玩家系统，即用户可依据自己的习惯定制界面，并能保存设置。

知识 5：软件 UI 的设计流程

① 熟悉行业：熟悉软件所涉及的行业，以便制作出适合行业特征的界面风格。

② 了解软件：了解软件的工程进度，做出针对进度的工作计划。

③ 与软件开发工程师和市场人员讨论界面风格：广泛听取研发和市场人员的意见，做出最适合市场的软件。

④ 人机分析：对软件进行人机分析，增强软件的易用性。

⑤ 做方案：做出设计方案，并明确细节设计思想。

⑥ 审定方案：与技术和市场人员一起审定方案，并听取修改意见。

⑦ 修改→审定：将有几次重复。
⑧ 细化、制作界面：开始制作软件界面。
⑨ 与软件开发工程师合作，把界面加入程序中。
⑩ 细部修改，完成。
⑪ 进行软件包装盒、光盘盘面、盘套等的设计工作。
⑫ 后期跟踪服务。

任务2　珍稀动物相册设计

本案例设计一款珍稀动物相册软件内封面，如图 3-2-1 所示。在本软件界面的设计中，运用图层样式来实现各种浮雕、内阴影的效果。

图 3-2-1

【设计理念】

软件的界面简洁大方，通过绘制简单的圆角矩形和圆形，运用剪贴蒙版、图层蒙版等技巧，衬托主体。在本案例中用添加杂色、动感模糊等滤镜制作背景，用紫色搭配小面积橙色块，体现淡雅、高端的设计主题。

【操作步骤】

1. 制作背景

步骤 01： 执行“文件”→“新建”命令，弹出“新建”对话框，设置宽度为 1 080 像素，高度为 720 像素，其他保持不变，单击“确定”按钮。

步骤 02： 选择“文件”→“置入”，选择“配色.jpg”，置入配色图片，按 Enter 键后拖入左下角。对于新手来说，配色比较难，可以从网络上下载配色方案，直接使用。

步骤 03： 选择背景图层，用吸管工具吸取颜色#996699，按 Alt+Delete 组合键填充前景色，选择菜单“滤镜”→“杂色”，添加杂色，设置数量为 15，点选高斯分布单选框，如图 3-2-2 所示。

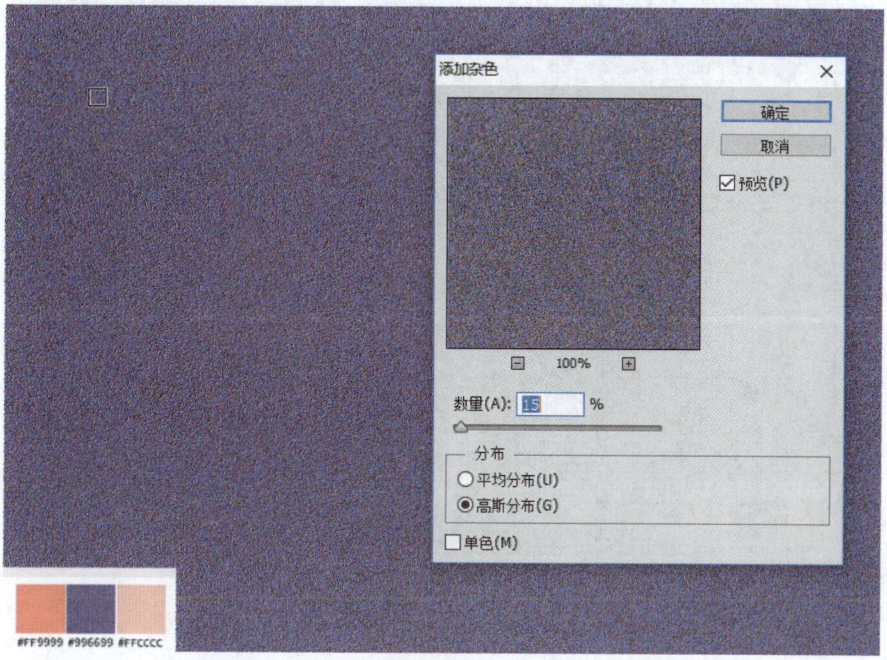

图 3-2-2

步骤 04： 选择菜单“滤镜模糊”→“动感模糊”，设置参数为 400，如图 3-2-3 所示。

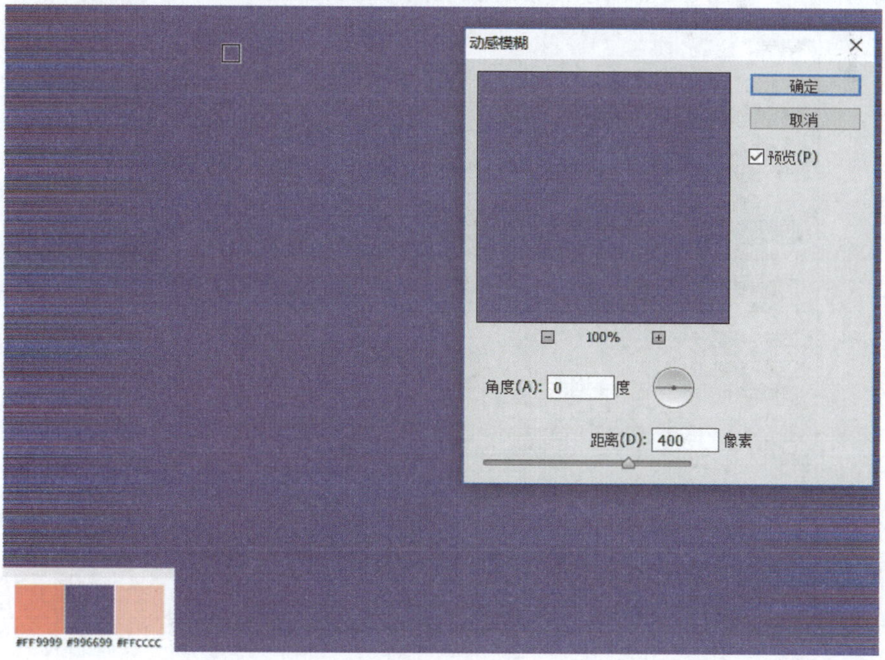

图 3-2-3

步骤 05：去除背景层锁定，按 Ctrl+T 组合键，打开自由变换，左右两边拉伸去除边缘条纹部分，背景制作完成，如图 3-2-4 所示。

图 3-2-4

2. 制作搜索栏

步骤 06：设置前景色为#FFCCCC，选择圆角矩形工具，单击画布，设置宽度为 200 px，高度为 35 px，圆角为 10 px，创建圆角矩形。双击图层打开图层样式面板，设置描边与内阴影，参数如图 3-2-5 和图 3-2-6 所示，描边颜色为#ffcccc。

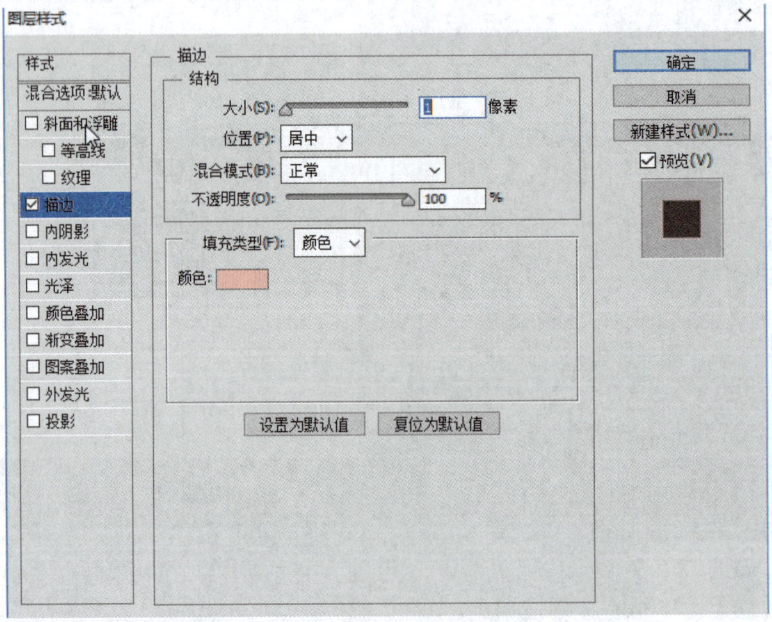

图 3-2-5

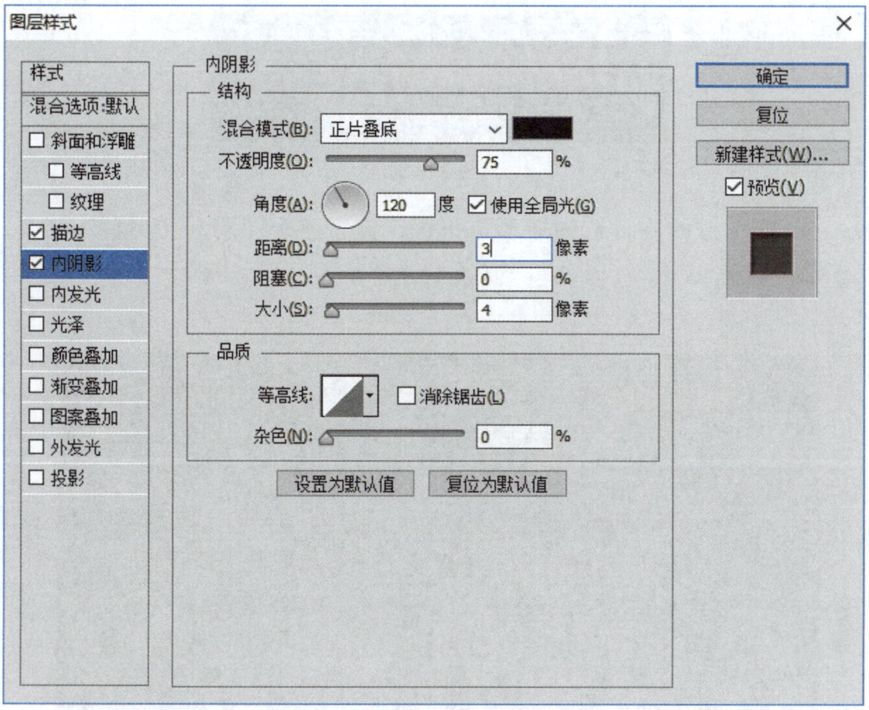

图 3-2-6

步骤 07：选择椭圆工具，单击画布，设置宽度与高度均为 50 px，前景色黑色，绘制一正圆，打开图层样式，设置参数如图 3-2-7 所示。

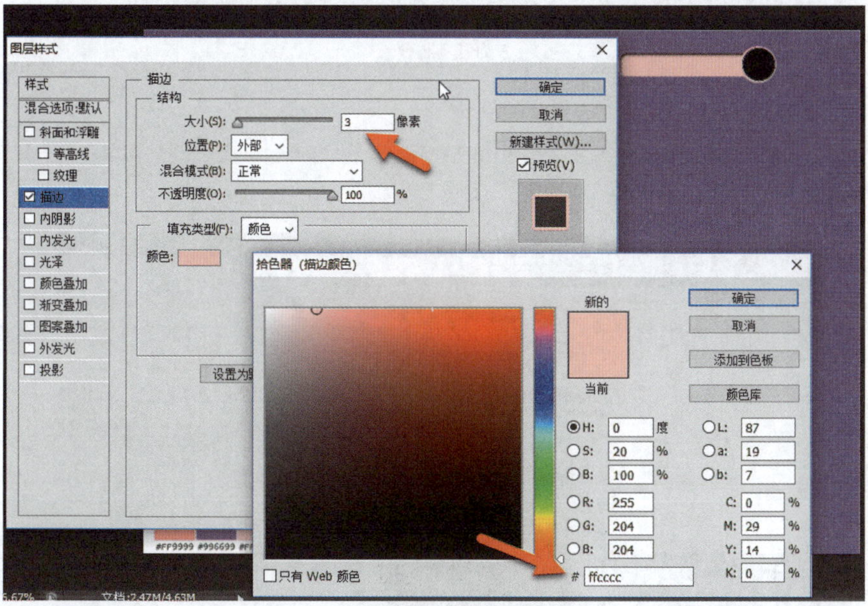

图 3-2-7

步骤 08：选择自定义形状工具，在设置中打开全部形状，找到搜索图标，设置前景色为 #FF9999，绘制搜索形状，调整大小，放入正圆中，如图 3-2-8 所示。

图 3-2-8

步骤 09： 按 Shift 键的同时选中矩形、正圆、搜索三个图层，使用移动工具，设置垂直居中对齐，按 Ctrl+G 组合键建图层组，取名为“搜索”。将选中的三个图层拖至右上角，如图 3-2-9 所示。

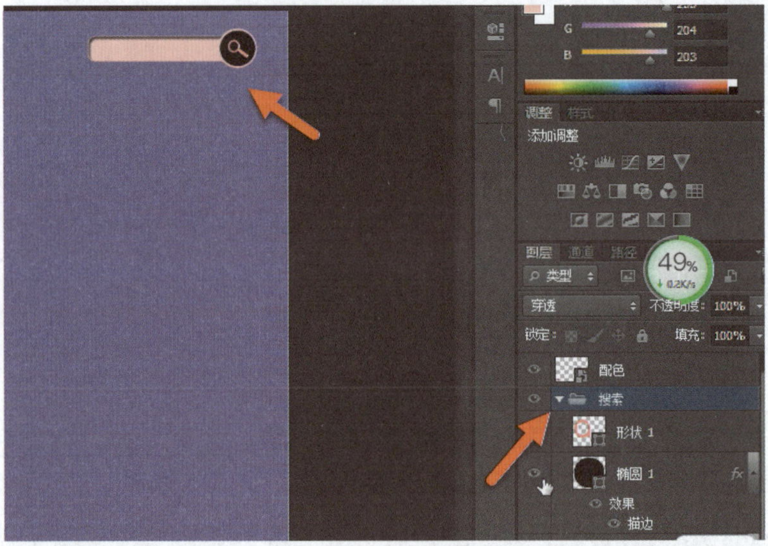

图 3-2-9

3. 制作主界面

步骤 10： 绘制圆角矩形，设置宽为 580 px，高为 480 px，圆角为 10 px，设置前景色#ffffff，设置描边与投影图层样式，如图 3-2-10 和图 3-2-11 所示。

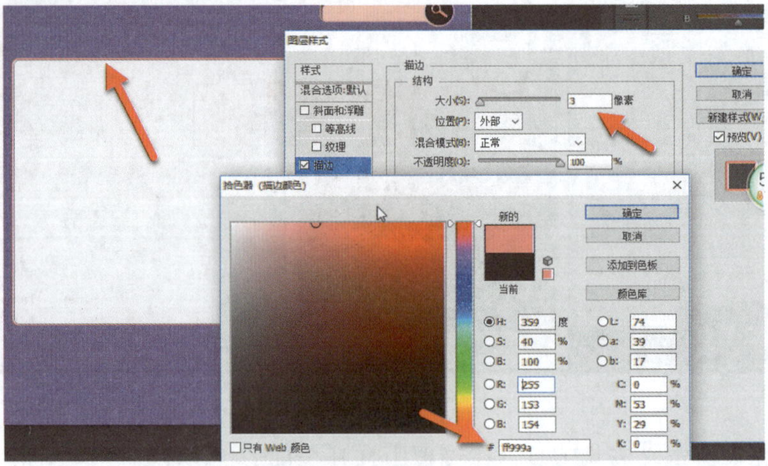

图 3-2-10

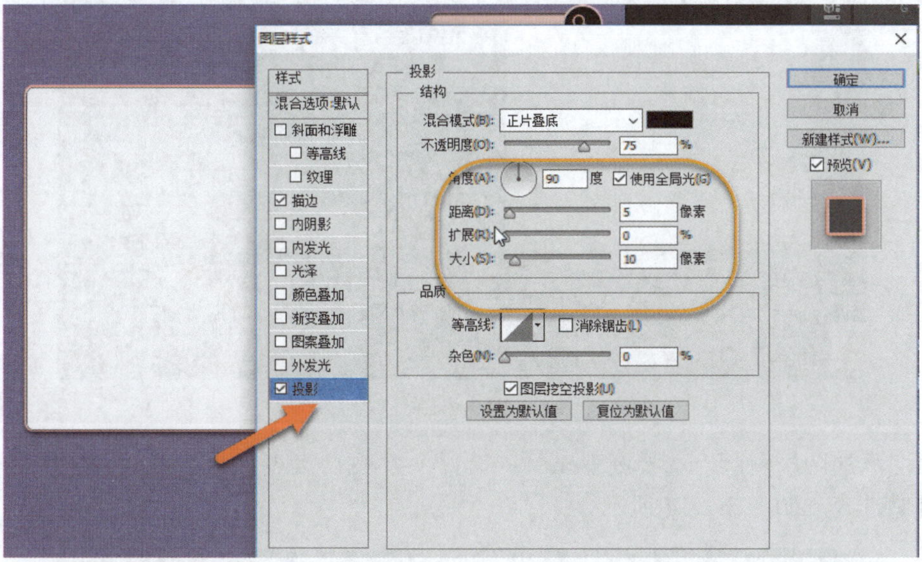

图 3-2-11

按 Ctrl+A 组合键，出现全选框，使用移动工具，将矩形水平居中对齐画布，调整垂直位置，按 Ctrl+D 组合键取消选区，修改图层名称为“面板”，如图 3-2-12 所示。

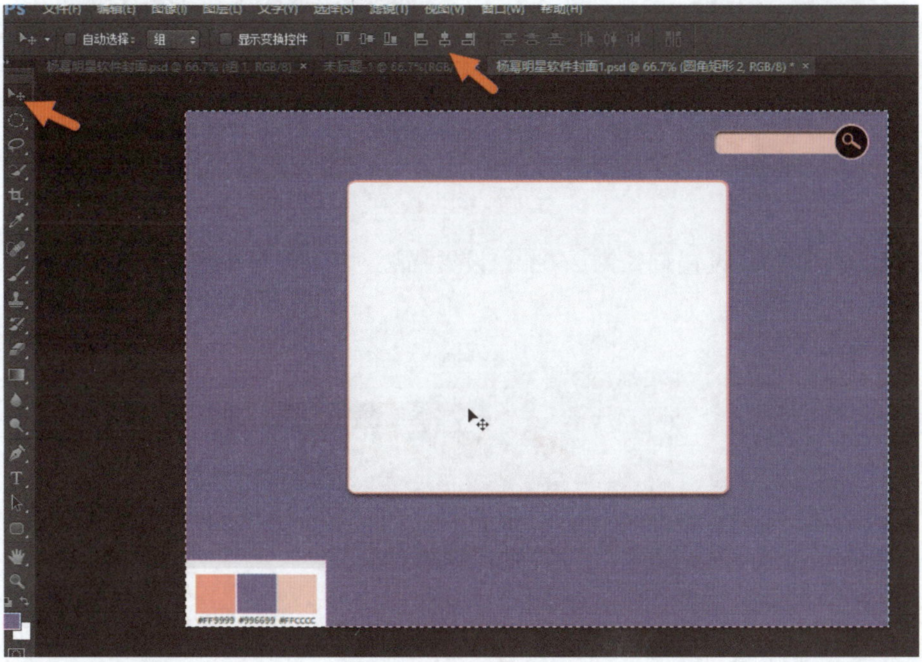

图 3-2-12

步骤 11： 执行菜单“文件”→“置入”，置入底图.jpg，调整位置，与图层画板创建剪贴蒙版，如图 3-2-13 所示。

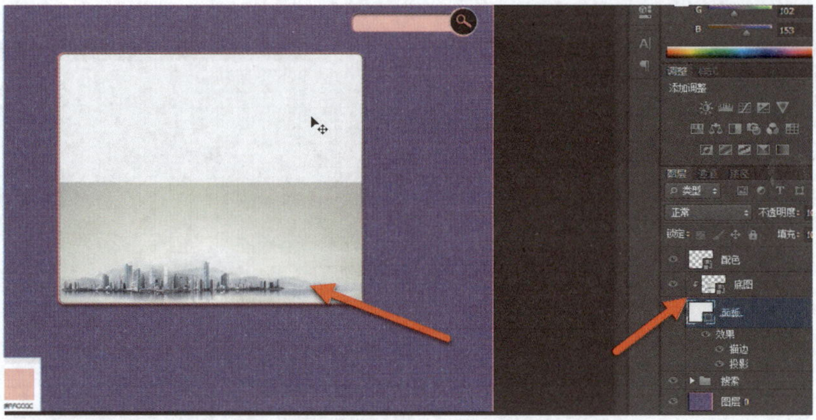

图 3-2-13

为底图添加图层蒙版，选择渐变工具，设置“黑-白”渐变，从上往下创建渐变，使底图与面板自然过渡，如图 3-2-14 所示。

图 3-2-14

步骤 12：绘制正圆，设置直径为 260 px，设置描边、内阴影与投影，如图 3-2-15～图 3-2-17 所示。

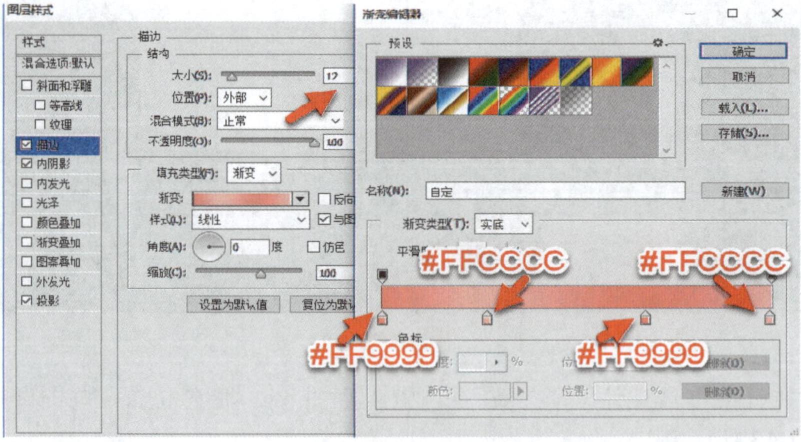

图 3-2-15

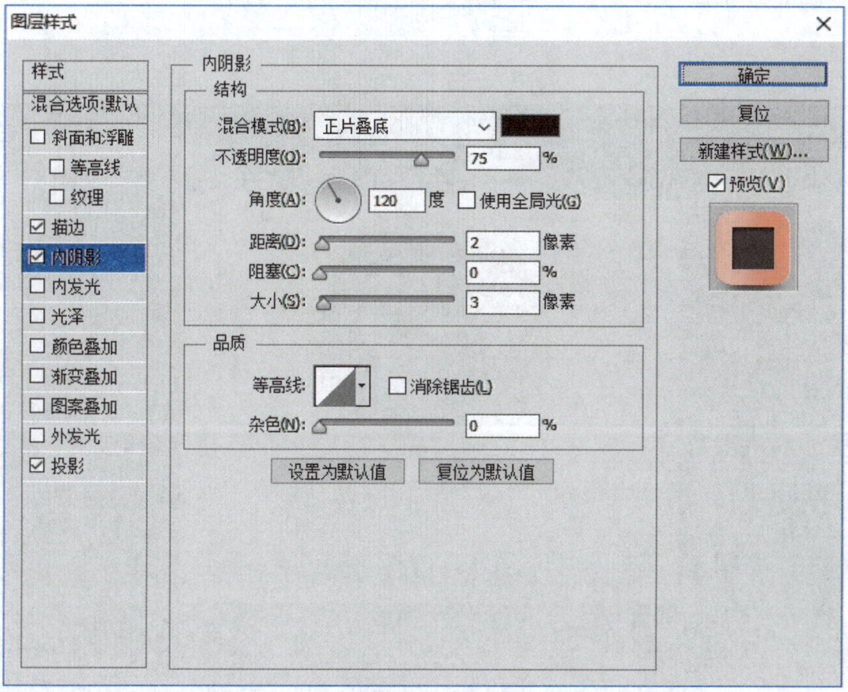
图层样式
样式
混合选项:默认
斜面和浮雕
等高线
纹理
描边
内阴影
内发光
光泽
颜色叠加
渐变叠加
图案叠加
外发光
投影
内阴影
结构
混合模式(B): 正片叠底
不透明度(O): 75 %
角度(A): 120 度 使用全局光(G)
距离(D): 2 像素
阻塞(C): 0 %
大小(S): 3 像素
品质
等高线: 消除锯齿(L)
杂色(N): 0 %
设置为默认值 复位为默认值
确定
复位
新建样式(W)...
预览(V)

图 3-2-16

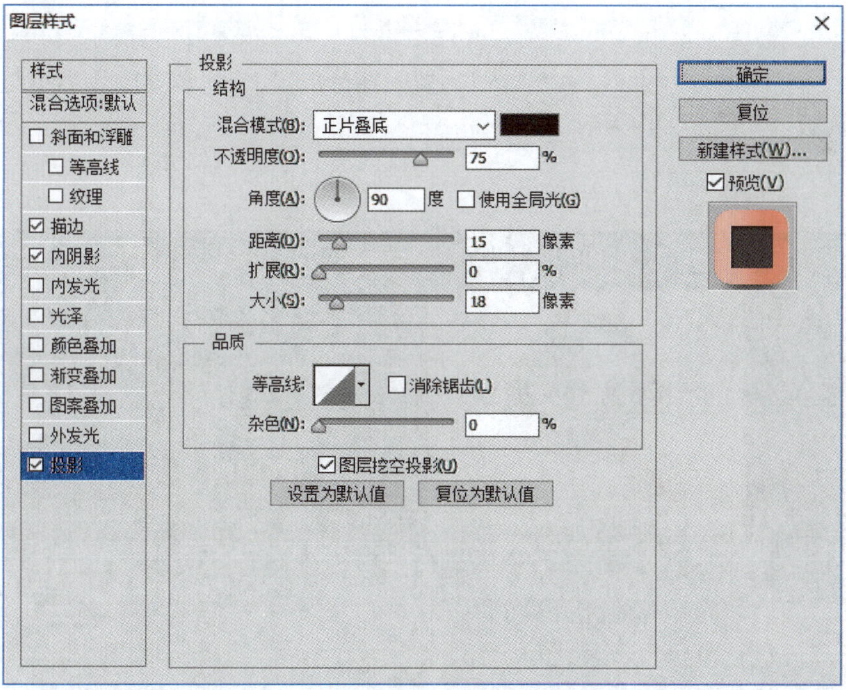
图层样式
样式
混合选项:默认
斜面和浮雕
等高线
纹理
描边
内阴影
内发光
光泽
颜色叠加
渐变叠加
图案叠加
外发光
投影
投影
结构
混合模式(B): 正片叠底
不透明度(O): 75 %
角度(A): 90 度 使用全局光(G)
距离(D): 15 像素
扩展(R): 0 %
大小(S): 18 像素
品质
等高线: 消除锯齿(L)
杂色(N): 0 %
图层挖空投影(U)
设置为默认值 复位为默认值
确定
复位
新建样式(W)...
预览(V)

图 3-2-17

将圆对齐画布水平居中，调整垂直位置，如图 3-2-18 所示。

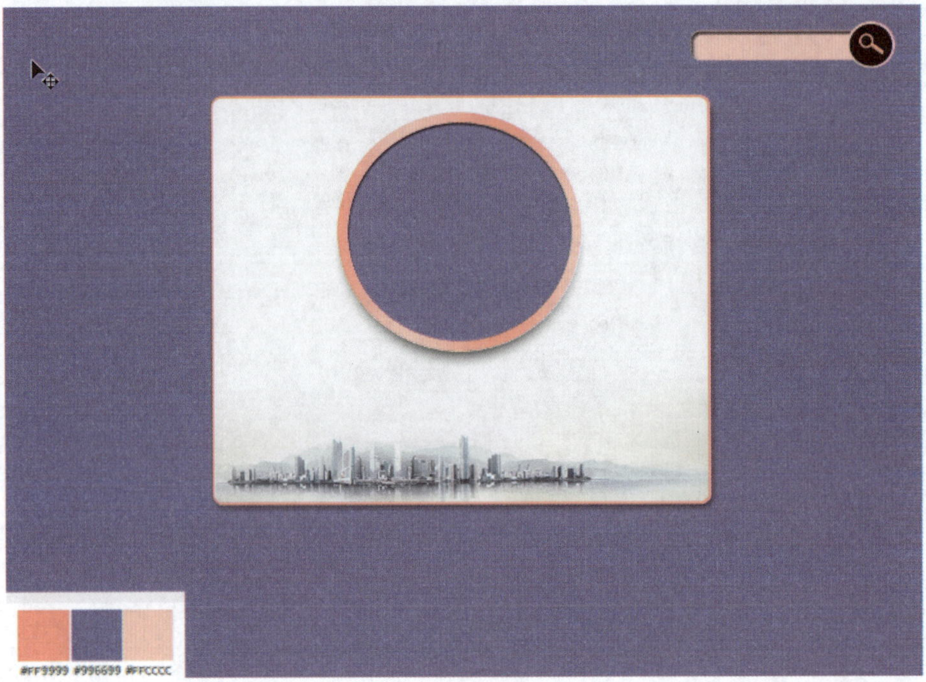

图 3-2-18

步骤 13： 执行菜单“文件”→“置入”，置入图片熊猫.jpg，调整图片大小与位置，与椭圆创建剪贴蒙版，如图 3-2-19 所示。

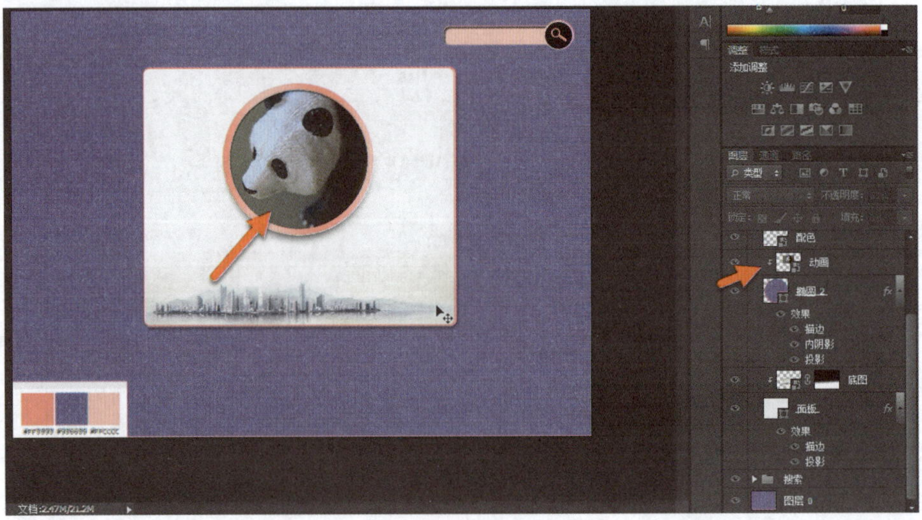

图 3-2-19

步骤 14： 在图片下方输入文字“熊猫“，设置如图 3-2-20 所示参数，将文字水平居中对齐画布。

图 3-2-20

步骤 15： 将第 3 步新生成的所有图层选中后建图层组，取名为主界面。

4. 创建按钮栏

步骤 16： 选择圆角矩形工具，创建圆角矩形：设置宽度为 150 px，高度为 50 px，圆角为 5 px，设置描边与投影，如图 3-2-21～图 3-2-23 所示，描边颜色#ffcccc。

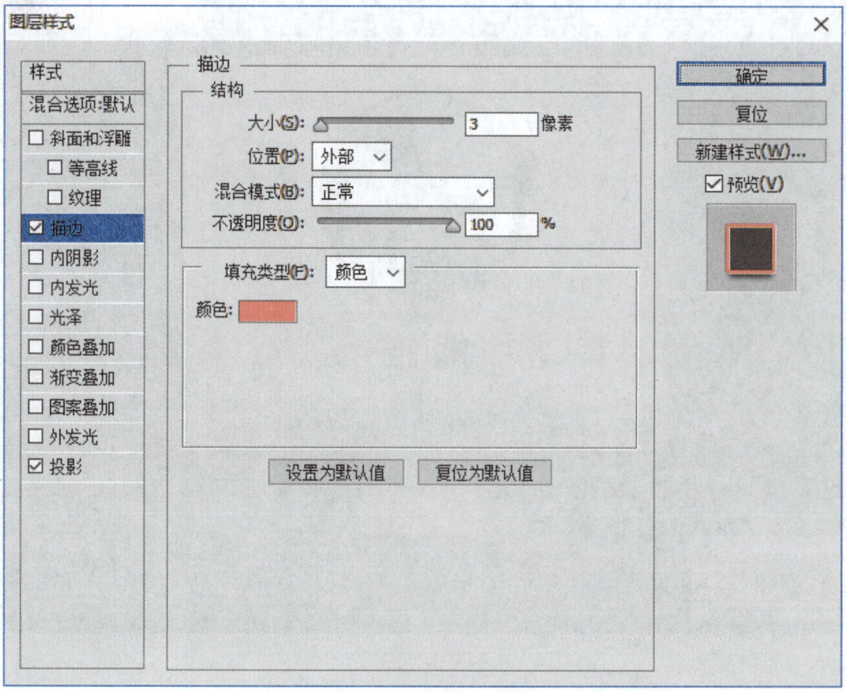

图 3-2-21

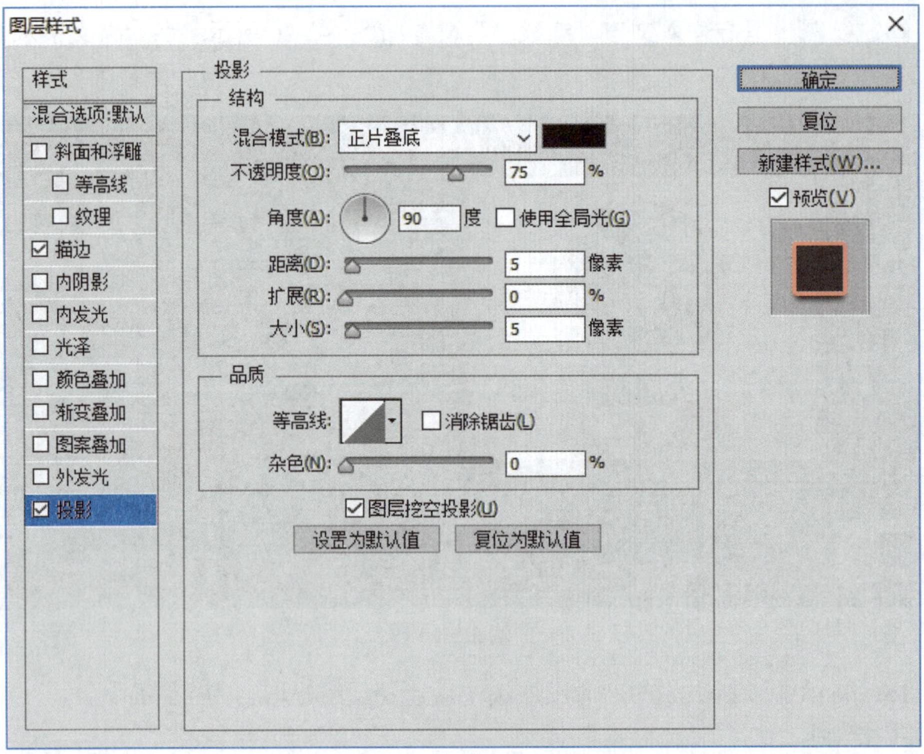

图 3-2-22

图 3-2-23

输入文字“珍稀动物“，设置如图 3-2-24 所示属性，与按钮背景水平垂直对齐。

图 3-2-24　添加文字

将两个图层选中后建组，取名为“按钮-资料”。

步骤 17：选择圆角矩形工具，设置前景色#ff9999，创建圆角矩形，设置宽度为 40 px，高度为 40 px，设置描边与投影，如图 3-2-25 和图 3-2-26 所示，描边颜色#ffcccc。

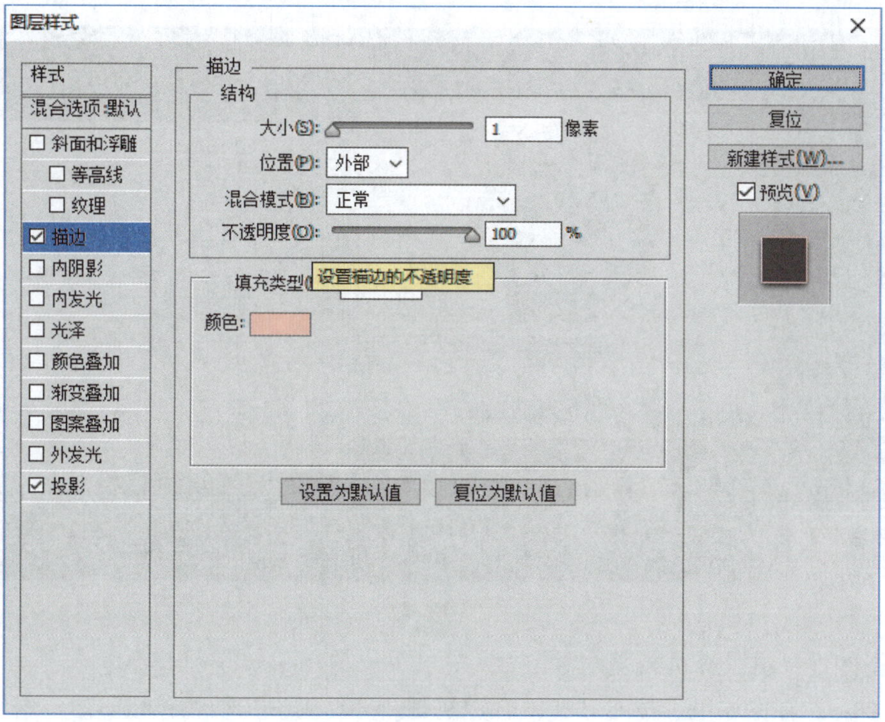

图 3-2-25　设置描边

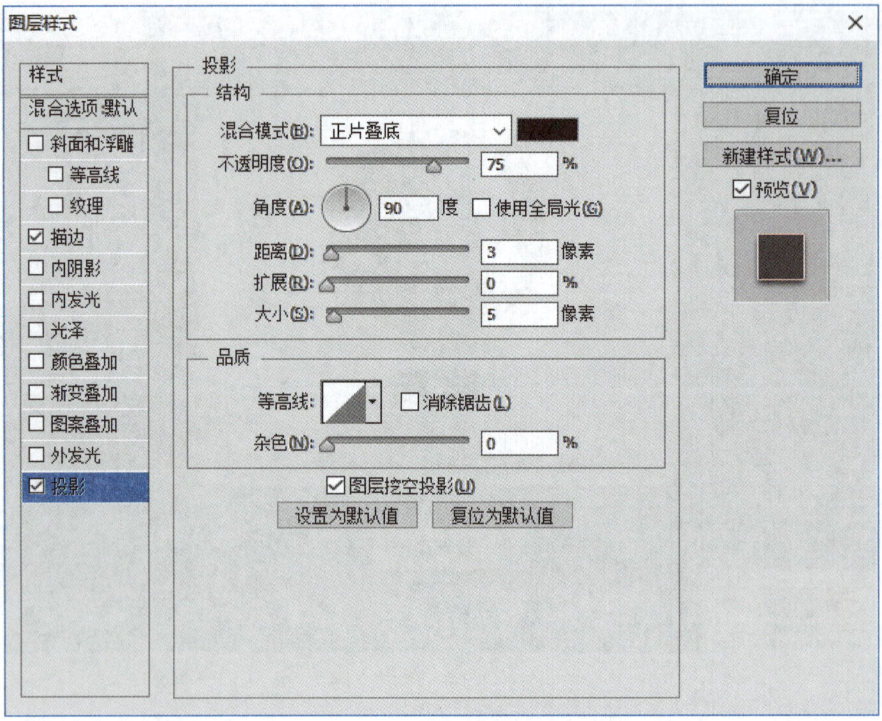

图 3-2-26

选择自定义形状工具，找到箭头 2 形状，绘制 30×30 px 箭头，水平翻转，设置内阴影，与上面的圆角矩形水平垂直居中对齐，如图 3-2-27 所示。

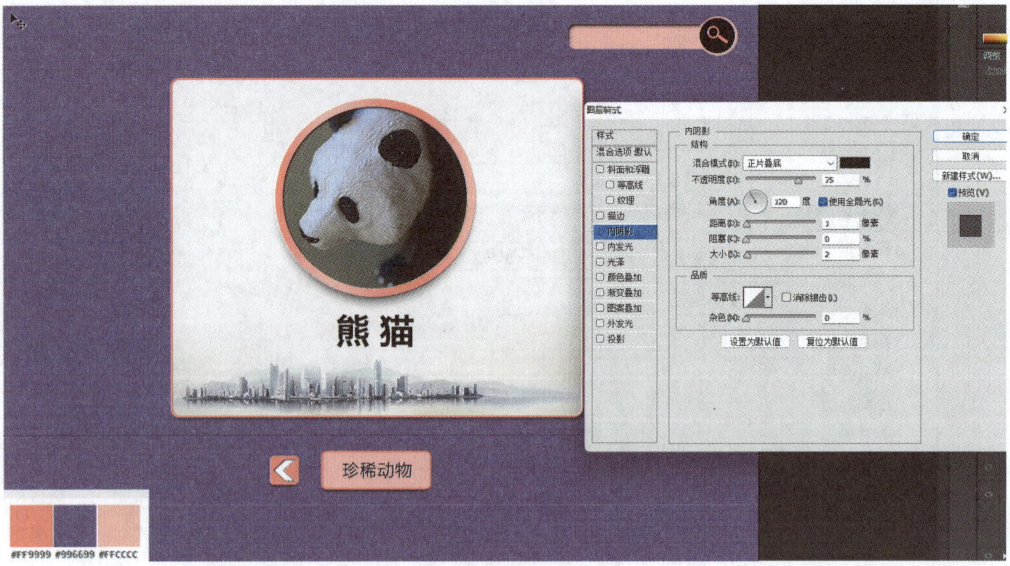

图 3-2-27

将两个图层建组，取名为“左按钮”。

步骤 18: 选择图层组，按 Ctrl+J 组合键复制，拖动到珍稀动物按钮右边，水平翻转，生成右按钮组，修改图层组名为“右按钮”，如图 3-2-28 所示。

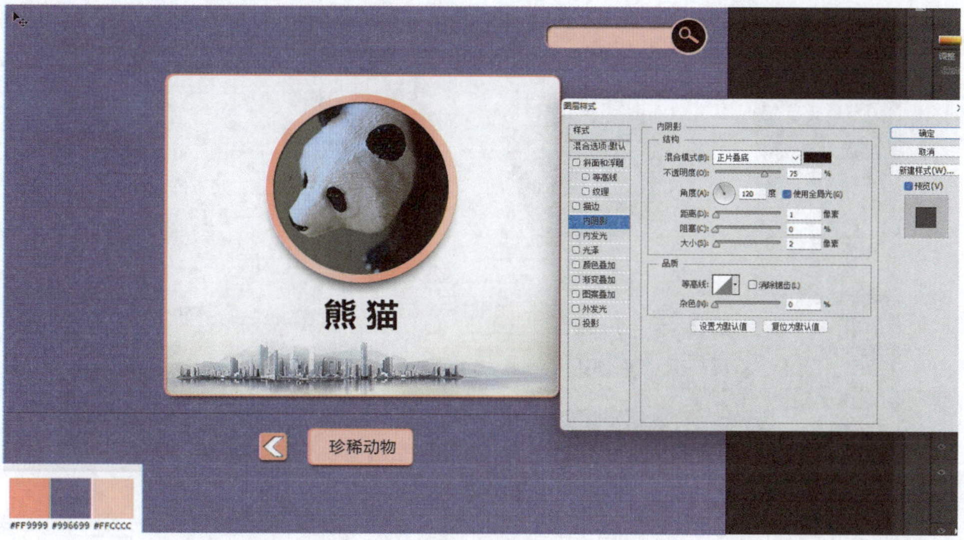

图 3-2-28

步骤 19： 同时选择三个按钮组，选择移动工具，设置水平居中分布，垂直居中对齐，如图 3-2-29 所示。

图 3-2-29

同时选中三个按钮组并按 Ctrl+G 组合键，再建上一层图层组，用前面的方法设置画布居中对齐，调整垂直位置。

步骤 20： 选择矩形工具，设置前景色为#996699，绘制矩形宽度 1 100 px，高度 100 px，设置斜面与浮雕效果，如图 3-2-30 所示。

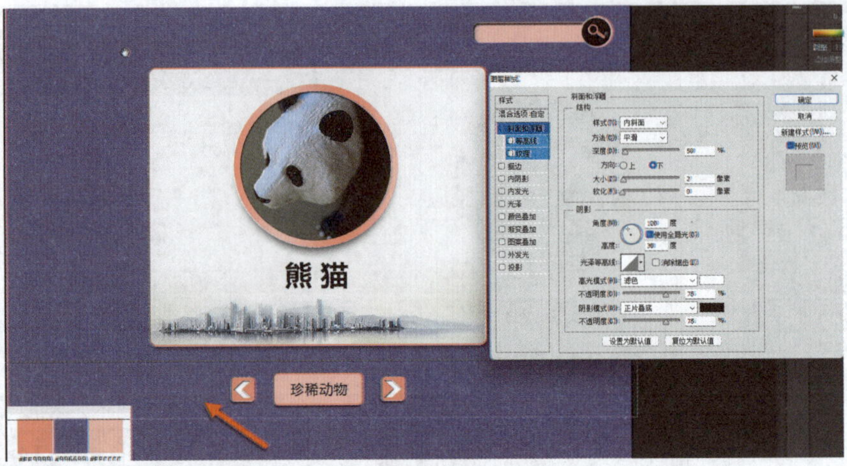

图 3-2-30

与按钮组垂直居中对齐，隐藏配色图层，按钮制作完成，如图 3-2-31 所示。

图 3-2-31

拓展任务　制作清新简洁的软件登录界面

任务要求： 界面整体采用安静的蓝色，给人以清爽宁静的感觉。本案例更多采用渐变色来体现质感，如图 3-2-33 所示。

难点解决： 本案例中“读者请登录”上方的高光的制作方法是这样的：先使用椭圆形选区工具在画布中创建椭圆选区，并使用渐变工具为选区填充白色到透明的径向渐变。将椭圆压扁，并拖动到上方，制作出两端渐隐的线条效果。

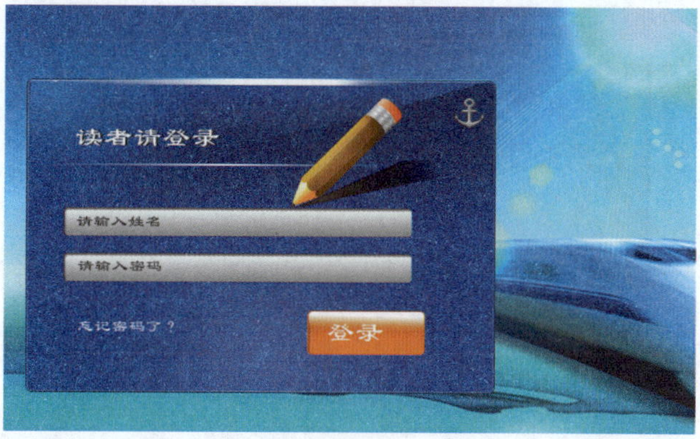

图 3-2-33

任务 3　音乐播放器界面设计

本案例设计一款音乐播放器软件界面，如图 3-3-1 所示。在本软件界面的设计中，运用图层样式、形状合并来制作，进度条部分则用 Illustrator 软件设计更加方便。

图 3-3-1

【设计理念】

该界面主体突出，按钮制作非常有质感，使用高斯模糊制作主体背景，既方便，又很有品质，大家在操作中可以关注。本案例布局合理，按钮放置错落有致，通过前一个案例与这个案例的制作，大家一定要熟练掌握 Photoshop 中的各种对齐工具的使用。

【操作步骤】

1. 制作背景

步骤 01： 执行“文件”→“新建”命令，弹出“新建”对话框，设置宽度为 800 px，高度为 600 px，分辨率为 72 px，其他保持不变，单击“确定”按钮。

步骤 02： 执行“文件”→“置入”，置入图片配色 2.JPG，按 Enter 键后拖入左下角。

步骤 03： 选择背景图层，用吸管工具吸取颜色#CCCC99，按 Alt+Delete 组合键填充前景色，如图 3-3-2 所示。

图 3-3-2

2．制作底板

步骤 04： 选择菜单“视图”→“新建参考线”，在弹出的对话框中选择“水平”，分别在 50 px、320 px、360 px、500 px 处创建四根水平参考线。

步骤 05： 设置前景色为#FFFFCC，选择圆角矩形工具，单击画布，设置宽度为 450 px，高度为 450 px，圆角为 10 px，创建圆角矩形，将图层名称改为“底-下”。

步骤 06： 按 Ctrl+J 组合键复制图层，改名为“底-阴影”，将图层拖到“底-下”层的下方，按 Shift+↓组合键一次，下移图层，双击图层空白处打开图层样式，设置渐变叠加与投影，如图 3-3-3～图 3-3-5 所示。

渐变颜色为#C8C8C8～#FFFFFF，距离为 5 px，产生厚度立体感。

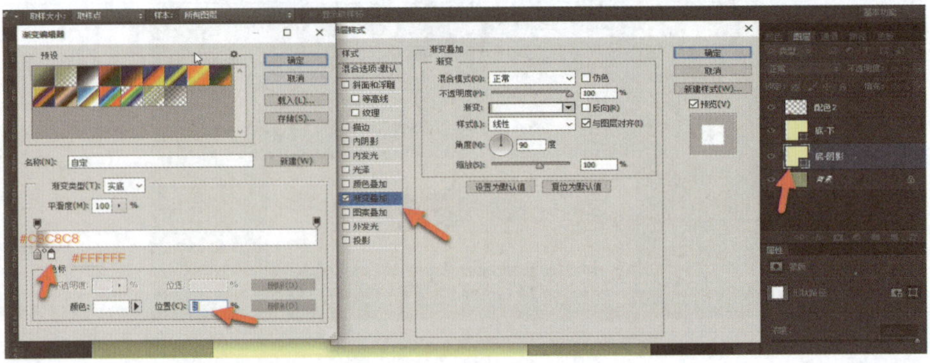

图 3-3-3

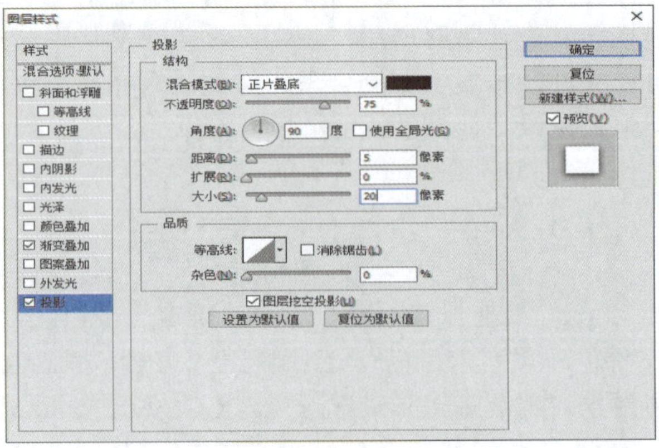

图 3-3-4

图 3-3-5

步骤 07：选择“底-下”图层，按 Ctrl+J 组合键两次，再复制两个图层，最上面的图层改名为“底-上”，中间的图层改名为“底-中”。选择“底-中”图层，选择“矩形”工具，在参数栏中单击路径操作按钮，将参数设置为“与形状区域相交”，沿中间两根参考线绘制一个矩形，设置前景色为“#444444”，如图 3-3-6 所示。

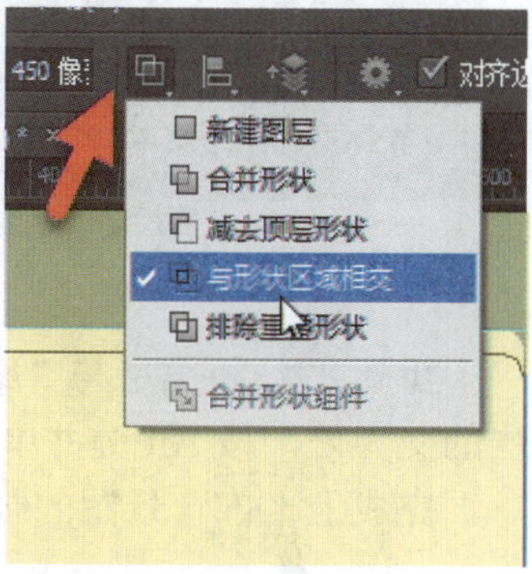

图 3-3-6

选择“底-上”图层，选择矩形工具，在参数栏中单击路径操作按钮，设置参数“减去顶层形状”，沿第二根参考线往下绘制矩形，去除中间往下部分，设置前景色，颜色随意，如图 3-3-7 所示。

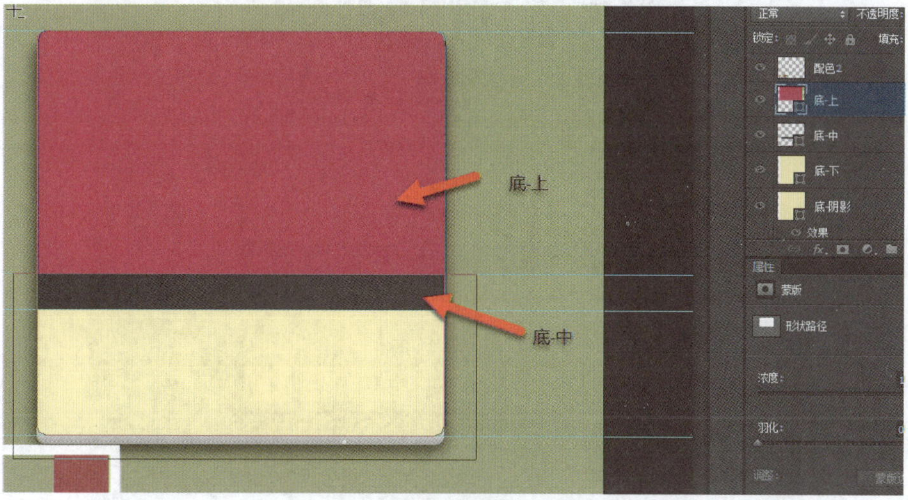

图 3-3-7

3. 制作上部界面

步骤 08： 选择菜单“文件”→“置入”，置入图片 AVICII.JPG 文件。复制生成一个副本，单击图层左边的眼睛。关闭一个图层，将另一个图层移动到“底-上”上方，选择菜单“滤镜”→“模糊”→“高斯模糊”，设置半径参数为 65，如图 3-3-8 所示。

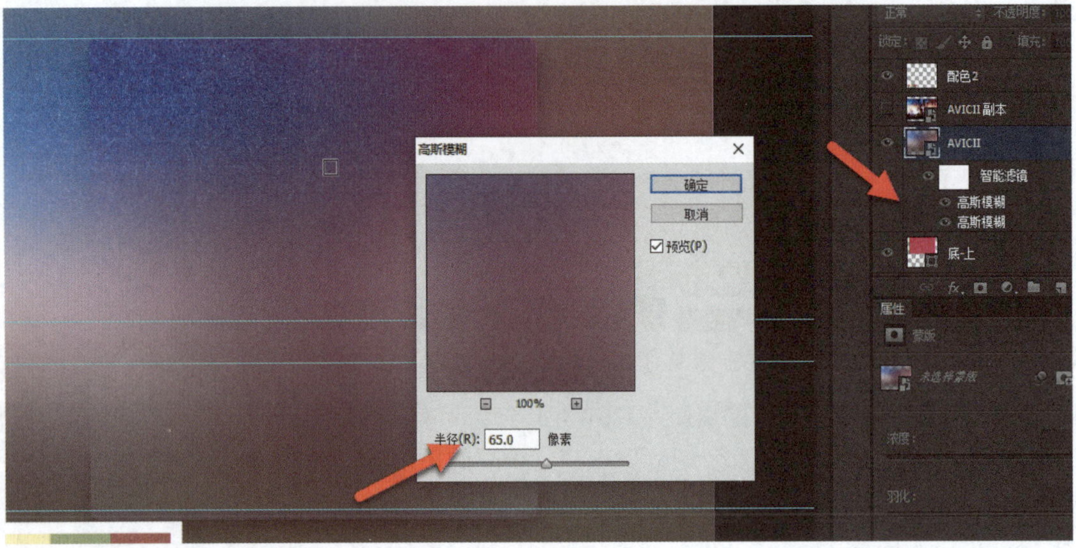

图 3-3-8

步骤 09： 将图层与“底-上”图层创建剪贴蒙版，如图 3-3-9 所示。用鼠标移动到两个图层的交界处，按 Alt 键并单击左键。

完成上半部背景图的制作。

图 3-3-9

步骤 10： 选择椭圆工具，绘制直径为 150 px 的正圆，按 Ctrl+A 组合键全选后，将正圆水平画布居中，如图 3-3-10 所示。

图 3-3-10

分别设置图层样式中的斜面和浮雕及投影效果，参数如图 3-3-11 和图 3-3-12 所示。

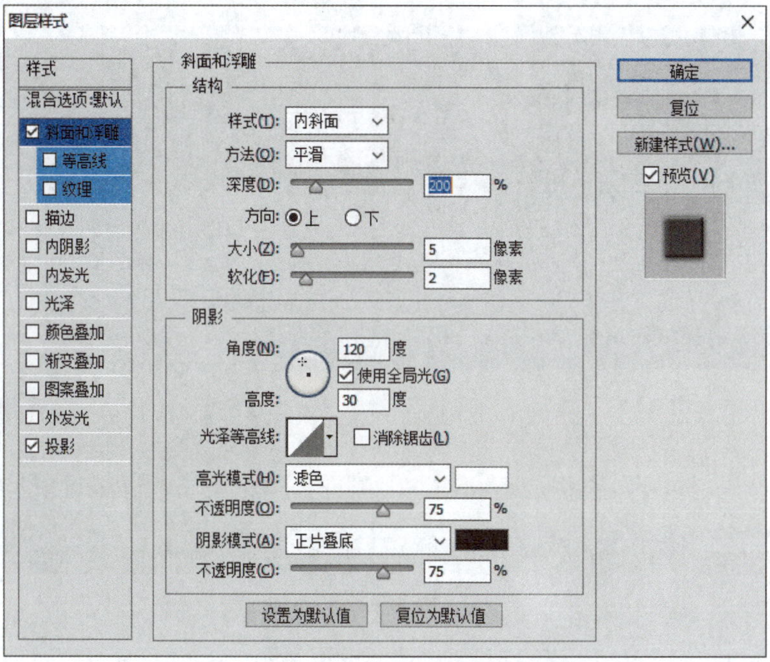

图 3-3-11

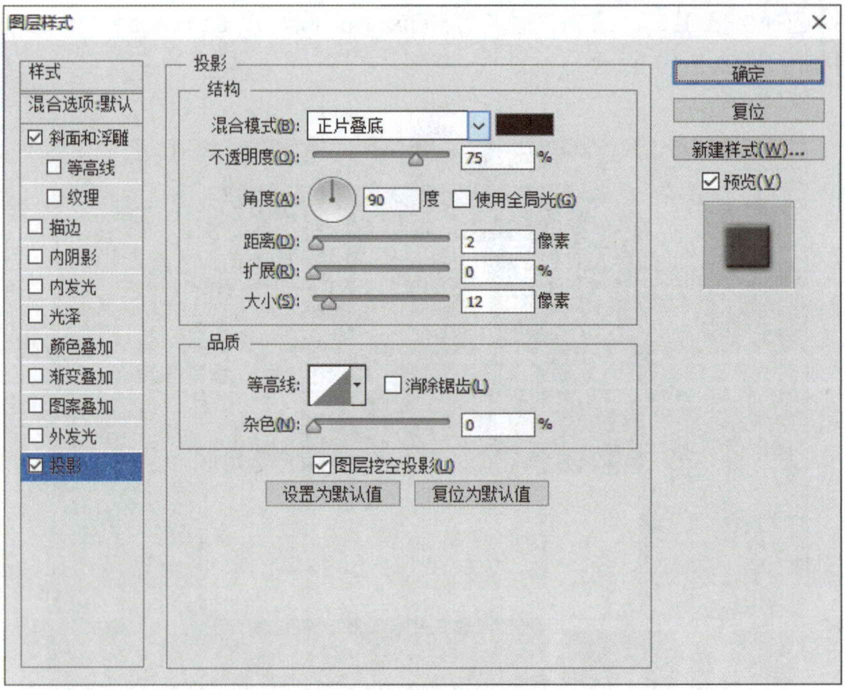

图 3-3-12

显示隐藏的副本层，与正圆创建剪贴蒙版，调整图片的大小与位置。

步骤 11： 输入文字“AVICII”，设置如图 3-3-13 所示字体，颜色为白色。

图 3-3-13

步骤 12： 输入文字“Wake Me Up-Listen”，设置如图 3-3-14 所示字体，颜色为白色。按 Ctrl+A 组合键全选后，分别将两个文字层水平居中对齐画布，手动调整垂直方向间距，为两个文字层添加投影效果，与正圆一致。

图 3-3-14

步骤 13： 上半部制作完成，将涉及图层按 Ctrl+G 组合键建立图层组，取名为“上半部”，如图 3-3-15 所示。

图 3-3-15

4. 制作中部

步骤 14： 选择圆角矩形工具，设置宽为 350 px，高为 8 px，圆角半径为 5 px，绘制一个圆角矩形，设置填充颜色为“CCCC99”，拖至“底-中”层上方，与其水平、垂直居中对齐。设置内阴影图层样式，如图 3-3-16 所示。

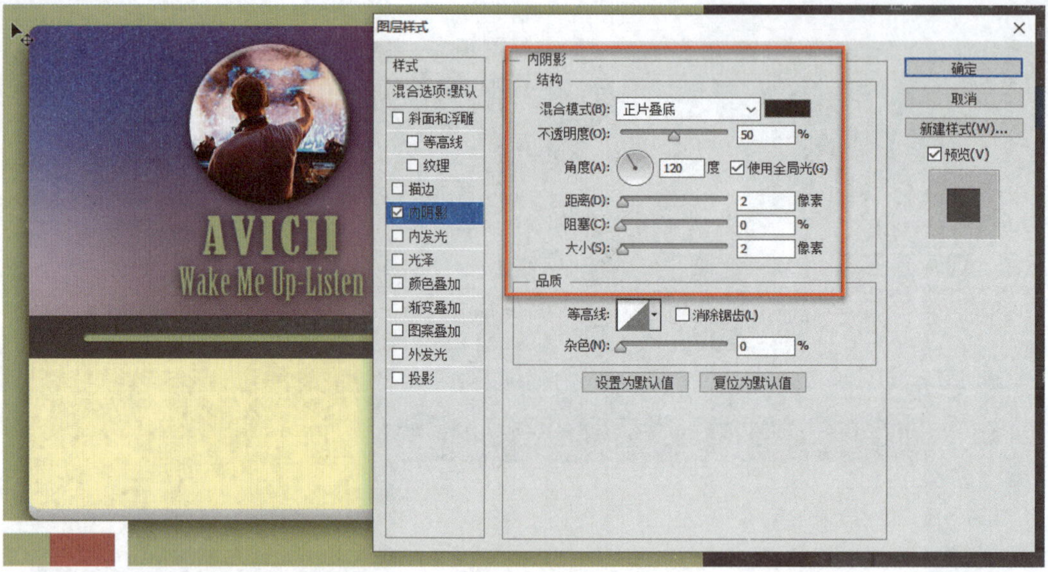

图 3-3-16

步骤 15： 制作进度条，打开 Illustrator，执行“文件”→“新建”命令，弹出“新建文档”窗口，设置参数，如图 3-3-17 所示。

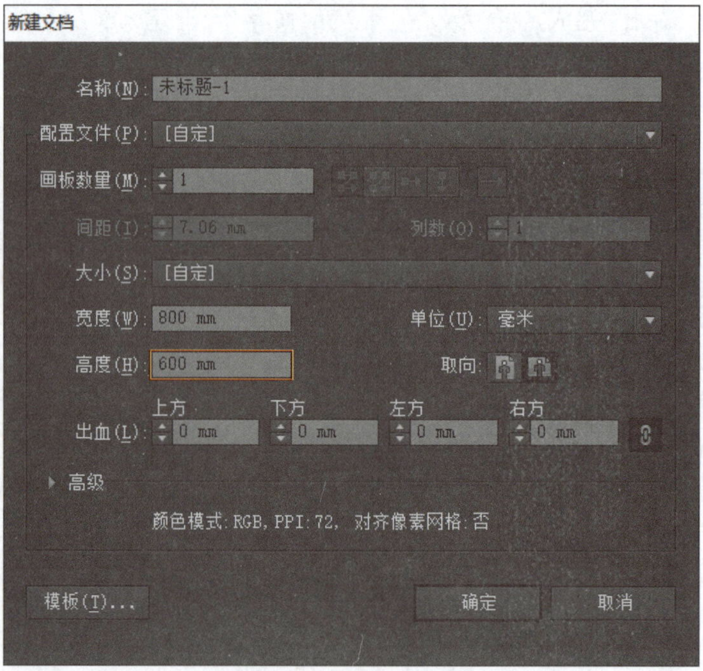

图 3-3-17

步骤 16： 选择菜单“文件”→“置入”，置入配色图片 2.JPG，设置前景色为 CC6666，选择矩形工具，单击画布，设置宽为 9 px，高为 50 px，绘制矩形；设置前景色为 CC9999，设置宽为 3 px，高为 50 px，绘制矩形；再绘制一个矩形，将两个矩形顶部对齐，依次排列，如图 3-3-18 所示。

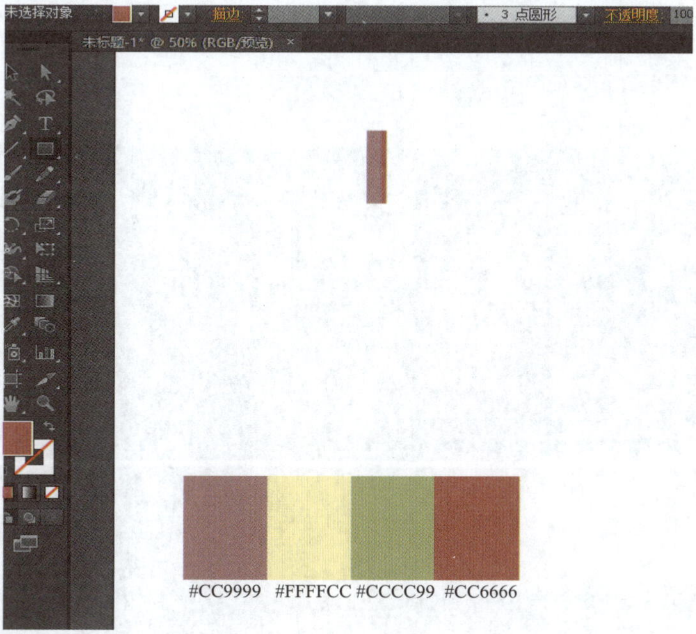

图 3-3-18

步骤 17：同时选中后，按住 Alt 键，用鼠标左键拖动往右复制一个副本，并按 Ctrl+D 组合键多次，产生一个交替变换的颜色条，如图 3-3-19 所示。

图 3-3-19

步骤 18：全选颜色条，单击工具栏中的倾斜工具，在弹出的对话框中输入角度“–30”，产生倾斜效果。切换到 Photoshop 窗口，选择菜单“编辑”→“粘贴”，在弹出的对话框中选择“智能对象”，粘贴颜色条，按 Shift 键调整大小，如图 3-3-20 所示。

图 3-3-20

步骤 19：将上面绘制的圆角矩形复制一个图层，拖动颜色条图层到其上方，创建剪贴蒙版，如图 3-3-21 所示。

图 3-3-21

步骤 20：选择椭圆工具，设置直径为 15 px，绘制正圆，填充为白色，设置斜面和浮雕及投影效果，如图 3-3-22 和图 3-3-23 所示。

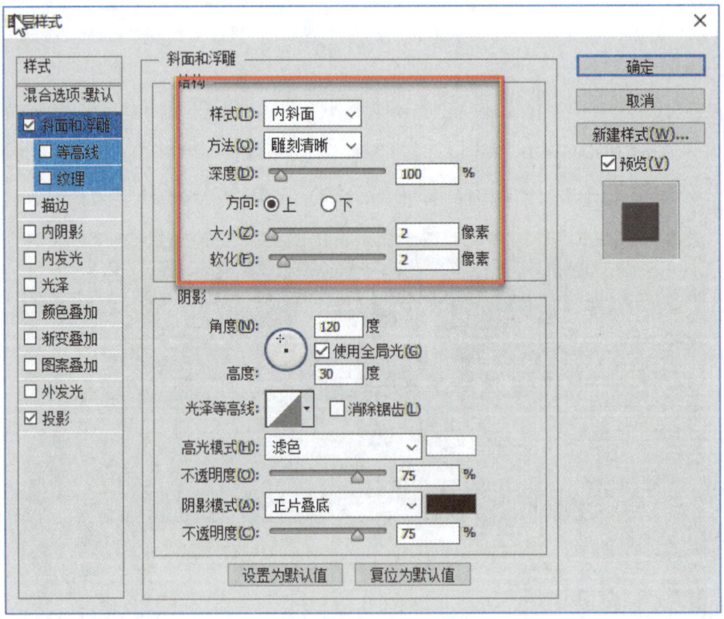

图 3-3-22

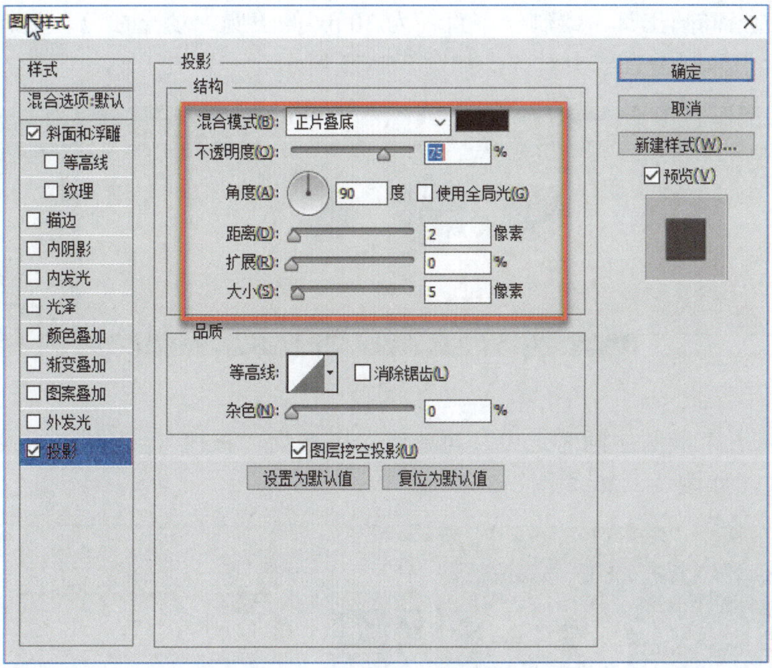

图 3-3-23

步骤 21： 选择本部分建立的图层与“底-中”图层，按 Ctrl+G 组合键创建图层组。

5. 制作底部

步骤 22： 选择椭圆工具，设置直径为 50 px，绘制正圆，填充颜色#444444。按 Ctrl+J 组合键复制两份，水平移动位置，将左、右两个正圆的直径修改为 40 px。选择移动工具，将三个圆垂直、水平居中对齐，并建组后居中对齐画布。组名为“按钮-主”，如图 3-3-24 所示。

图 3-3-24

步骤 23：选择椭圆工具，绘制一个直径为 30 px 的正圆，填充白色，复制一层，拖入左侧，与刚才的三个椭圆垂直居中对齐，如图 3-3-25 所示。

图 3-3-25

步骤 24：将五个椭圆层同时选中，再建组，取名为“按钮”。为图层组设置斜面和浮雕及投影图层样式，如图 3-3-26 和图 3-3-27 所示。

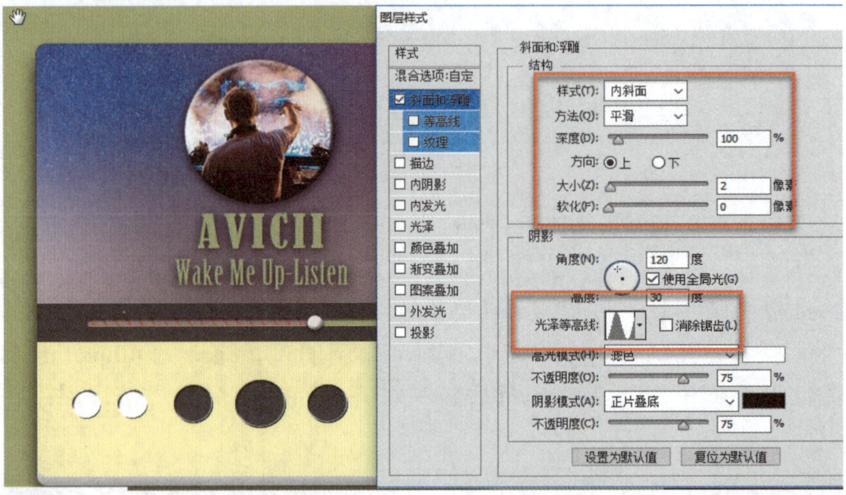

图 3-3-26

图 3-3-27

步骤 25：放置按键：选择菜单“文件”→“置入”，依次选择图标文件循环.png、随机.png、快进.png、播放.png 并置入，后退图标由快进图标复制后水平翻转实现。调整大小，放入各自的椭圆中。有能力的同学也可以在 Illustrator 中自行绘制图标。效果如图 3-3-28 所示。

图 3-3-28

步骤 26：将播放、快进、后退三个按钮建组，设置斜面和浮雕及颜色叠加（叠加颜色为 #FFFFCC）效果，如图 3-3-29 和图 3-3-30 所示。

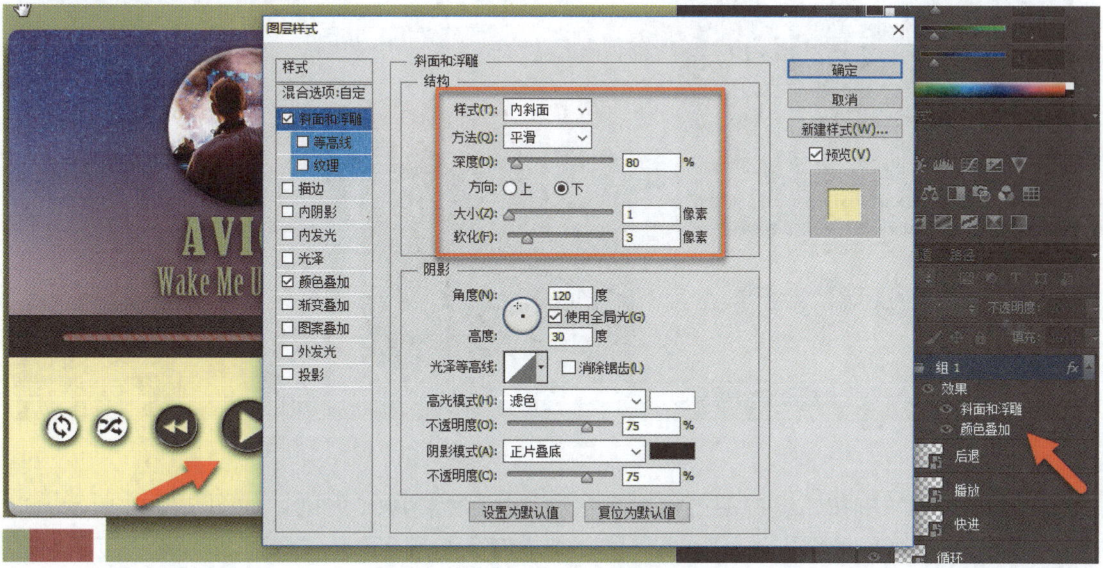

图 3-3-29

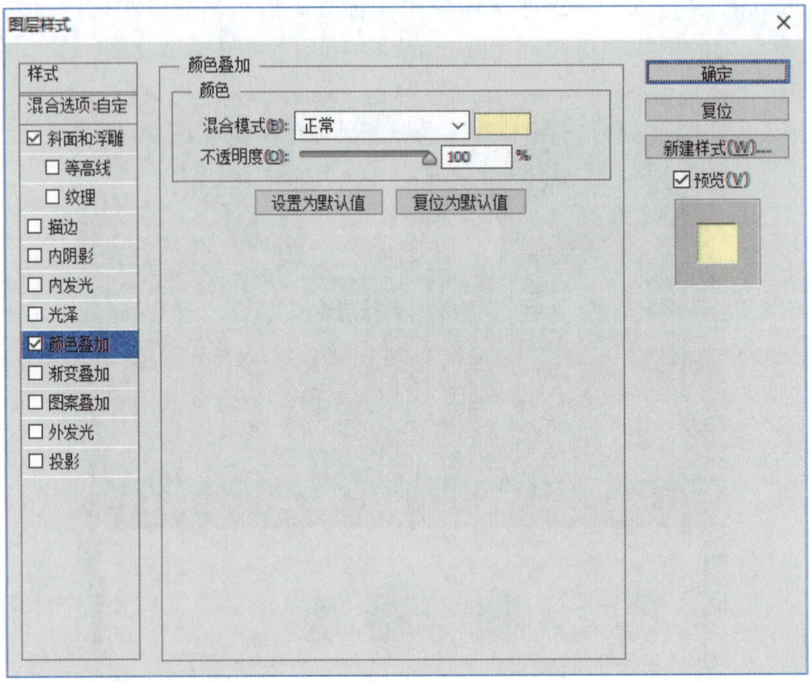

图 3-3-30

步骤 27： 为循环按钮设置图层样式颜色叠加，颜色为#CC6666，如图 3-3-31 所示。

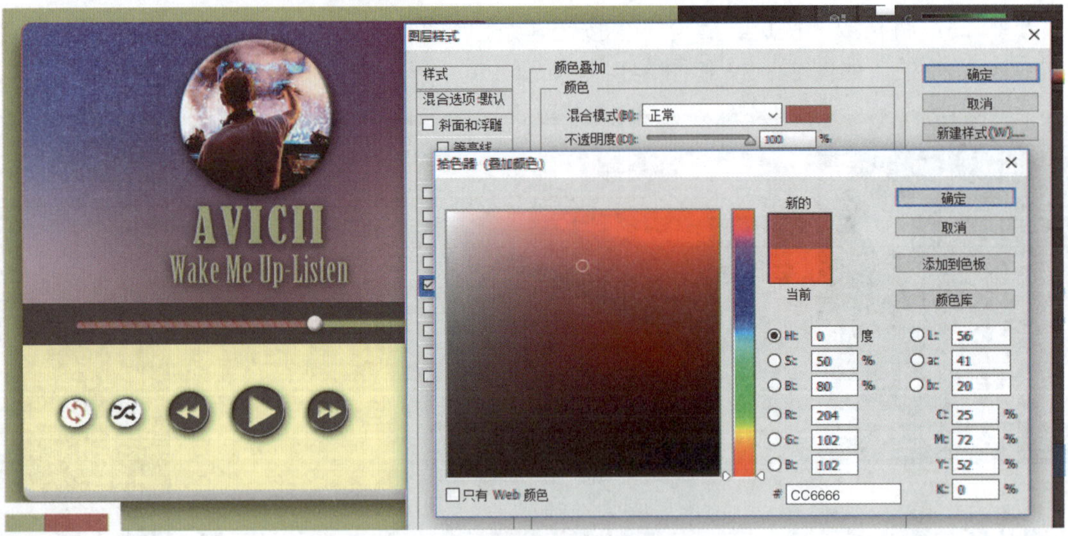

图 3-3-31

步骤 28： 为随机按钮设置图层样式颜色叠加，颜色为#CC9999，如图 3-3-32 所示。

步骤 29： 按中部区域方法绘制或直接复制进度条与圆点，为右侧添加音量进度条。选择菜单“文件”→“置入”，置入音量按钮图标。调整大小，放置在音量进度条右侧，设置图层样式颜色叠加，颜色为#444444，如图 3-3-33 所示。

图 3-3-32

图 3-3-33

步骤 30：新建图层，与“底 – 下”图层建组，隐藏配色图层。最终效果如图 3-3-34 所示。

图 3-3-34

拓展任务　制作一款都市风格的播放器

任务要求：要求制作一款都市风格的播放器，强调色彩的浓烈、质地的丰厚，讲究色彩的视觉冲击，透射出繁华的都市生活，效果如图 3-3-35 所示。

图 3-3-35

项目四 Web UI 设计

知识目标

1. 了解 Web UI 的分类与构成元素
2. 了解 Web UI 的设计原则
3. 了解常见的网页布局方式
4. 掌握 Web UI 的设计技巧
5. 掌握网页各种边框的制作方法

能力目标

1. 具备网页规划布局能力
2. 具备页面颜色搭配能力
3. 会运用滤镜制作图像特效
4. 会制作网站导航条
5. 会制作较专业的网站广告图
6. 会制作网页效果图

素质目标

1. 提升学生的审美能力
2. 培养学生钻研精神
3. 培养学生主动学习的能力
4. 培养学生吃苦耐劳的精神

任务 1　认识 Web UI

随着人们日渐频繁地使用网络，网页作为上网的主要依托，变得越来越重要，其界面设计也得到了发展，并且提出了更高的要求。

Web UI 是网页界面的意思，其设计范围包括常见的网站设计（如电商网站、社交网站）、网络软件设计（如邮箱）等。Web UI 设计与传统的网站建设的区别是，Web UI 注重人与网站的互动和体验，以人为中心进行设计，而传统的网站建设是以功能为中心进行设计，随着用户对网站体验的日渐挑剔，Web UI 将成为网站设计的未来趋势。

知识 1：Web UI 的分类

网页界面的分类有多种，主要依据页面的具体内容将 Web UI 分为以下三大类。

1. 环境性界面

环境性网页界面所包含的内容非常广泛，包括经济、文化、科技、时事政治、历史、民族、宗教信仰和风俗习惯等。图 4-1-1 所示为两款环境性网页界面。

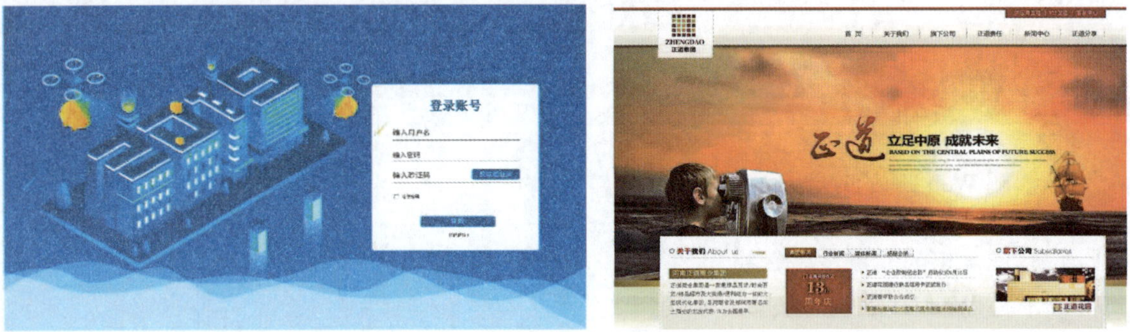

图 4-1-1

2. 功能性界面

功能性网页界面是最常见的网页类型，主要用来展示各种商品或服务的功能及特性，以吸引用户购买消费，如图 4-1-2 所示。

图 4-1-2

3. 情感性界面

情感性网页界面是指网页通过版式和配色构建出某种强烈的情感氛围，引起浏览者在情感上的认同和共鸣，从而达到预期目的。图 4-1-3 所示为情感性网页界面。

图 4-1-3

知识 2：Web UI 的构成元素

网页中的元素多种多样，主要有文字、图像、动画、音频和视频等，还有通过代码语言编程实现的各种交互式效果。这些元素都各具特色，如何合理、巧妙地将各类元素组合在一起，制作出一幅美观、协调的页面，是一个合格的设计师要重点考虑的问题。

1. 文字

文字是组成网页界面的主体部分，其优势主要体现在两方面：一是文字信息符合人类的阅读习惯，信息传达效果明确；二是文字所占存储空间很少，节省了下载和浏览的时间。图 4-1-4 所示是典型的以文字排版为主的网页界面。

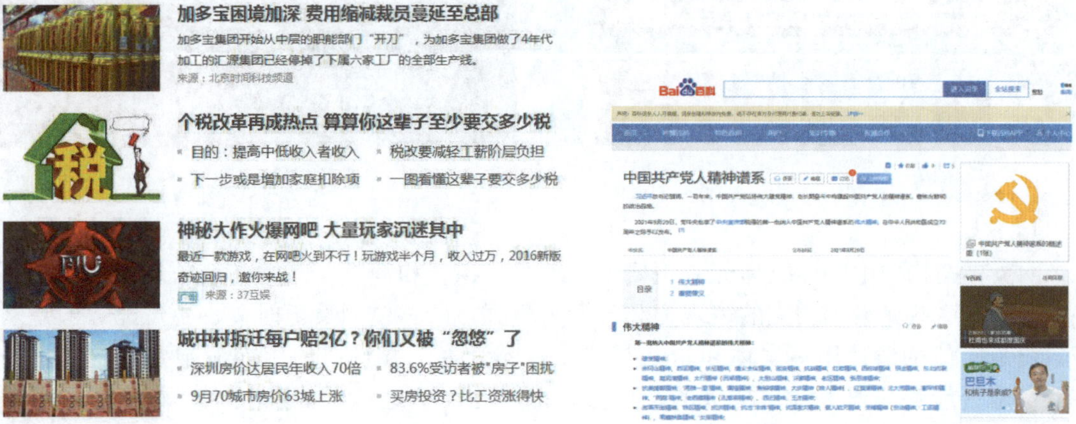

图 4-1-4

2. 图像

“色彩横行，图片当道”成为现如今网页设计领域的局面。其原因在于，相对于文字而言，形象直观、色彩丰富的图像更能刺激人们的感官。合理、恰当地运用图像可以极大地提高网页的可观赏性和表现性，吸引用户的注意力，并激发浏览者的兴趣。图 4-1-5 所示为网页界面中的图像设计表现。

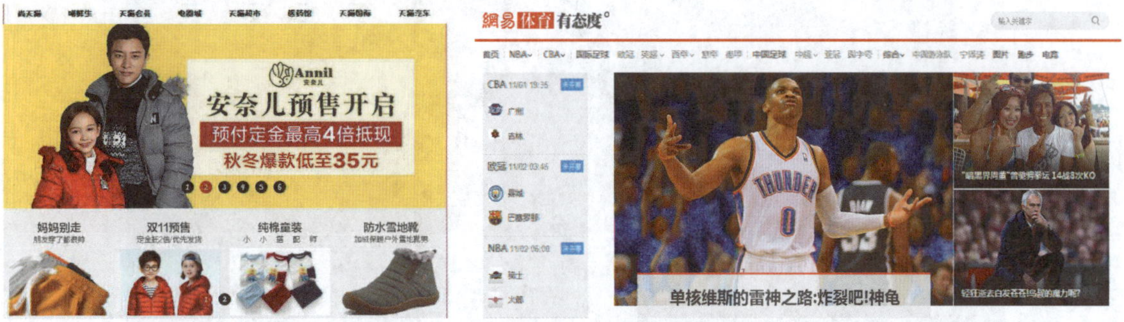

图 4-1-5

3. 色彩

网页中的配色可以为浏览者带来不同的视觉和心理感受，网页设计中根据页面类型和内容的不同，恰到好处地使用色彩，就会得到意想不到的效果。例如：儿童类网站可以使用绿色、黄色或蓝色等一些鲜亮的颜色，给人以活泼、快乐、生气勃勃的感觉；手机等数码类网站可以使用蓝色、紫色、灰色等体现时尚感的颜色，给人以时尚、大方、时代感；爱情、交友类网站或是女性美容养生类网站，可以使用粉红色、淡紫色，体现出柔和、典雅之感。图 4-1-6 所示为网页界面中的配色效果。

图 4-1-6

4. 多媒体

网页界面构成中的多媒体元素主要包括动画、声音和视频，其中 Flash 动画的应用目前较为普遍。这些元素比图文的表现力和传达力更强，能够使网页更时尚、更炫酷。但是网页界面还是应该酌情使用多媒体元素，坚持以内容为主，并且在使用前一定要确定用户的网络带宽是否能够快速下载这样大的数据量，而不是一味地炫耀高新技术，却降低了用户体验。图 4-1-7 所示为网页界面中多媒体元素的应用效果。

图 4-1-7

知识 3：Web UI 的设计原则

由于表现形式、运行方式和社会功能的特殊性，Web UI 设计需要遵循以下五条原则：视觉美观、主题明确、内容与形式相统一、有机整体性和以用户为中心。

1. 视觉美观

视觉美观是网页界面设计最基本的原则，那些版式混乱、配色俗气、内容模糊的网页根本留不住浏览者的目光，更谈不上宣传推广和转化率了。

网页设计师要合理选择页面内容，并按照大众的审美要求设计版式和调整色彩，构成完美的页面效果，充分表达其设计意境，如图 4-1-8 所示。

图 4-1-8

2. 主题明确

网页界面设计的目的就是传递信息，设计师应充分了解客户的要求和浏览者的具体需求，将所要传达的信息进行分类，将简单明确的语言和图像组织起来，在强调艺术性的同时，更注重通过独特的风格和强烈的视觉冲击力来鲜明地突出页面的主题。图 4-1-9 所示为两张主题鲜明突出的网页作品。

图 4-1-9

3. 内容与形式相统一

网页的内容主要指标志、主题、图像和文字题材等要素的总和，形式是指页面的整体结构、风格和色调等的具体表现形式。一个完美的网页应该是形式和内容高度统一，页面中的各个元素协调一致的。可以通过以下两个方面来实现内容与形式相统一的原则：

在内容上，确保页面中使用到的每个元素都有存在的必要性，而不是单纯为了炫耀所谓的高水准设计和新技术，否则可能使效果适得其反。

网页界面设计所追求的形式美必须符合主题的需要，这是网页界面设计的前提。既不能因为想要强调所谓的独特设计风格而脱离实际内容，也不能只为了追求充实的内容而缺乏艺术表现。只有将这两者有机地统一起来，才能体现网页界面设计独具的分量和特有的价值。

4. 有机整体性

网页界面的有机整体性主要包括内容和形式上的整体性，这里只讨论形式上的整体性。

页面的整体效果是极其重要的，设计时，要将具有内在联系的各个内容组织起来，相互呼应地给予表现，避免孤立分散的效果，要对整个网站内部的页面统一规划、统一风格，让浏览者体会到设计者连贯融通、一气呵成的设计思想，如图 4-1-10 所示。

图 4-1-10

5. 以用户为中心

以用户为中心，就是要求设计师站在浏览者的角度来考虑问题，主要体现在以下几方面：

① 使用者优先概念。任何时候都应该牢记“使用者优先”的信念，使用者想要什么，设计师就去做什么。

② 考虑用户浏览器。如果想让所有用户都可以顺畅浏览网页中的全部内容，最好选用所有浏览器都支持的文件格式或技术。

③ 考虑用户的网络连接。设计网页时，还需要考虑浏览者的网络连接情况，不同网络连接方式的带宽不同，所以，在设计网页界面时，尽量不要放置一些占用空间大、下载时间长的内容。

知识 4：常见的网页布局方式

网页布局就是指对网页中的文字、图形等网页元素进行统筹规划与安排。其目的是引起浏览者的关注，便于浏览者更加方便、快捷地找到需要的信息。

下面介绍几种常见的网页布局方式。

1. “国”字形

这种结构是网页上使用最多的一种结构类型，是综合性网站页面中常见的版式。“国”字形网页通常会在页面最上面放置 LOGO、导航和横幅广告条。接下来就是网站的主体部分，分为左、中、右三大块。页面最下面是网站的一些基本信息、联系方式和版权声明等。图 4-1-11 所示为“国”字形布局效果。

图 4-1-11

2. 拐角形

拐角形与“国”字形结构其实是很接近的，在形式上略有差别。页面上方同样是 LOGO、导航和横幅广告。页面中间部分的左侧是略窄的一列，用于放置菜单或链接；右侧是比较宽的主体部分。页面下方也是网站的辅助信息和版权声明等。图 4-1-12 所示为拐角形布局效果。

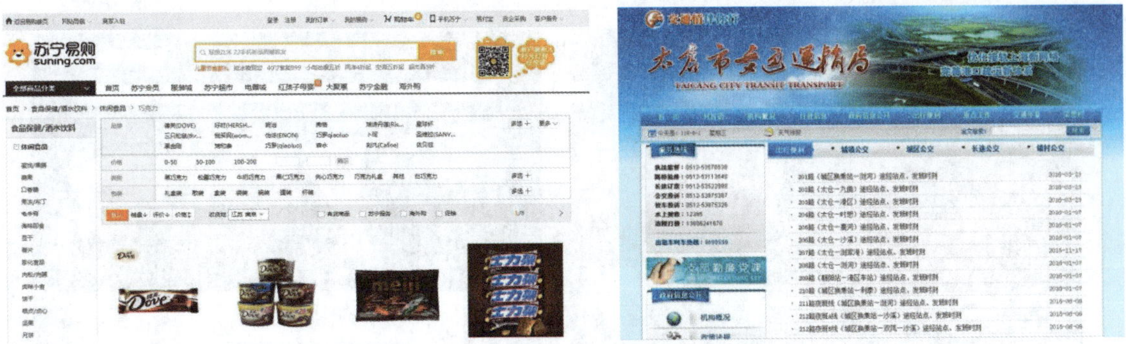

图 4-1-12

3. 标题正文型

这种类型的布局方式指的是上面是标题或者类似的内容，下面是正文，比如一些文章页面或者注册页面就是这种类型的网页。图 4-1-13 所示为标题正文型布局效果。

图 4-1-13

4. 左右分割型

这是一种左右分割的网页布局，一般左侧放置导航链接，有时上方会有标题或 LOGO；页面的右侧是主体部分。早期的论坛都采用这种布局方式，结构清晰，一目了然。图 4-1-14 所示为左右分割型布局效果。

图 4-1-14

5. 上下分割型

与左右分割型结构类似，区别在于上下分割型页面的导航链接在上方，下面是主体部分。图 4-1-15 所示为上下分割型布局效果。

图 4-1-15

6. 综合型

这是将左右分割型和上下分割型相结合的网页结构布局方式，是相对复杂的一种布局方式。图 4-1-16 所示为综合型布局效果。

图 4-1-16

7. 封面型

这种类型多出现在网站的首页，大部分为一些精美的平面设计结合一些小动画，放上几个简单的超链接或者只有一个“进入”链接，甚至直接在首页的图片上做超链接而没有任何注释。封面型网页布局大部分出现在企业网站和游戏网站的首页中，可以给浏览者带来赏心悦目的感受。图 4-1-17 所示为封面型布局效果。

图 4-1-17

8. Flash 型

Flash 型布局方式与封面型类似，只是采用了目前流行的 Flash 动画。相比于图像来说，Flash 集画面与声音于一体，页面所表达的信息更丰富，能更好地活跃页面所表达的气氛，多用于儿童类网站的首页。图 4-1-18 所示为 Flash 型布局效果。

图 4-1-18

在布局页面时，要根据所设计网页的功能、内容、受众喜好等多方面因素，充分考虑整个页面的平衡性、对称性、疏密度、比例等来决定网页布局类型。

任务 2　网站导航设计

网站导航设计

任务实施

【任务要求】

本案例设计一款时尚又大气磅礴的企业网站导航，如图 4-2-1 所示。设计中利用灯火辉煌的都市夜景来表现出企业的恢宏气势，同时，参照 Banner 图片的色彩进行配色，以此营造出和谐的时尚感。

图 4-2-1

【设计理念】

① 本案例中，在色彩搭配上使用都市夜景作为 Banner 图片，搭配了橙色的导航条和白

蓝渐变的下拉菜单，使整个画面不仅大气磅礴，而且具有时尚感、和谐统一。

② 导航条中使用高光条和富有立体感的分隔线，上方的具有底纹效果的灰色部分，体现出整个网站导航质感和层次感。

【工具使用】

① 使用“剪贴蒙版”控制 Banner 图片的显示位置；使用“图层蒙版”控制顶部底纹的自然过渡效果。

② 使用“渐变叠加”图层样式对绘制的形状进行修饰，使其层次更加丰富。

③ 使用“编组”让文件更具可读性，方便编辑和管理。

【操作步骤】

步骤 01： 执行“文件”→“新建”命令，弹出“新建”对话框，设置各项参数，如图 4-2-2 所示。新建一个空白文档，并为其填充颜色 RGB(246,246,246)。

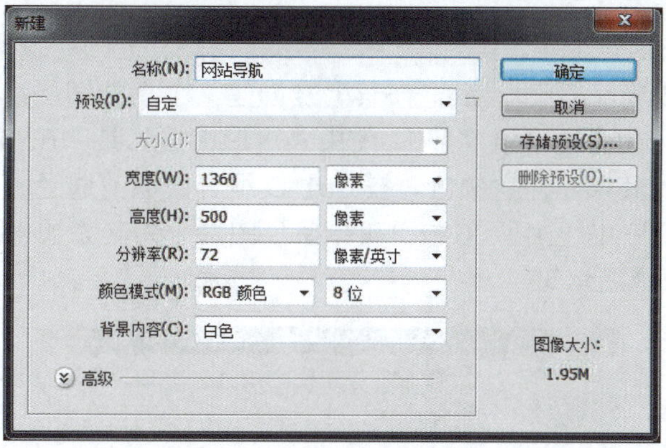

图 4-2-2

步骤 02： 在“背景”图层上方新建一个图层，命名为“底板”。使用“矩形选框工具”在中下部框选出一个矩形选区，并为其填充任意颜色，编辑效果如图 4-2-3 所示。按 Ctrl+D 组合键取消选区。

步骤 03： 执行“文件”→“打开”命令，打开“素材\04\网站导航\01.jpg”，并同时显示两个图片窗口。使用“移动工具”将素材中的图片拖拉复制到新建的“网站导航”文档中，成为“图层 1”，素材图片可关闭。

步骤 04： 在“图层”面板中，右击“图层 1”，在弹出的快捷菜单中单击“创建剪贴蒙版”按钮，即可控制只在“底板”范围内显示。再按 Ctrl+T 组合键，调整图层 1 中图片的大小和位置，编辑效果如图 4-2-4 所示。

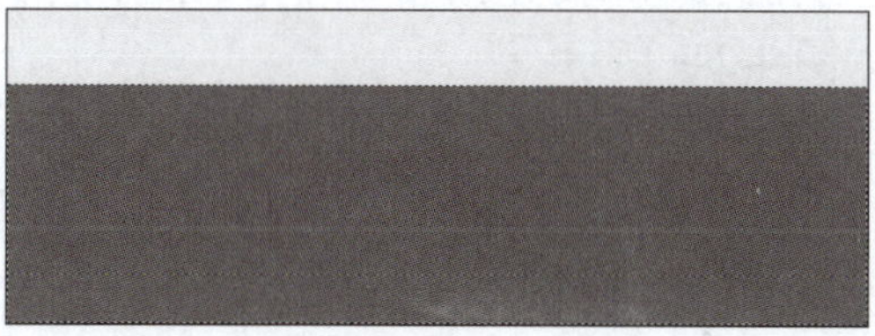

图 4-2-3

图 4-2-4

步骤 05： 使用“直线工具”，选择工具模式为“形状”，填充色为 RGB(192,71,0)，无描边色，线条粗细 1 像素，在图片的上方绘制一根直线，将图层命名为“直线”。

步骤 06： 同时选中除“背景”以外的三个图层，按 Ctrl+G 组合键将其编组，并命名为“Banner”，编辑效果如图 4-2-5 所示，图层内容如图 4-2-6 所示。

图 4-2-5

图 4-2-6

步骤 07： 折叠“Banner”图层组，在其上方创建一个新的图层组，并命名为“菜单”。在该组新建一个图层，命名为“菜单条”。使用“矩形选框工具”在 Banner 图片的上方框选出一个矩形选区，并为其填充任意颜色。按 Ctrl+D 组合键取消选区。

步骤 08： 在“图层”面板中，双击“菜单条”图层，为其添加“渐变叠加”图层样式，各项参数设置如图 4-2-7 所示。

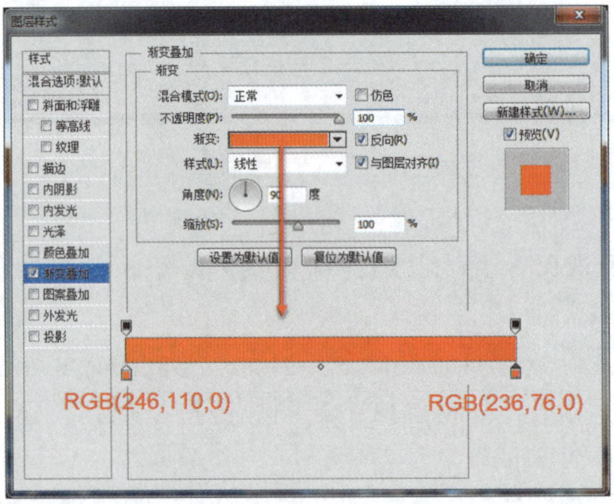

图 4-2-7

步骤 09： 使用“直线工具”，选择工具模式为“形状”，填充色为白色，无描边色，线条粗细 1 像素。在菜单条的顶部绘制一根直线，将图层命名为“高光条”，调整该图层的不透明度为 57%。编辑效果如图 4-2-8 所示，图层内容如图 4-2-9 所示。

步骤 10： 绘制菜单条上的分隔线。

① 使用“直线工具”，选择工具模式为“形状”，填充色为灰色 RGB(44,44,44)，无描边色，线条粗细 1 像素。在菜单条上绘制一根短竖线，成为“形状 1”图层。

② 复制“形状 1”图层，并为其添加“渐变叠加”图层样式，各项参数设置如图 4-2-10 所示。再将“形状 1 副本”图层稍稍右移，调出立体效果。

图 4-2-8

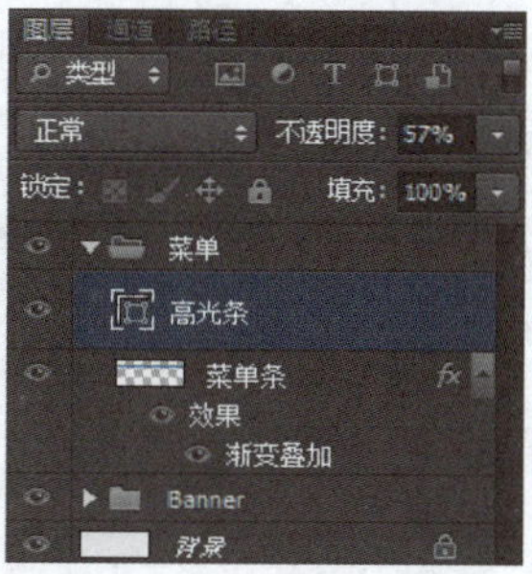

图 4-2-9

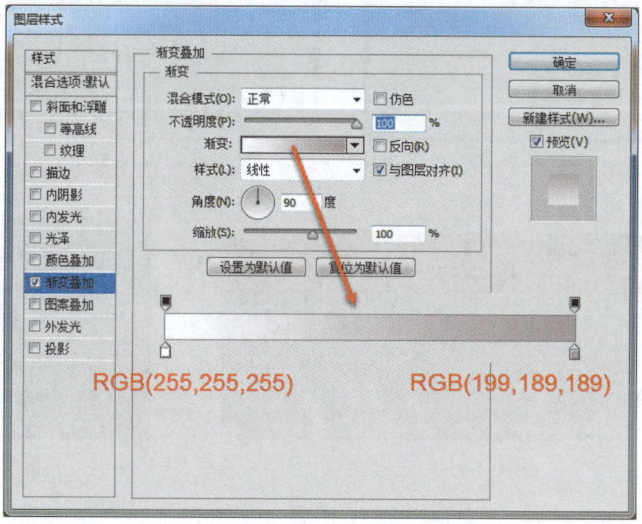

图 4-2-10

③ 将“形状 1”“形状 1 副本”图层进行编组，命名为“分隔线”，调整该图层组的不透明度为 30%。

④ 多次复制“分隔线”图层组，并调整位置。最后将所有的“分隔线”图层组再编组，命名为“分隔线组”。编辑效果如图 4-2-11 所示，图层内容如图 4-2-12 所示。

图 4-2-11

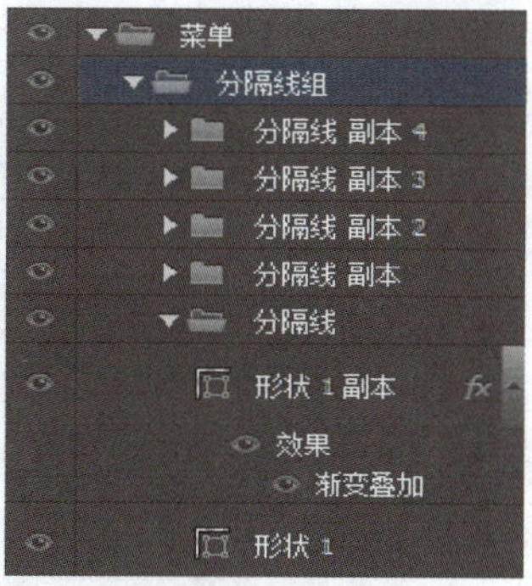

图 4-2-12

步骤 11：折叠“分隔线组”，在上方新建一个图层，命名为“按下”，使用“矩形选框工具”在第一、第二根分隔线间框选出一个与菜单条同高的矩形选区，填充任意颜色。为“按下”图层添加“渐变叠加”“内阴影”图层样式，各项设置如图 4-2-13 和图 4-2-14 所示。编辑效果如图 4-2-15 所示，图层内容如图 4-2-16 所示。

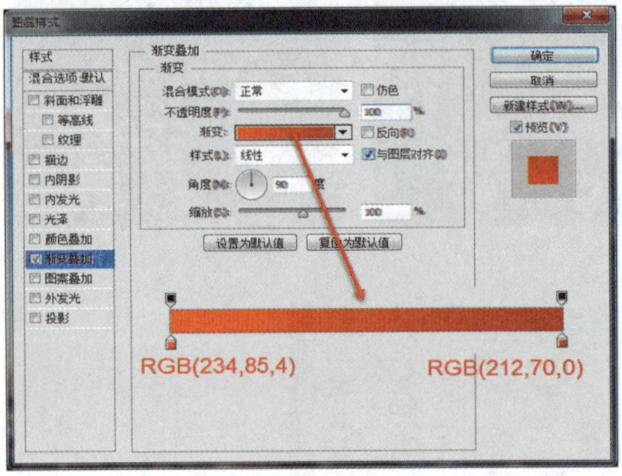

图 4-2-13

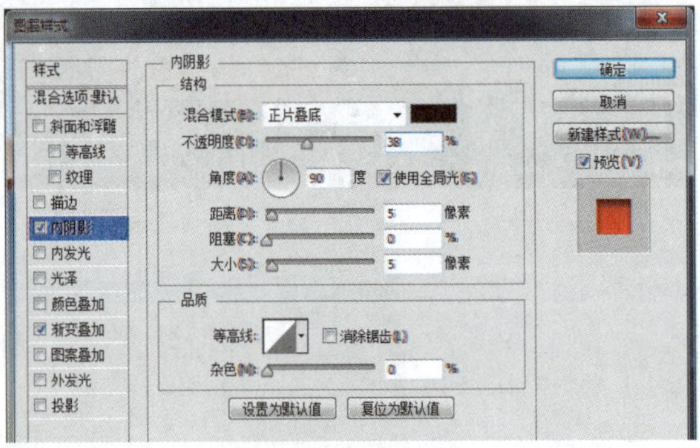

图 4-2-14

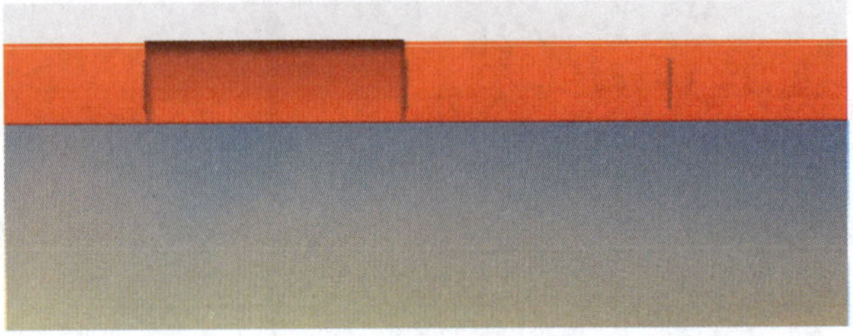

图 4-2-15

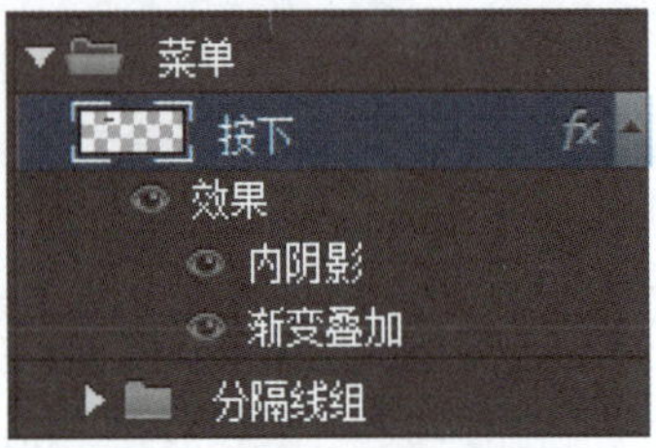

图 4-2-16

步骤 12：使用“横排文字工具”在菜单条上输入文字“首　页　集团介绍　企业文化　集团产业　荣誉资质　业界动态　关于我们”，并打开“字符”面板进行如图 4-2-17 所示设置，文字颜色均为白色。

步骤 13：在菜单条文字图层上方新建一个图层，命名为“下拉菜单”。使用“矩形选框工具”，在“按下”按钮下方框选出一个与其等宽的矩形选区，填充任意颜色，取消选区。并为“下拉菜单”图层添加“渐变叠加”图层样式，各项参数设置如图 4-2-18 所示。

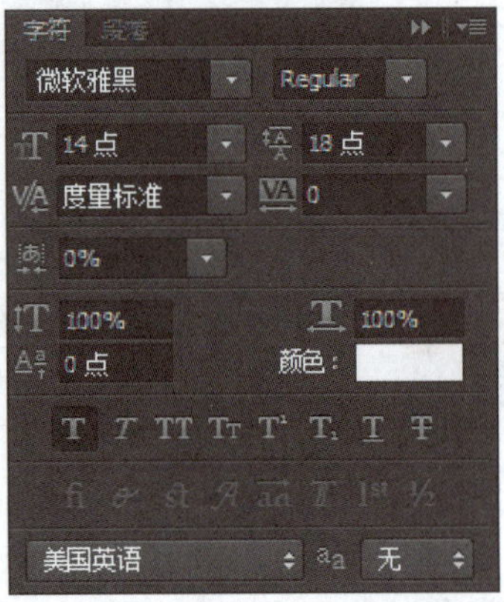

图 4-2-17

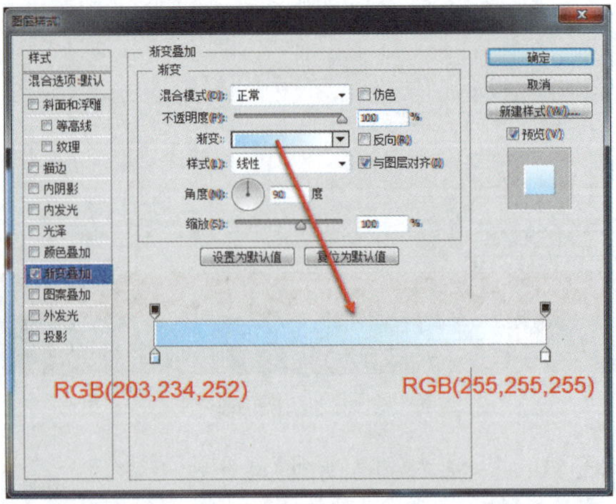

图 4-2-18

步骤 14： 使用“自定义形状工具”，选择工具模式为“形状”，填充色为 RGB(110,110,110)，无描边色，形状为“三角形”▲。在按钮上方绘制三角形，并将其旋转 90°，调整其大小及位置，将图层命名为“箭头”。

步骤 15： 多次复制“箭头”图层，并调整其位置，再将四个“箭头”图层编组为“箭头组”。在下拉菜单中输入文字并设置格式，编辑效果如图 4-2-19 所示，图层内容如图 4-2-20 所示。

图 4-2-19

步骤 16： 折叠“菜单”图层组。打开“素材\04\网站导航\02.jpg”，使用“移动工具”将素材中的图片拖拉复制到“网站导航”文档中，成为“图层 2”。调整该图片的大小及位置，并设置该图层的混合模式为“明度”，调整其不透明度为 15%。

步骤 17： 为“图层 2”添加蒙版，将其中与下方菜单及 Banner 图片重合的部分不显示，并控制左右两侧的柔和过渡效果。最终编辑效果如图 4-2-1 所示，图层内容如图 4-2-21 所示。

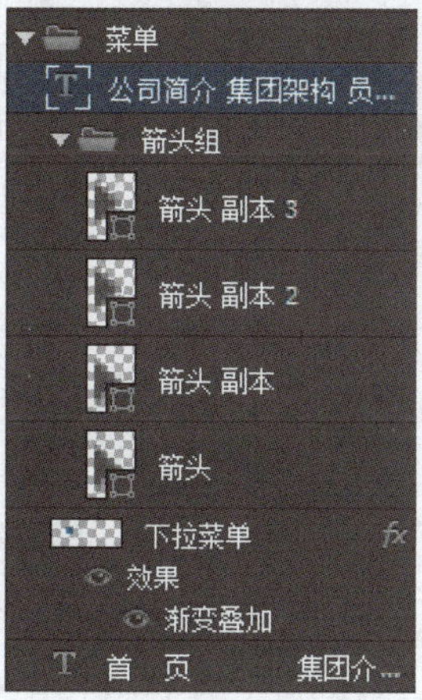

图 4-2-20

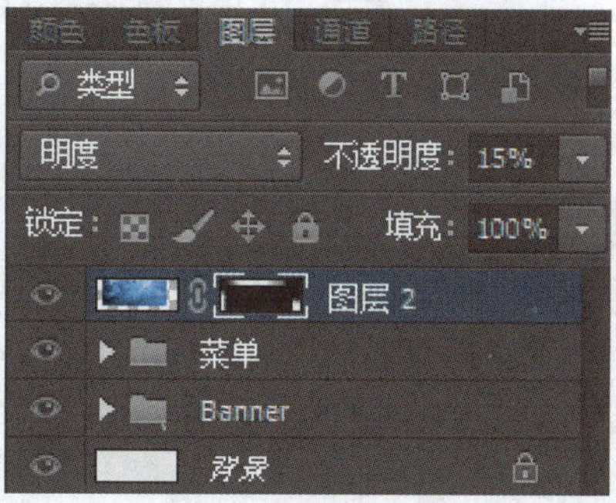

图 4-2-21

拓展任务　设计清新简约的网站导航

要求设计一个以“浪漫时光”为网站名称的网站导航，画面中需包括网站名称、导航和下拉菜单，色彩搭配以绿色和淡黄为主，画面清新简约，凸显档次和品质，有一定的设计感，具体效果如图 4-2-22 所示。

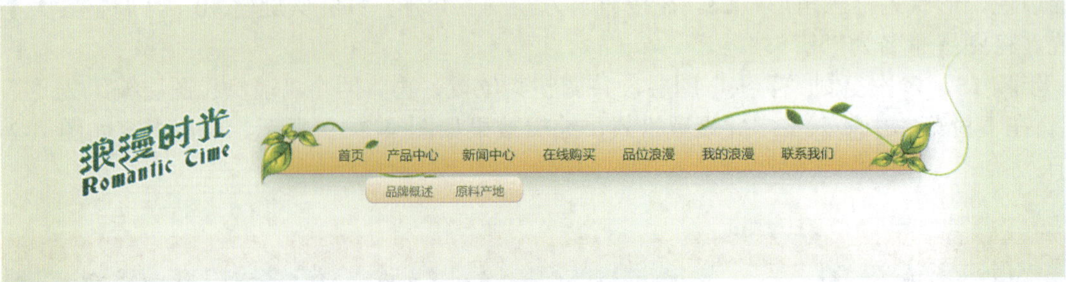

图 4-2-22

任务3 网站广告设计

网站广告设计

任务实施

【任务要求】

本案例设计一款炫酷又极具专业特性的剃须刀网站广告，如图 4-3-1 所示。设计中利用冷色调背景和泼水效果使画面呈现出炫酷的效果；利用边缘硬朗的艺术化文字作为标题，表现出男士刚毅、坚强的性格特点。整个画面色彩协调、重点突出，设计直观且富有视觉冲击力。

图 4-3-1

【设计理念】

① 将剃须刀与水融合在一起，让浏览者一眼就能够理解剃须刀的“可水洗”特性，直观明了。

② 为了突出剃须刀的现代感，并且与剃须刀的黑色、金属色协调融合，画面中使用了蓝色作为主色调——蓝色背景、蓝色的水及以三张蓝色为主的插图。

③ 文字选择白色、黄色和红色，与主色调形成强烈对比，并做了多种变形，极其醒目地凸显剃须刀的性能特点。

【工具使用】

① 使用“磁性套索工具”结合“图层蒙版”精确地抠取剃须刀。

② 使用“锐化”滤镜和“模糊”滤镜，结合“图层蒙版”，使精细部分更清晰、表面部分更光滑细腻。

③ 使用路径工具将文字变形，再添加“投影”“渐变叠加”等图层样式增强文字的立体感。

【操作步骤】

步骤 01： 在 Photoshop 中新建一个文档，各项设置如图 4-3-2 所示。

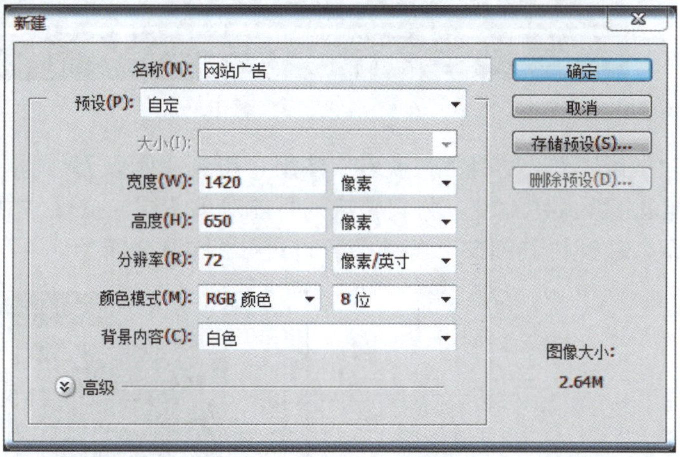

图 4-3-2

步骤 02： 在 Photoshop 中打开“素材\04\网站广告\01.jpg”，将素材图片拖拉复制到当前文件中，成为“背景”图层。适当调整素材的大小及位置，使其铺满整个画布，编辑效果如图 4-3-3 所示。

步骤 03： 打开“素材\04\网站广告\02.jpg”，将素材图片拖拉复制到当前文件中，命名为“剃须刀 1”图层。适当调整大小及位置，编辑效果如图 4-3-4 所示。

图 4-3-3

图 4-3-4

步骤 04： 如图 4-3-5 所示，使用“磁性套索工具”，沿着剃须刀的边缘创建选区，执行“图层”→“图层蒙版”→“显示选区”命令，使选取的剃须刀显示出来。再使用“画笔工具”对图层蒙版进行修改，更精细地控制图像的显示，编辑效果如图 4-3-6 所示，图层内容如图 4-3-7 所示。

图 4-3-5

图 4-3-6

步骤 05：隐藏“图层 1”，复制“剃须刀”图层，得到“剃须刀 副本”图层，执行“滤镜”→“转换为智能滤镜”菜单命令，将其转换为智能对象图层。执行“滤镜”→“锐化”→“USM 锐化”菜单命令，锐化其细节，各项参数设置如图 4-3-8 所示。

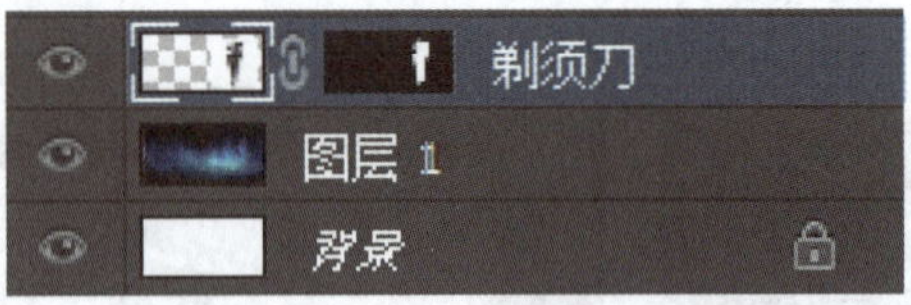

图 4-3-7

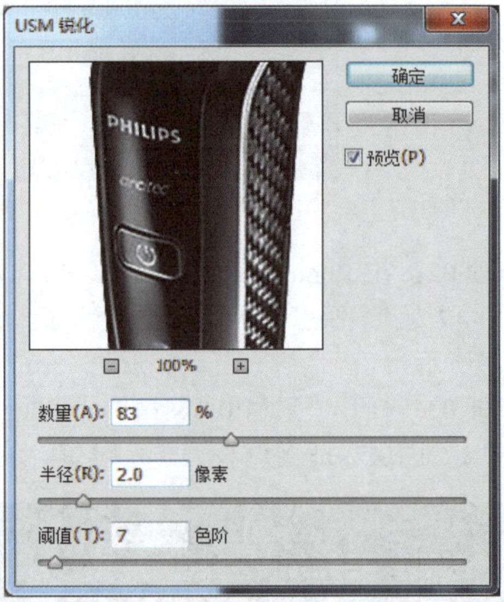

图 4-3-8

步骤 06：复制“剃须刀”图层，得到“剃须刀 副本 2”图层，并置于“剃须刀 副本”图层上方，将其转换为智能对象图层，执行“滤镜”→“模糊”→“高斯模糊”菜单命令，各项参数设置如图 4-3-9 所示。为“剃须刀 副本 2”图层添加图层蒙版，并对蒙版进行编辑，如图 4-3-10 所示，模糊特定的图像区域。

小提示：步骤 05、06 的作用就是使剃须刀的精细部分更清晰。但是锐化后，容易出现杂色和噪点，所以需要通过模糊来使其表面变得光滑。使用图层蒙版，就是用来控制什么地方需要锐化清晰，什么地方需要模糊光滑。

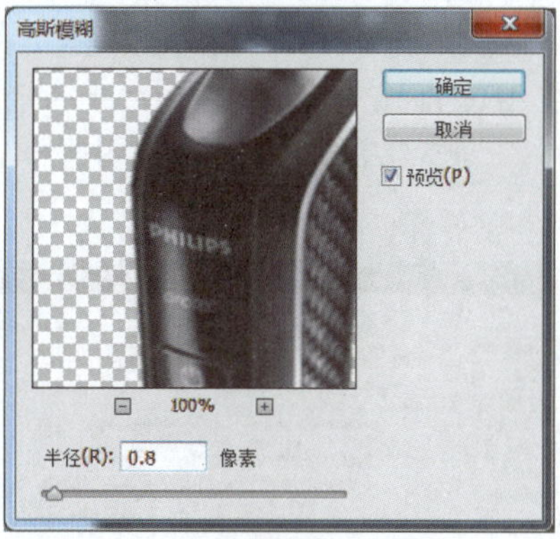

图 4-3-9

图 4-3-10

显示“图层 1”，编辑效果如图 4-3-11 所示。将三个“剃须刀”图层进行编组，命名为“剃须刀”图层组，图层内容如图 4-3-12 所示。

图 4-3-11

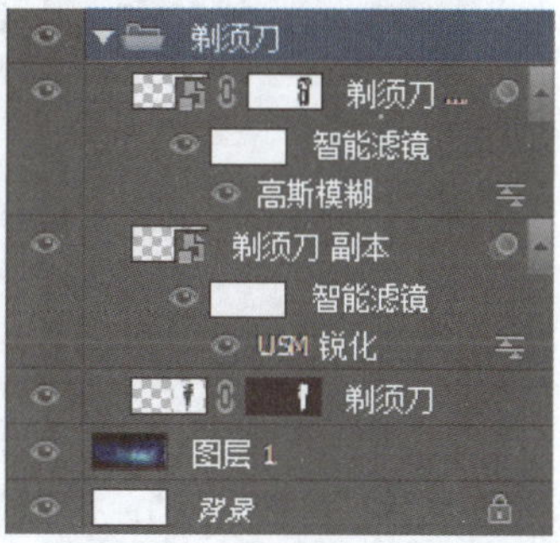

图 4-3-12

步骤 07： 折叠“剃须刀”图层组。打开“素材\04\网站广告\03.jpg”，将素材图片拖拉复制到当前文件中，命名为“水”图层，按 Ctrl+T 组合键，将图片“水平翻转”，并调整图片的大小和位置，设置该图层的“混合模式”为“强光”。

步骤 08： 复制“水”图层为“水 副本”图层，将其置于“剃须刀”图层组下方。为“水”图层添加图层蒙版，使盖住剃须刀主体部分的水不显示。

步骤 09： 在“图层 1”上方、“水 副本”图层下方新建一个填充图层，填充色为 RGB(57,149,190)，设置该图层的不透明度为 15%，并编辑其图层蒙版，显示出有光束从剃须刀上方照下来的效果，编辑效果如图 4-3-13 所示，图层内容如图 4-3-14 所示。

图 4-3-13

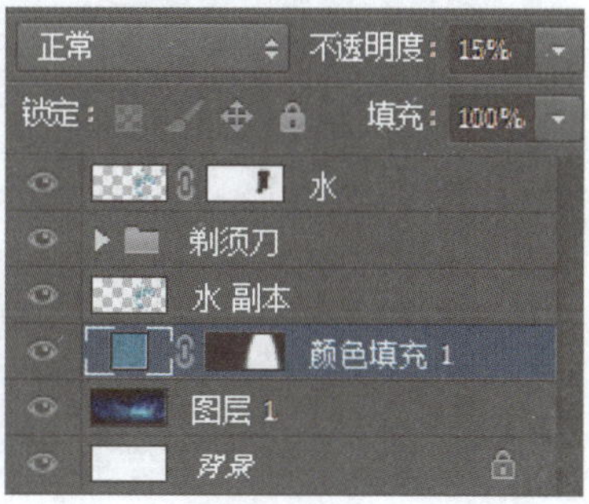

图 4-3-14

步骤 10： 在“水”图层的上方新建一个图层组，命名为“文字”，以下各文字图层均置于此图层组内。使用“横排文字工具”，在适当位置输入文字“可全身水洗”，文字颜色为RGB(238,214,8)，并进行如图 4-3-15 所示设置。为文字添加“投影”图层样式，各项参数设置如图 4-3-16 所示。

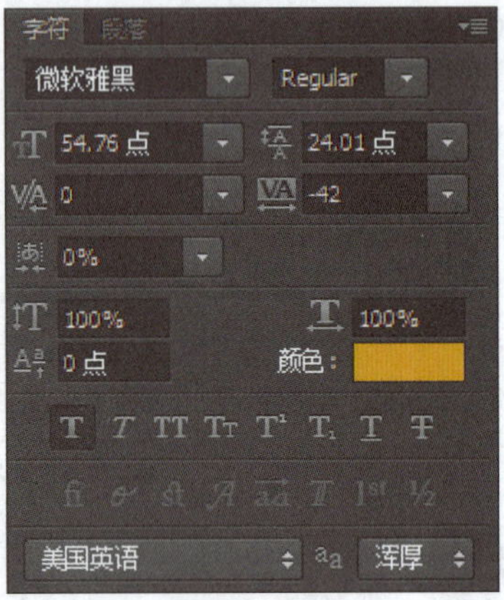

图 4-3-15

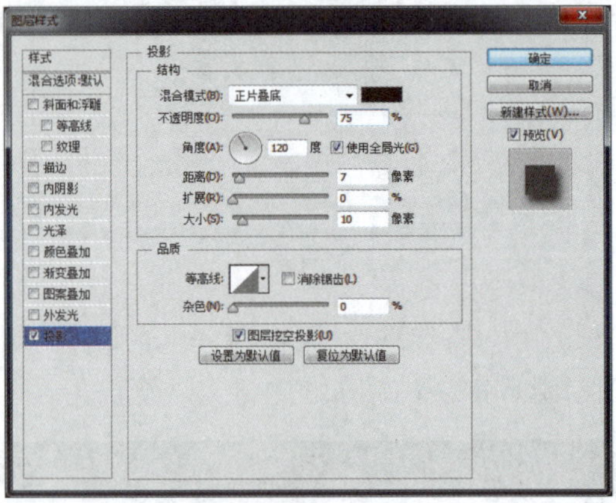

图 4-3-16

步骤 11： 通过为图层创建矢量蒙版的方法制作变形文字“剃须刀”。

创意文字制作

① 使用“横排文字工具”，在适当位置输入白色的文字“剃须刀”，并进行如图 4-3-17 所示设置。

② 在“图层”面板中，右击“剃须刀”文字图层，在快捷菜单中选择“栅格化文字”。按住 Ctrl 键的同时单击“剃须刀”图层缩览图，将文字载入选区。

③ 在“路径”面板中，单击下方的“从选区生成工作路径”按钮。

④ 将原来的文字隐藏起来，结合使用“直接选择工具”“增加锚点工具”“删除锚点工具”“转换点工具”等，修改文字路径，直到满意为止。将路径命名为“剃须刀路径”。

⑤ 新建一个图层，命名为“剃须刀 2”，并为图层填充白色。选中路径，执行“图层”→“矢量蒙版”→“当前路径”。

⑥ 为文字添加“投影”和“渐变叠加”图层样式，各项参数设置如图 4-3-18 和图 4-3-19 所示。可将“剃须刀”图层删除。

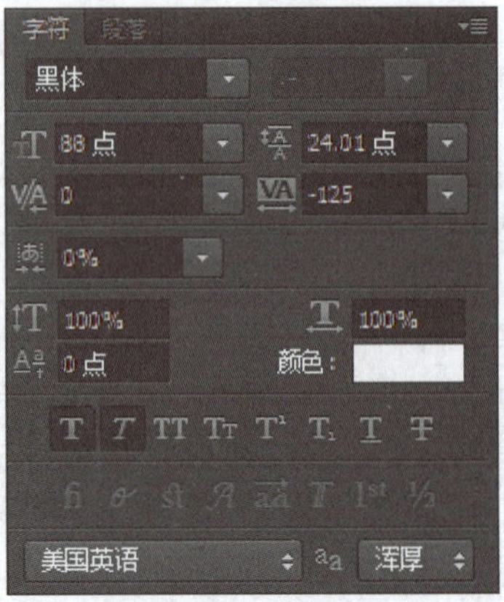

图 4-3-17

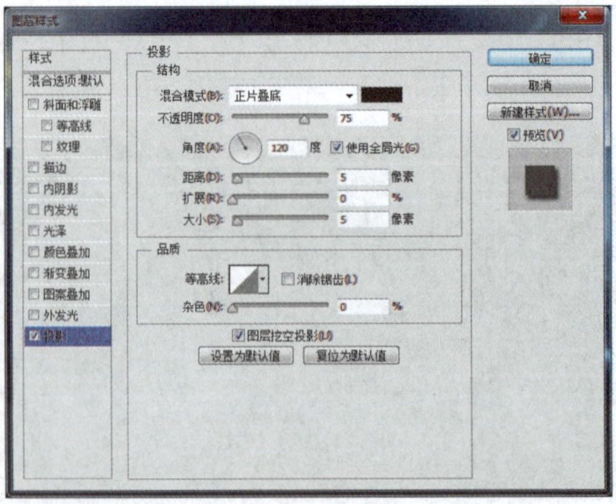

图 4-3-18

步骤 12： 参照步骤 11，制作变形文字“卓越生活”，文字格式设置参数如图 4-3-20 所示，编辑效果如图 4-3-21 所示，图层内容如图 4-3-22 所示。

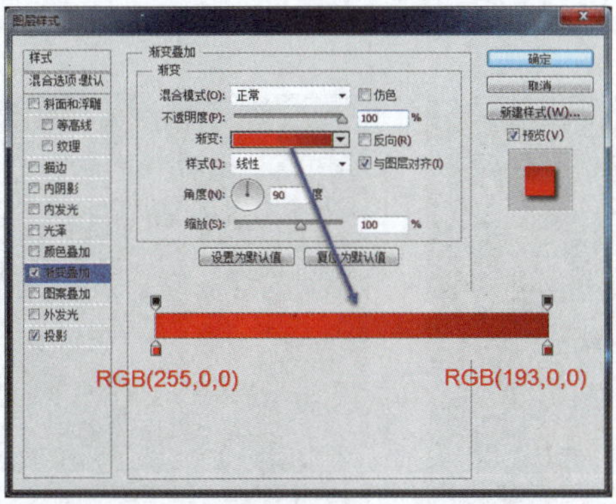

图 4-3-19

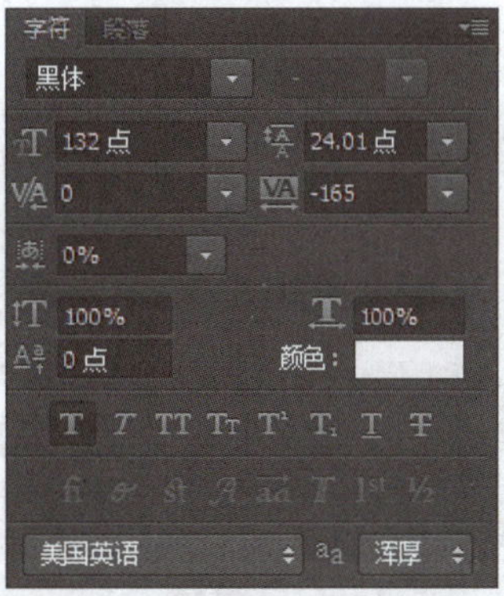

图 4-3-20

图 4-3-21

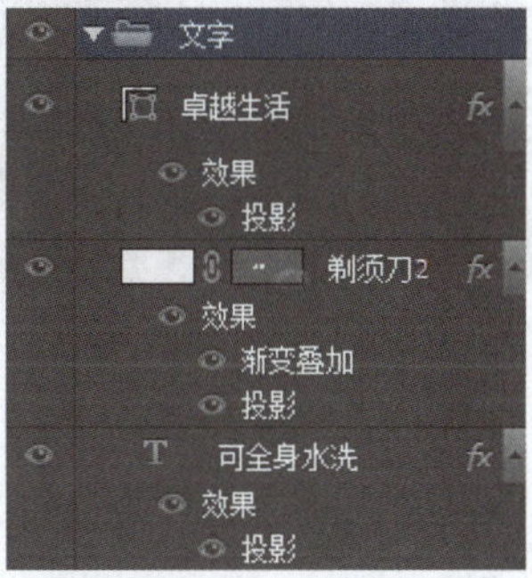

图 4-3-22

步骤 13： 结合使用“矩形工具”“直接选择工具”建立一个有一个斜角的矩形，颜色任意。将图层命名为“斜角矩形”，并为图层添加“渐变叠加”图层样式。在斜角矩形上方输入白色文字“新品上市”，并适当设置格式。

步骤 14： 使用“横排文字工具”输入黑色文字“干净 贴面 耐用”，文字格式设置参数如图 4-3-23 所示。按 Ctrl+T 组合键，右击文字，选择“斜切”，在水平方向上拖动文字，使其更倾斜。为文字图层添加“描边”图层样式，各项参数设置如图 4-3-24 所示。

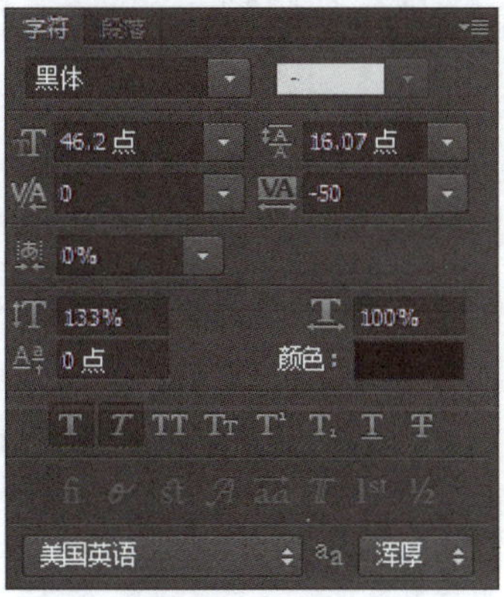

图 4-3-23

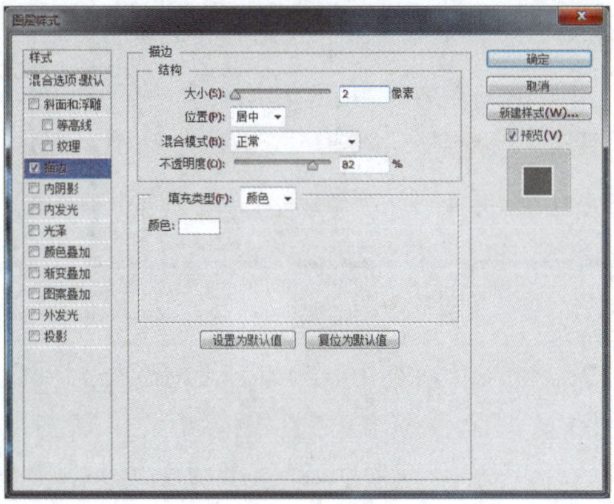

图 4-3-24

步骤15： 在上述文字的空格之间，使用“椭圆工具”绘制黑色小圆形，并复制上述图层的“描边”图层样式，编辑效果如图4-3-25所示，图层内容如图4-3-26所示。

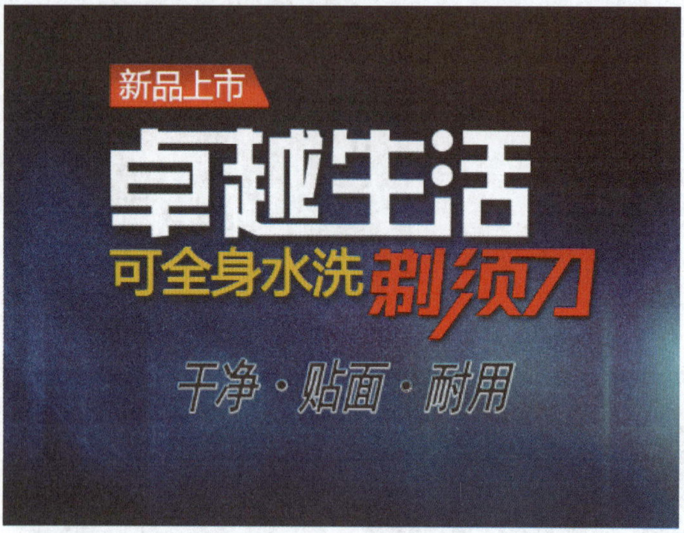

图 4-3-25

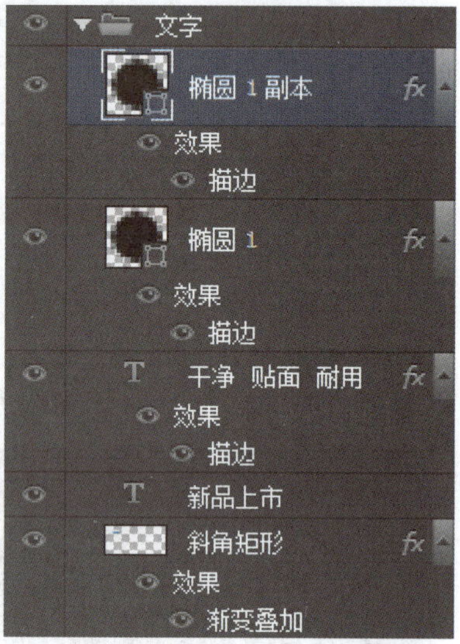

图 4-3-26

步骤16： 折叠“文字”图层组。打开“素材\04\网站广告\04.jpg”，将素材图片拖拉复制到当前文件中，成为“图层2”。适当调整其位置和大小，并为该图层添加“描边”和“外发光”图层样式，各项参数设置如图4-3-27和图4-3-28所示。

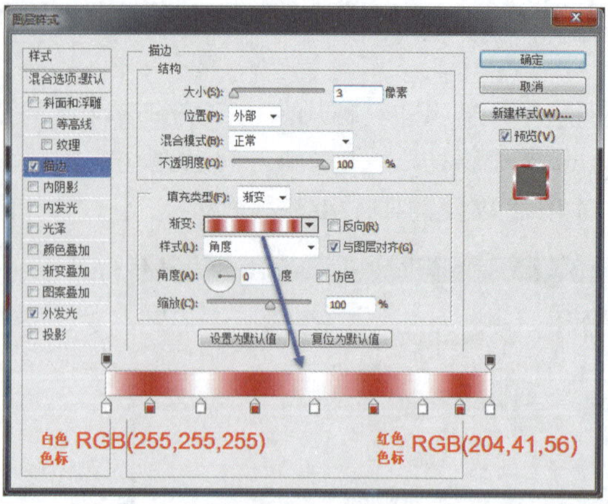

图 4-3-27

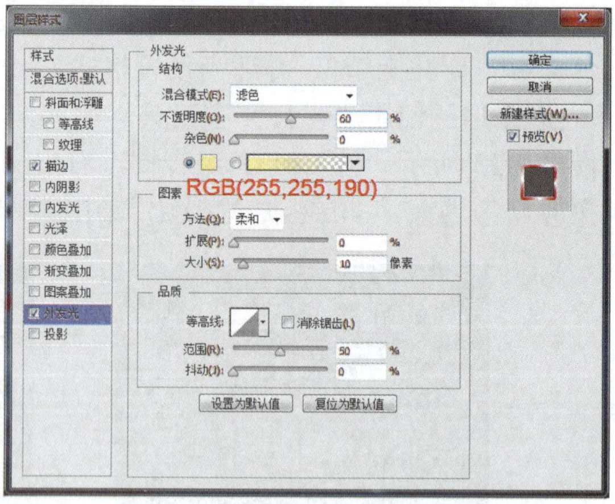

图 4-3-28

步骤17： 插入“素材\04\网站广告\05.jpg”和“素材\04\网站广告\06.jpg”，分别成为“图层3”和“图层4”，调整其大小和位置，并复制上述“描边”“外发光”图层样式，最终编辑效果如图4-3-1所示，图层内容如图4-3-29所示。

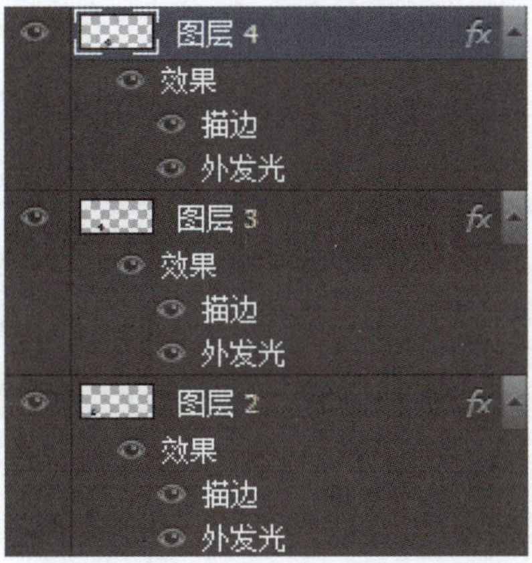

图 4-3-29

拓展任务　设计亮丽醒目的手机网站广告

要求设计一款手机网站宣传广告，通过对背景颜色的处理衬托产品，搭配相应的图标和文字说明，使得整个手机宣传广告时尚、醒目、信息明确，具体效果如图 4-3-30 所示。

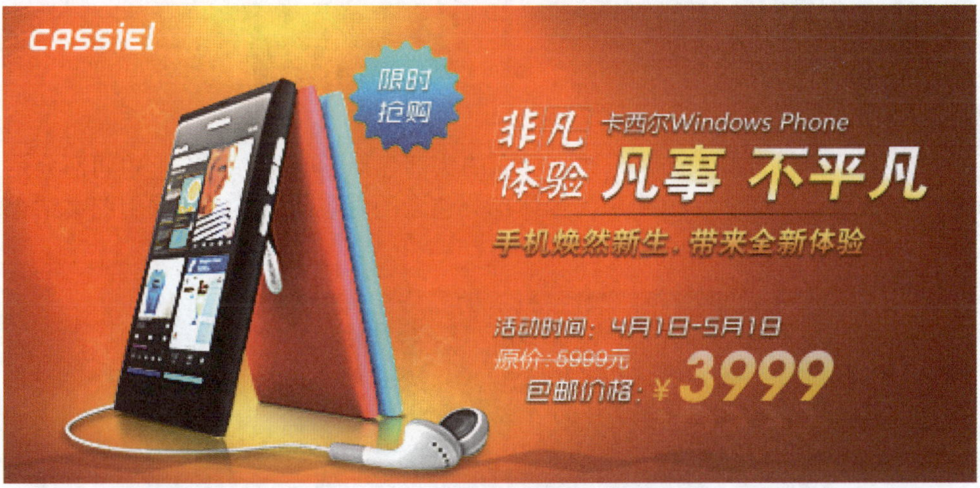

图 4-3-30

任务 4　网站首页设计

任务实施

【任务要求】

本案例是设计儿童学习、娱乐网站的首页，如图 4-4-1 所示。围绕页面头部的卡通图片对整个首页进行配色和布局，并结合多种格式和变形的文字，使得网页界面富有趣味性，吸引浏览者的注意力。

图 4-4-1

【布局设计】

这款页面采用上下分割型布局方式，页面的头部包括导航和 LOGO，中间部分是主体，最下面是版底信息，如图 4-4-2 所示。主体部分包含的内容相当丰富，采用图文结合的方式进行表现。

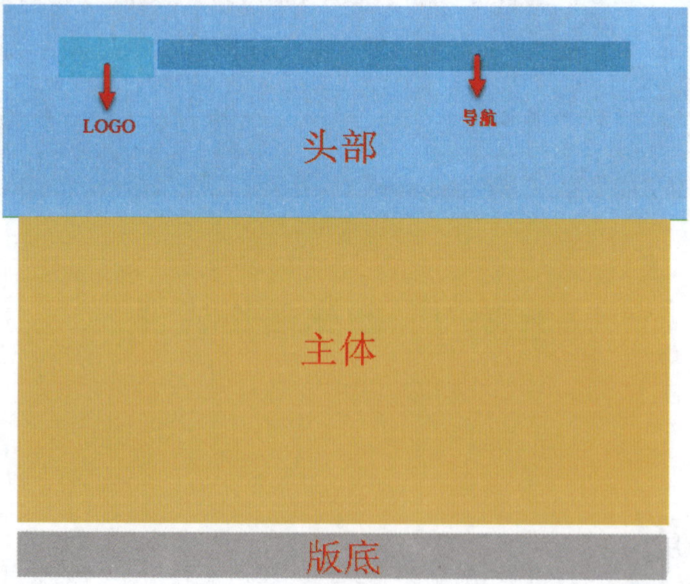

图 4-4-2

【设计理念】

① 在色彩搭配上，使用蓝色和绿色作为主色调，给人一种轻松又充满活力的感觉，再点缀黄色、橙色，给人以明亮轻快之感，更增添了几分愉悦。

② 设计元素使用了多种样式的边框、选项卡等，搭配可爱的卡通图片，内容清晰、层次分明，贴近儿童纯真的心灵，更贴合家长关爱年幼子女的深情。

③ 使用多种字体进行组合，头部多处使用变形文字，提高画面的设计感。

【工具使用】

① 使用“圆角矩形工具”并结合图层，设计出多种色彩丰富、样式温馨可爱的边框。

② 应用“颜色叠加”“渐变叠加”“描边”“斜面和浮雕”“投影”等多种图层样式，为图层添加效果。

③ 使用“图层蒙版”并结合“渐变工具”，设计出渐隐的提亮效果；创建剪贴蒙版，控制边框内图片的显示。

④ 结合使用“删除锚点工具”“增加锚点工具”“转换点工具”“直接选择工具”来修改文字路径，实现变形。

【操作步骤】

1. *首页头部的设计*

在本案例中，首页的头部包括头部背景图片、导航、LOGO、头部空白区域的文字。

（1）创建文件、添加头部背景图片

步骤 01： 执行“文件”→“新建”命令，弹出“新建”对话框，如图 4-4-3 所示，设置各项参数，新建一个空白文档。

步骤 02： 执行“文件”→“打开”命令，打开“素材\04\网站首页\01.jpg”，并同时显示两个图片窗口。使用“移动工具”将素材中的图片拖拉复制到新建的“儿童网站首页”文档中，成为“图层 1”，素材图片可关闭。

步骤 03： 在首页文档中，使用“移动工具”可调整图片的位置；按 Ctrl+T 组合键，调整图片的大小，将其置于顶部并横向铺满整个图像窗口。编辑效果如图 4-4-4 所示。

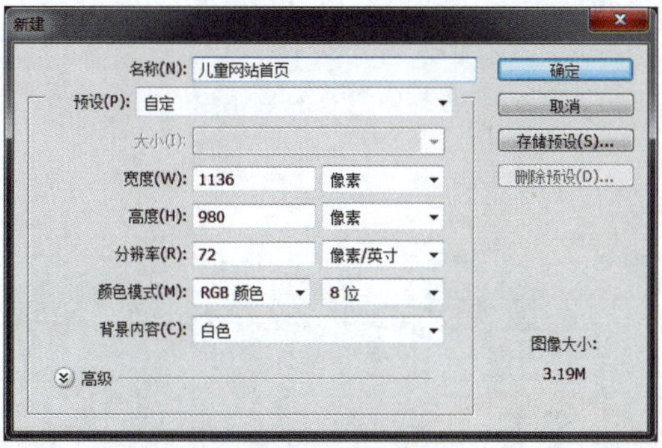

图 4-4-3

图 4-4-4

（2）设计制作导航条

为了突出儿童主题，设计一个铅笔形状的导航条。

步骤 04： 新建一个图层组，命名为“铅笔”。绘制铅笔身。

提问： 为什么要建立图层组？

为了增强文件的可读性，方便后续的页面修改。

由于每个单独的图像都要占一个图层，到最后会有很多的图层，将所有相关图层放在一个图层组，可以方便管理和查找。

方法一：可在最初新建一个图层组，将相关图层置于该图层组内。

方法二：相关图层建立完成后，将其都选中后，按 Ctrl+G 组合键编组。

① 使用“钢笔工具”，在图像窗口中绘制形状图层“形状 1”，编辑效果如图 4-4-5 所示。

技巧指点：可按住 Ctrl+R 组合键，显示出标尺后，在图像窗口添加参考线，再绘制形状。

② 为“形状 1”图层添加“渐变叠加”图层样式，各项参数设置如图 4-4-6 所示。

图 4-4-5

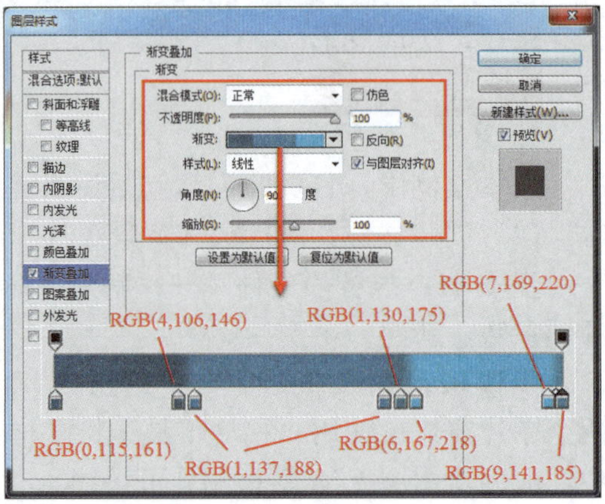

图 4-4-6

③ 为“形状 1”图层添加“投影”图层样式，各项参数设置如图 4-4-7 所示，编辑效果如图 4-4-8 所示。

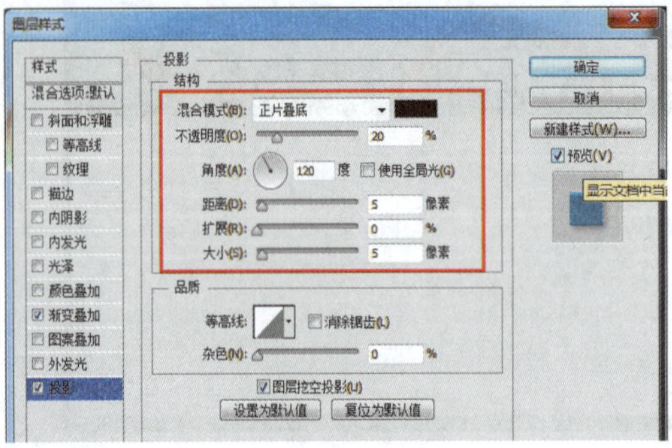

图 4-4-7

图 4-4-8

步骤 05： 绘制铅笔头。

① 使用“钢笔工具”，在铅笔头位置绘制形状图层“形状 2”，为“形状 2”图层添加“渐

变叠加”图层样式，各项参数设置如图 4-4-9 所示。

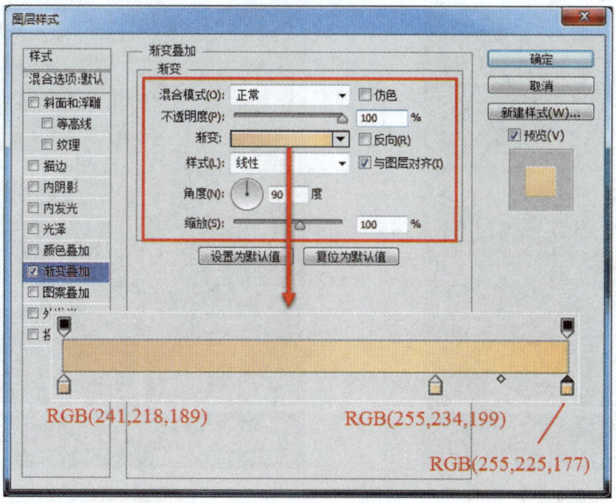

图 4-4-9

② 为“形状 2”图层添加“描边”图层样式，各项参数设置如图 4-4-10 所示，编辑效果如图 4-4-11 所示。

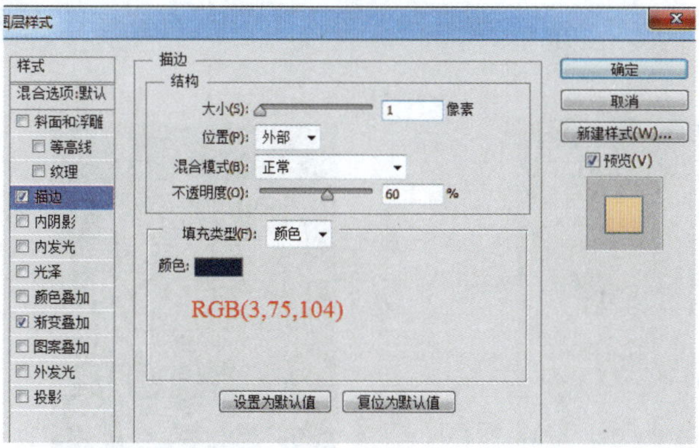

图 4-4-10

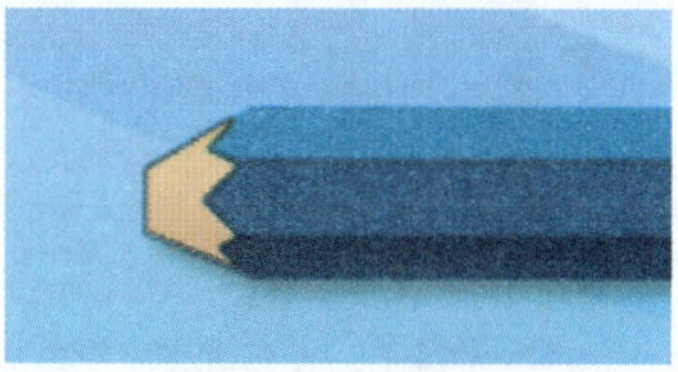

图 4-4-11

步骤 06： 绘制铅笔芯。

① 使用“钢笔工具”，在铅笔芯位置绘制形状图层“形状 3”，填充色为 RGB(59,3,3)。

② 新建一个图层，命名为“笔芯亮处”，使用“画笔工具”，设置“前景色”为白色，选择合适的笔触，在笔芯位置涂抹，并适当降低图层的不透明度，编辑效果如图 4-4-12 所示，图层内容如图 4-4-13 所示。

图 4-4-12

步骤 07： 折叠“铅笔”图层组，使用“横排文字工具”在铅笔上输入文字“首　页　儿歌馆　故事馆　游戏馆　美术馆　亲子馆　健康馆”，并打开“字符”面板进行如

图 4-4-14 所示设置。“首页”文字颜色为 RGB(253,197,61)，其余文字颜色均为白色。

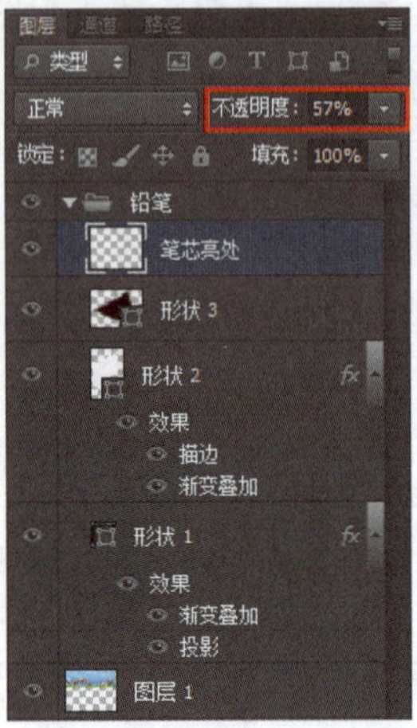

图 4-4-13

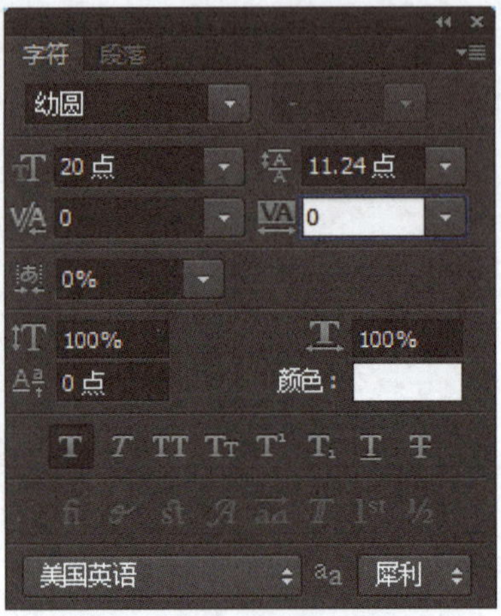

图 4-4-14

步骤 08： 使用“直线工具”，设置“前景色”为 RGB(5,165,224)，在铅笔上绘制短直线形状图层，并将其命名为“间隔线”。为该图层添加“投影”图层样式，各项参数设置如图 4-4-15 所示。将“间隔线”图层复制六份，并移至适当位置。

将从步骤 04 起完成的图层及图层组进行编组，命名为“导航”，图层内容如图 4-4-16 所示，编辑效果如图 4-4-17 所示。

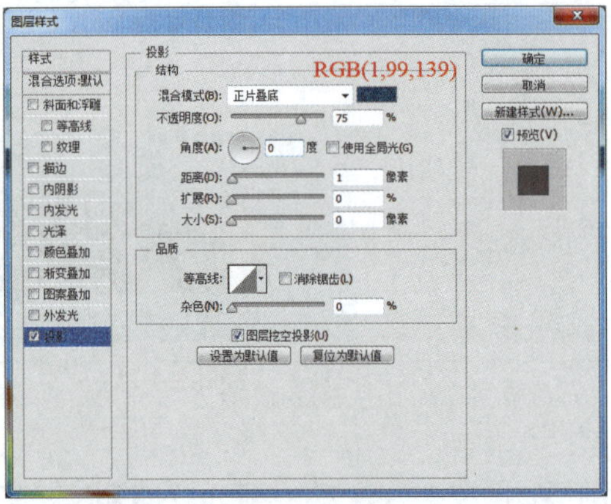

图 4-4-15

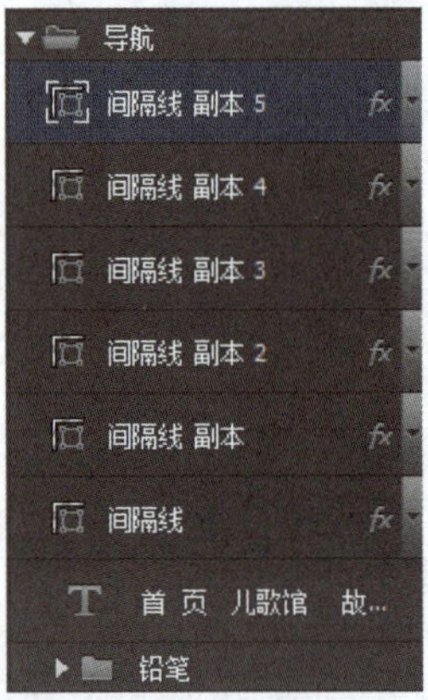

图 4-4-16

图 4-4-17

（3）设计制作 LOGO 标志

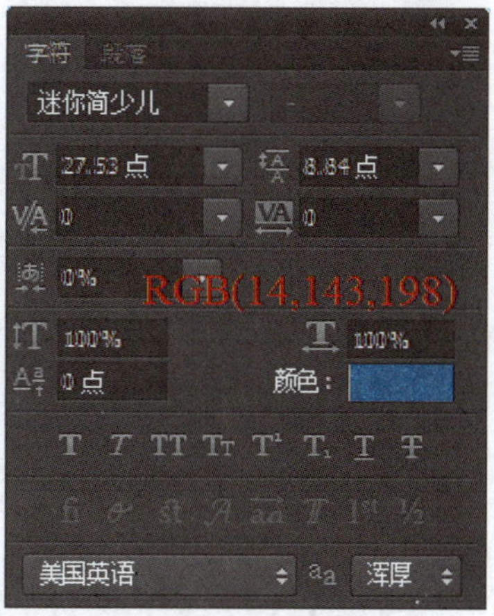

图 4-4-18

步骤 09： 新建一个图层组，命名为“LOGO”。在图层组内，使用“横排文字工具”在铅笔的左侧适当位置输入文字“彩”，并打开“字符”面板进行如图 4-4-18 所示设置。按住 Ctrl+T 组合键，将文字旋转一定角度。

提示： 可以从网上下载字体并应用。

当无法从自带的字体中挑选出满意的结果时，可以在网上搜索并下载个性化字体。下载的字体压缩包，解压并安装好以后，便可以像系统自带字体一样应用自如了。本例中使用的字体是迷你简少儿。

字体安装方法：

WIN XP 操作系统：复制.tff 字体文件，将其粘贴到系统的字体文件夹 C:\Windows\Fonts 就可以了。

WIN7 及以上操作系统：可直接右键单击.tff 字体文件，在快捷菜单中单击“安装”命令即可。

步骤 10： 仿照步骤 09 中输入文字的方法，依次输入文字“虹”“乐”“园”，其文字颜色分别为 RGB(227,15,124)、RGB(237,134,25)、RGB(133,194,41)。编辑效果如图 4-4-19 所示。

步骤 11： 修饰“彩”字。

① 在图层面板（图 4-4-20）中，右键单击“彩”图层，在弹出的快捷菜单中单击“创建工作路径”，将文字转换为路径。隐藏文字图层“彩”。

图 4-4-19

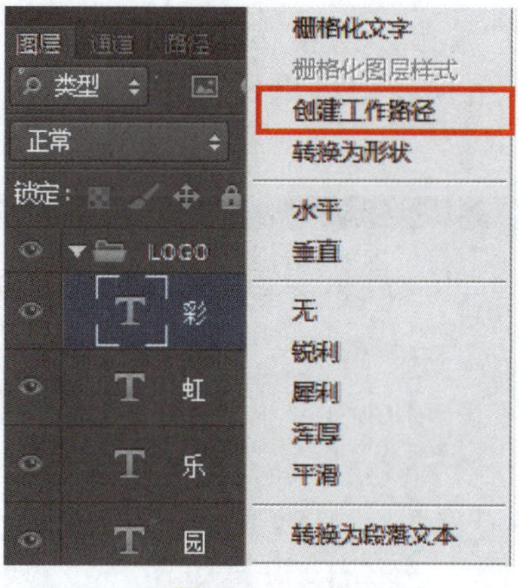

图 4-4-20

② 使用“删除锚点工具”

、“转换点工具”

及“直接选择工具”

修改文字路径，直到满意为止，如图 4-4-21 所示。

③ 在“路径”面板中，双击“工作路径”，将文字路径存储为“彩路径”。单击“路径”面板下方的“将路径作为选区载入”按钮，回到图层面板，新建图层，并将其重命名为“彩2”，设置前景色为“彩”字原来的颜色，按住 Alt+Delete 组合键填充前景色，按 Ctrl+D 组合键取消选区。编辑效果如图 4-4-22 所示。

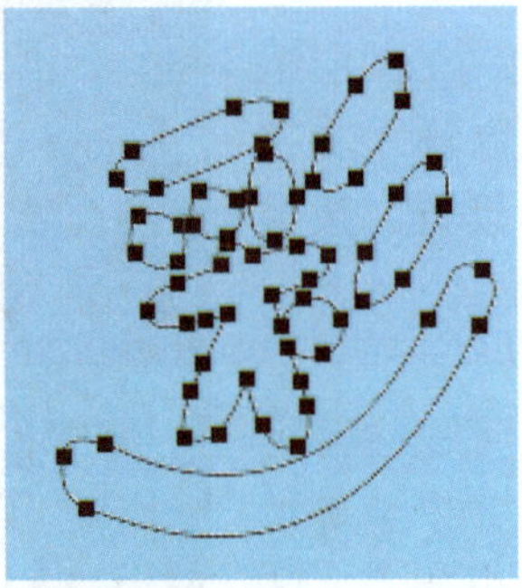

图 4-4-21

图 4-4-22

步骤 12： 仿照步骤 11，修饰“乐”字。路径修改如图 4-4-23 所示，编辑效果如图 4-4-24 所示。

图 4-4-23

图 4-4-24

步骤 13： 同时选中“乐 2”“彩 2”“园”“虹”四个图层，按住 Ctrl+G 组合键将其编组，并命名为“彩虹乐园”。为图层组依次添加“描边”“投影”图层样式，各项参数设置如图 4-4-25 和图 4-4-26 所示，编辑效果如图 4-4-27 所示，图层内容如图 4-4-28 所示。

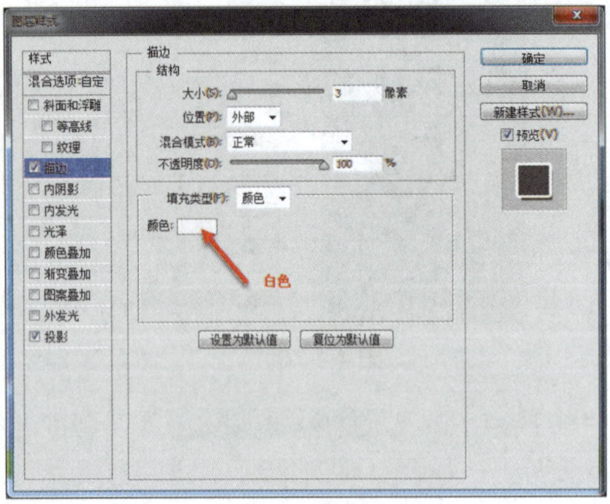

图 4-4-25

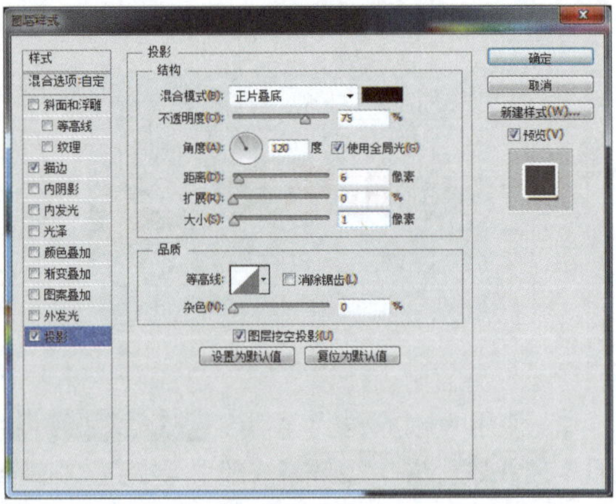

图 4-4-26

步骤 14： 折叠“彩虹乐园”图层组，使用“横排文字工具”在适当位置输入文字“Rainbow Home”，并打开“字符”面板进行如图 4-4-29 所示设置。

图 4-4-27

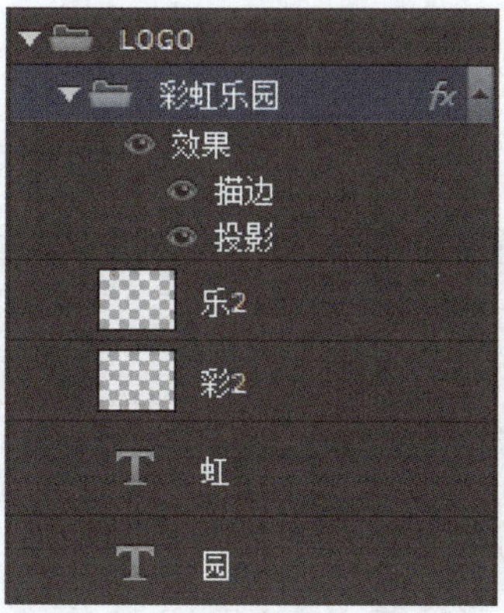

图 4-4-28

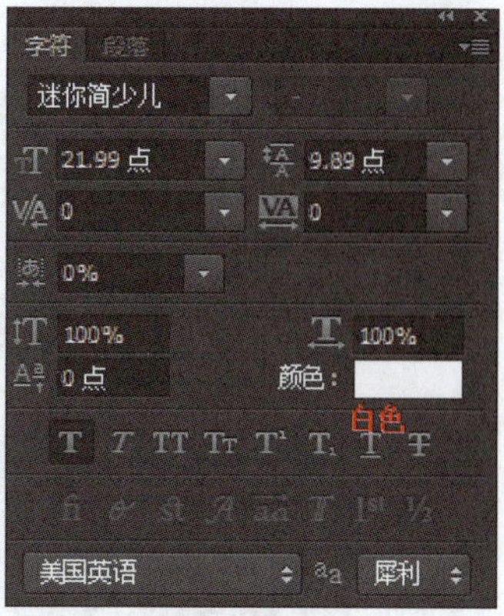

图 4-4-29

步骤 15： 为文字图层依次添加“描边”“投影”图层样式，各项参数设置如图 4-4-30 和图 4-4-31 所示，编辑效果如图 4-4-32 所示，图层内容如图 4-4-33 所示。

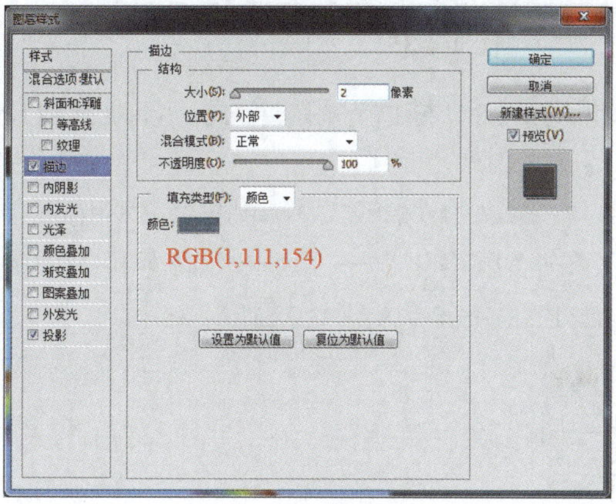

图 4-4-30

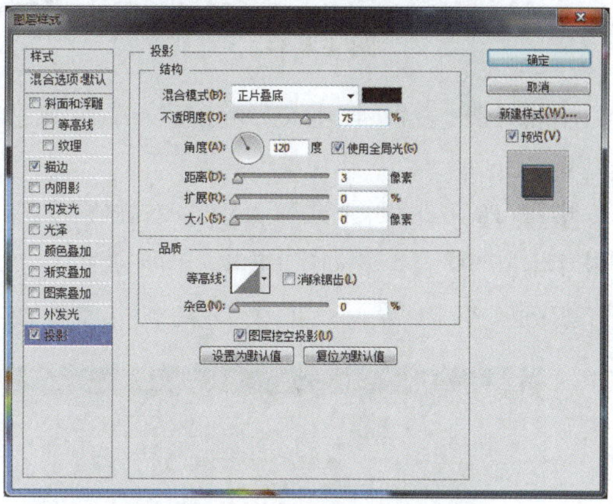

图 4-4-31

图 4-4-32

图 4-4-33

（4）设计制作头部空白区域文字

步骤 16： 折叠“LOGO”图层组，使用“横排文字工具”在适当位置输入文字“一起来边玩边学习！”，并打开“字符”面板进行如图 4-4-34 所示设置。为了使文字表现出由近及远的飞翔效果，适当调整字体大小，左边的文字字号大一点，右边的文字字号依次逐个减小。

步骤 17：选中文字“一起来边玩边学习！”，单击工具属性栏中的“创建文字变形”按钮，在弹出的“变形文字”对话框中选择“旗帜”样式，如图 4-4-35 所示。

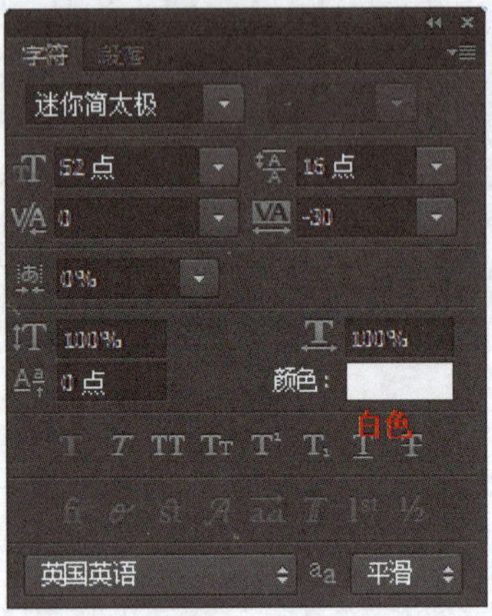

图 4-4-34

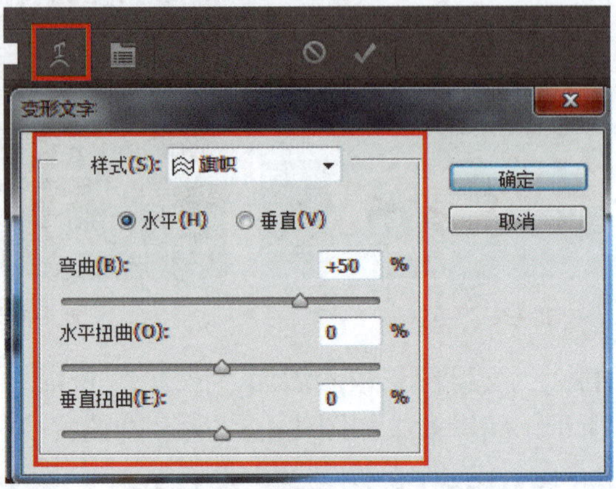

图 4-4-35

步骤 18：复制上述文字图层，并为文字副本图层添加“描边”图层样式，各项参数设置如图 4-4-36 所示。

步骤 19：在“图层”面板中右击原文字图层，在弹出的快捷菜单中单击“栅格化文字”，如图 4-4-37 所示。再如图 4-4-38 所示执行“滤镜”→“风格化”→“风…”命令，各项参数设置如图 4-4-39 所示。如果效果不明显，可按 Ctrl+F 组合键重复上述操作。

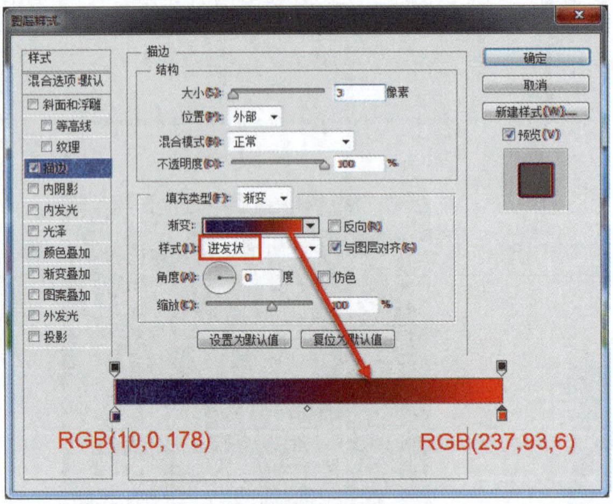

图 4-4-36

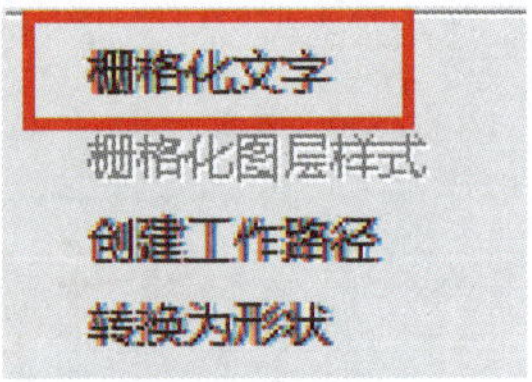

图 4-4-37

步骤 20：同时选中两个文字图层，按 Ctrl+G 组合键进行编组，组名为“头部文字”。选中图层组后，按 Ctrl+T 组合键进行旋转，并使用移动工具将其置于合适位置。为图层组添加“投影”图层样式，各项参数设置如图 4-4-40 所示。将上述步骤 01 至此所完成的所有图层、图层组选中后编组，组名为“头部”，图层内容如图 4-4-41 所示，编辑效果如图 4-4-42 所示。折叠“头部”图层组。

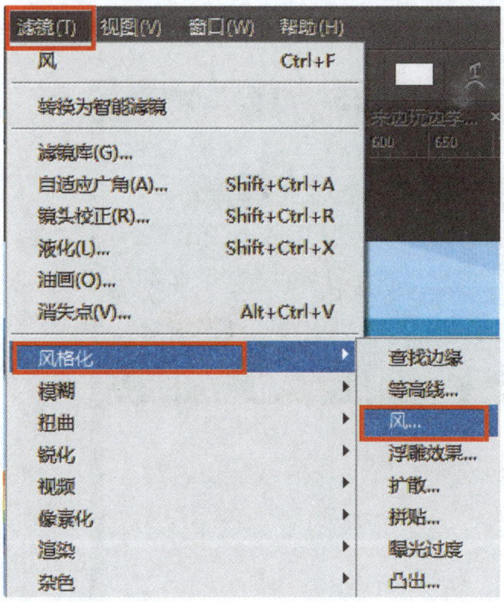

图 4-4-38

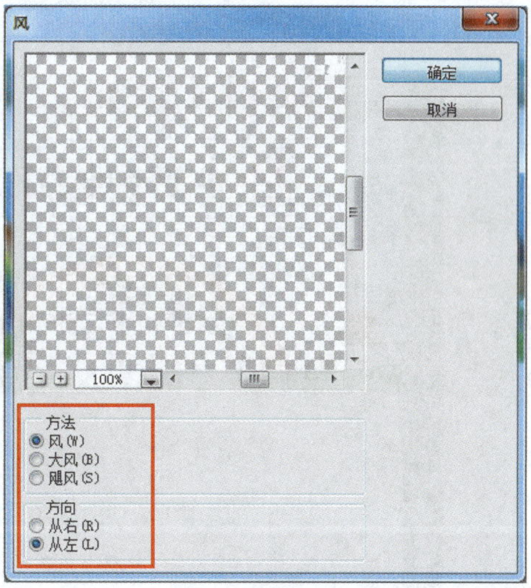

图 4-4-39

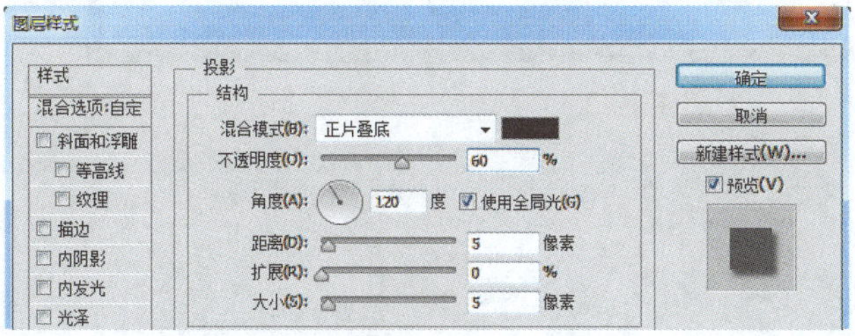

图 4-4-40

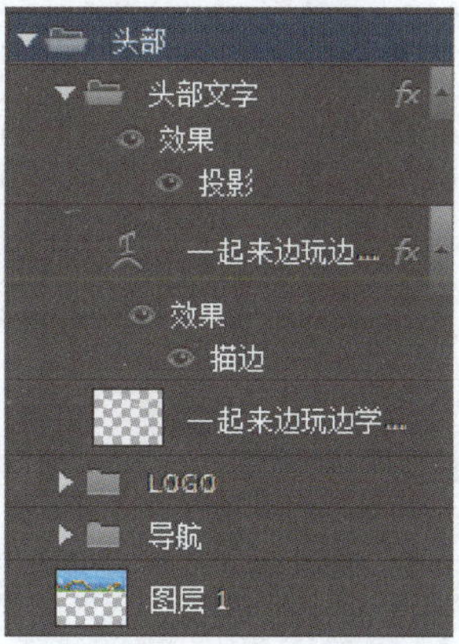

图 4-4-41

图 4-4-42

2. 首页主体的设计

（1）为首页创建参考线

步骤 21： 按 Ctrl+R 组合键显示标尺，并使用移动工具，在图像窗口创建参考线，如图 4-4-43 所示。

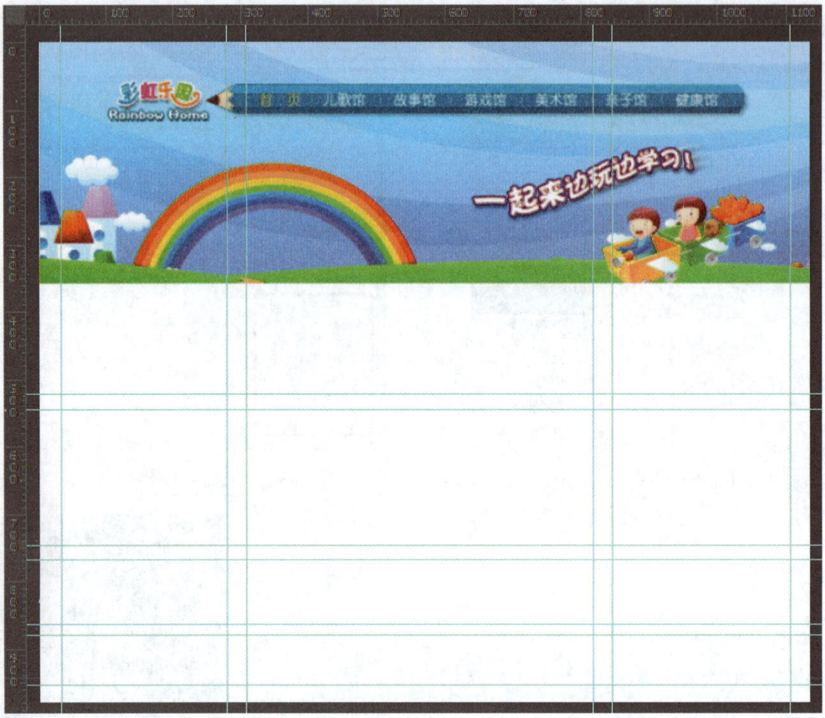

图 4-4-43

提问：为什么要创建参考线？

在设计大型页面（如网页、海报等）的时候，多个对象之间要对齐，但是用手动处理不够精确，此时需要建立参考线来辅助。

创建参考线的方法：

先按 Ctrl+R 组合键显示标尺，然后用鼠标分别从水平标尺、垂直标尺上向图像窗口内拖动，即可建立水平参考线、垂直参考线。

可以使用移动工具来移动参考线。

可以按 Ctrl+H 组合键来显示/隐藏参考线。

当需要删除单根参考线时，使用移动工具将其拖回标尺位置即可。

“视图”菜单中也有“清除参考线”“新建参考线”“锁定参考线”可以使用。

（2）设计制作注册登录界面

步骤 22：使用“圆角矩形工具”，选择工具模式为“形状”，填充色为 RGB(203,228,11)，圆角半径为 20 像素，在适当位置建立一个圆角矩形，将图层命名为“绿底板”。

步骤 23：复制“绿底板”图层，修改填充色为“白色”，并将图层命名为“白底板”。按住 Ctrl+T 组合键，在按住 Alt 键的同时将白色圆角矩形缩小，其编辑效果如图 4-4-44 所示。

步骤 24：使用“横排文字工具”，在适当位置分别输入文字“用户登录”“用户名：”“密码：”，并打开“字符”面板，进行如图 4-4-45 和图 4-4-46 所示设置。

图 4-4-44

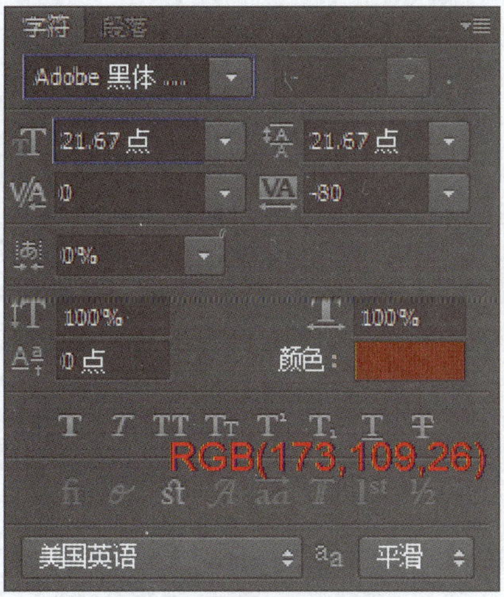

图 4-4-45

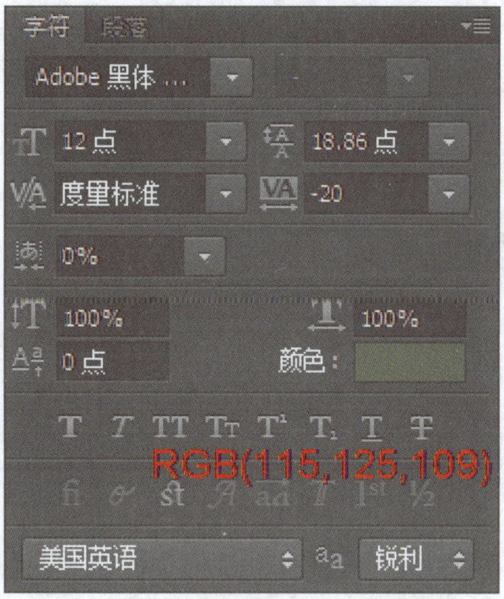

图 4-4-46

步骤 25：使用“矩形工具”，选择工具模式为“形状”，填充色 RGB(248,248,248)，描边色为 RGB(214,214,214)，描边宽度为 1 点。在适当位置建立一个细长矩形，将图层命名为“用户名框”。复制“用户名框”图层，改名为“密码框”，将矩形移至下方，并左对齐。编辑效果如图 4-4-47 所示，图层内容如图 4-4-48 所示。

图 4-4-47

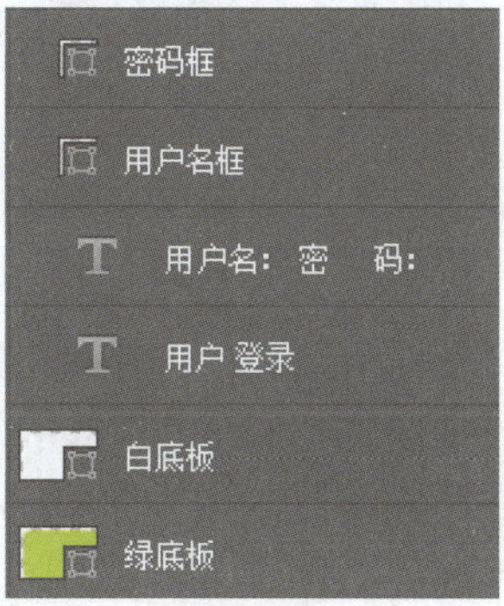

图 4-4-48

步骤 26： 制作登录按钮。

① 使用“椭圆工具”，选择工具模式为“形状”，填充色为白色，无描边，在适当位置绘制一个圆形，将图层命名为“按钮”，并为该图层添加“颜色叠加”“渐变叠加”“斜面和浮雕”“内阴影”“投影”图层样式，各项参数设置如图 4-4-49～图 4-4-53 所示。

图 4-4-49

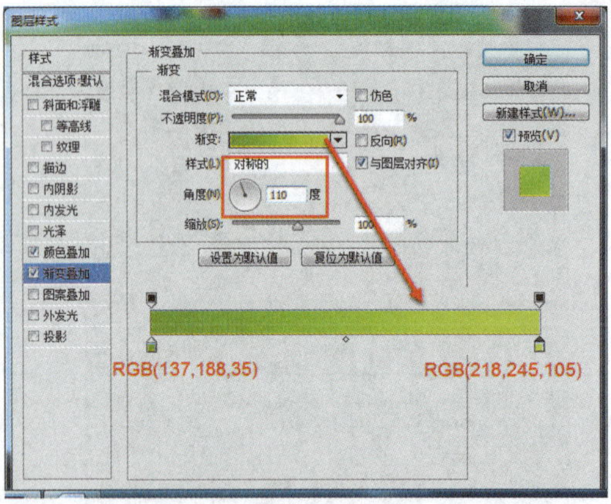

图 4-4-50

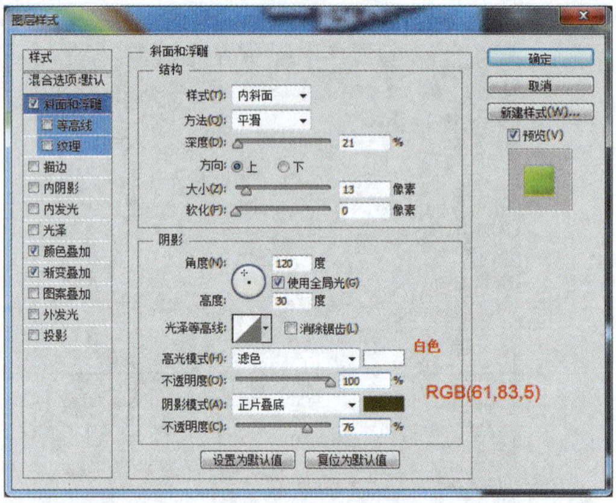

图 4-4-51

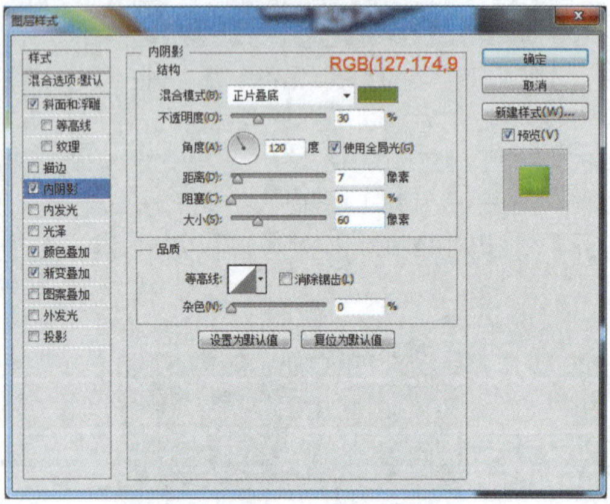

图 4-4-52

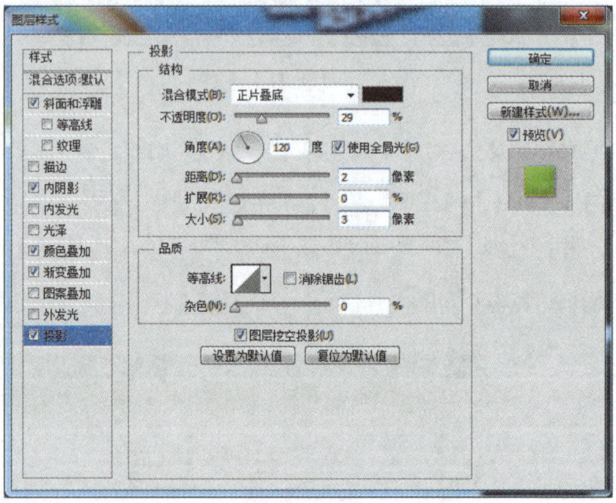

图 4-4-53

② 复制上述“按钮”图层，并重命名为“高光”。在“图层”面板中，右击“高光”图层，选择“清除图层样式”。单击下方“添加图层蒙版”按钮，使用“渐变工具”，选择“白到黑”渐变，在蒙版上自左上向右下建立白到黑的渐变，使得只渐隐显示出左上方的高光部分。调整“高光”图层的不透明度为 34%。

③ 使用“横排文字工具”，在适当位置输入文字“登录”，并打开“字符”面板进行如

图 4-4-54 所示设置。选中建立的三个图层，按 Ctrl+G 组合键进行编组，组名为“登录按钮”，图层内容如图 4-4-55 所示，编辑效果如图 4-4-56 所示。折叠“登录按钮”组。

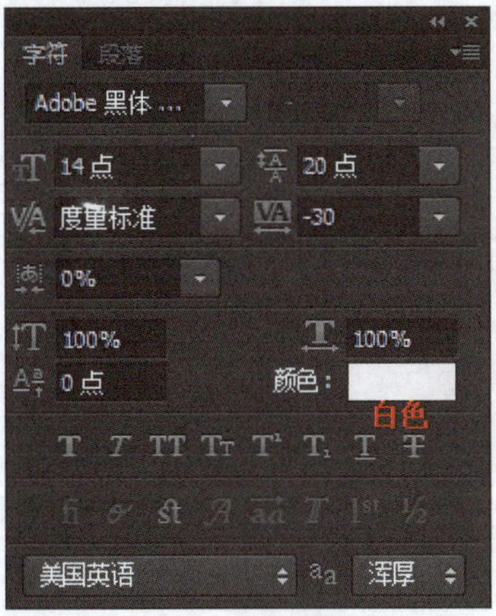

图 4-4-54

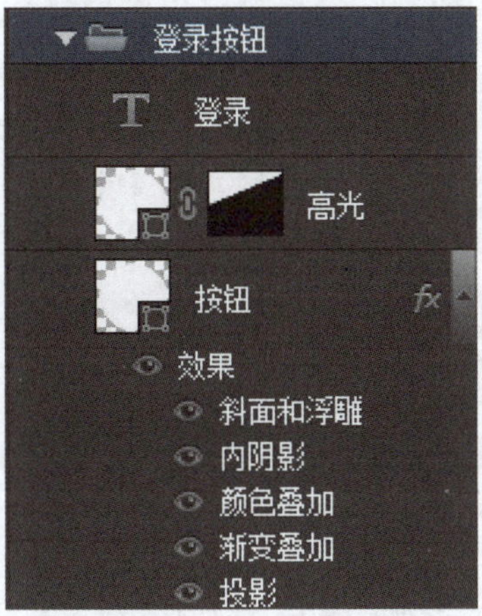

图 4-4-55

图 4-4-56

步骤 27： 制作注册按钮。

① 使用“圆角矩形工具”，选择工具模式为“形状”，填充色为白色，无描边，圆角半径为 10 像素，在适当位置绘制一个圆角矩形，将图层命名为“注册按钮”，并为该图层添加“描边”“渐变叠加”“斜面和浮雕”“投影”图层样式，各项参数设置如图 4-4-57～图 4-4-60 所示。

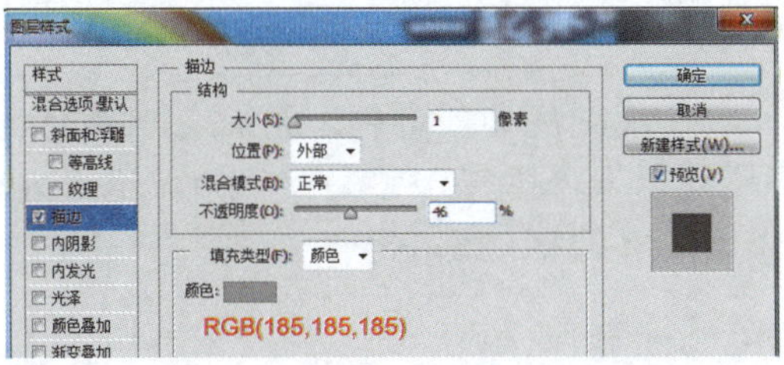

图 4-4-57

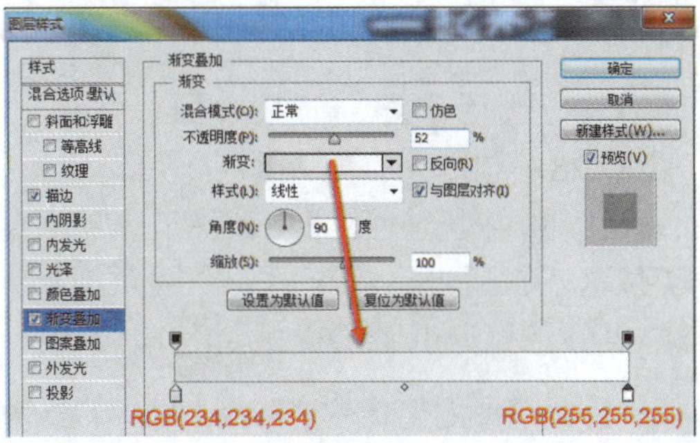

图 4-4-58

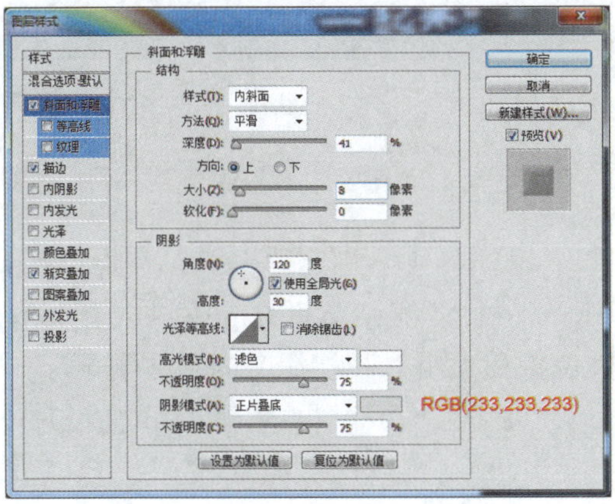

图 4-4-59

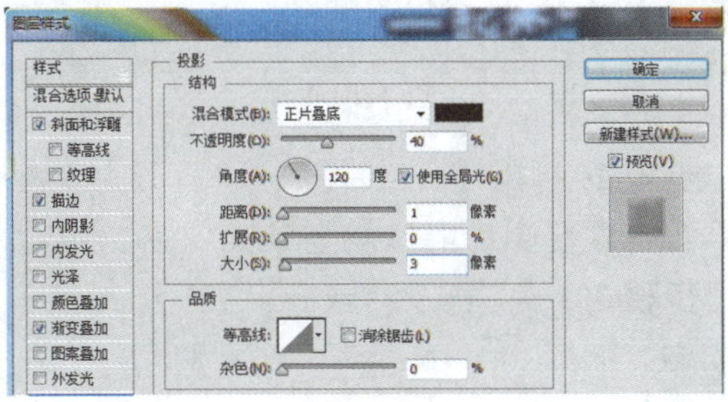

图 4-4-60

② 使用“圆角矩形工具”，选择工具模式为“形状”，填充色为白色，无描边，圆角半径为 10 像素，在适当位置绘制一个等高稍宽的圆角矩形，将图层命名为“忘记密码按钮”。在“图层”面板上右击“注册按钮”图层，选择“拷贝图层样式”，再右击“忘记密码按钮”图层，选择“粘贴图层样式”。

③ 使用“横排文字工具”，在适当位置分别输入文字“注册”“忘记密码”，并打开“字符”面板，进行如图 4-4-61 所示设置。图层内容如图 4-4-62 所示，编辑效果如图 4-4-63 所示。将步骤 22 至此所完成的所有图层、图层组选中后编组，组名为“注册登录界面”。折叠该组。

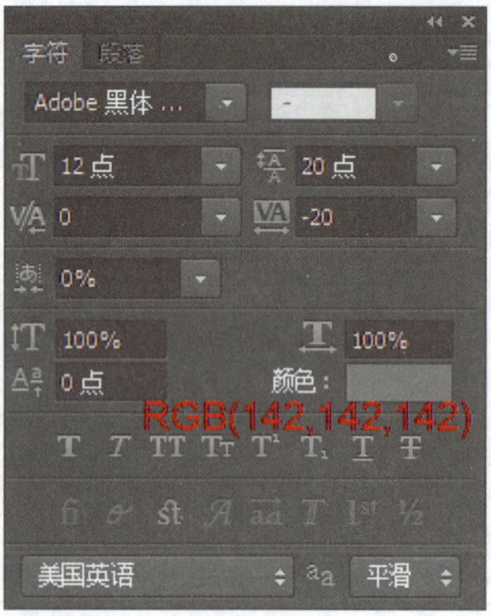

图 4-4-61

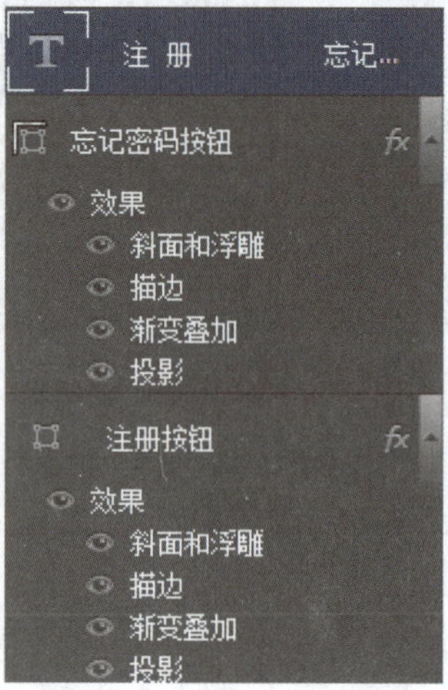

图 4-4-62

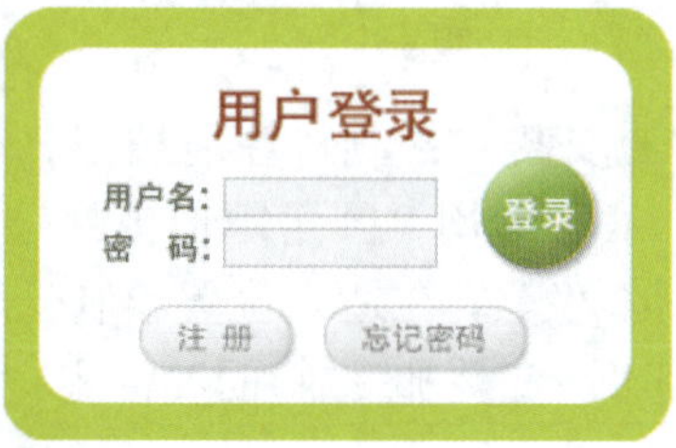

图 4-4-63

（3）设计制作儿歌排行榜界面

步骤 28： 制作排行榜外框。

使用“圆角矩形工具”，选择工具模式为“形状”，填充色为任意色，无描边，圆角半径为 17 像素，在适当位置绘制一个圆角矩形，将图层命名为“排行榜外框”，并为该图层添加“描边”“颜色叠加”图层样式，各项参数设置如图 4-4-64 和图 4-4-65 所示。

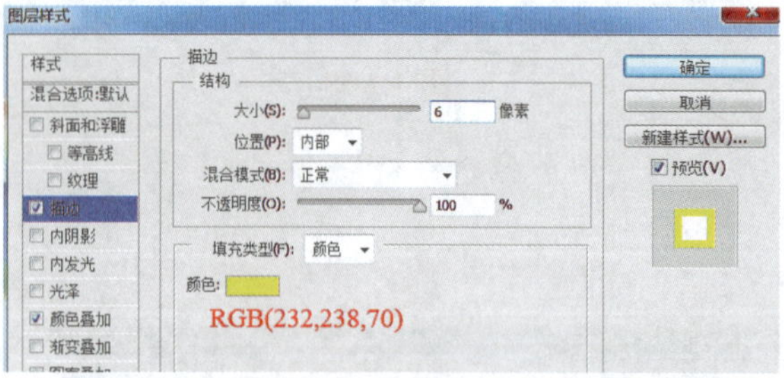

图 4-4-64

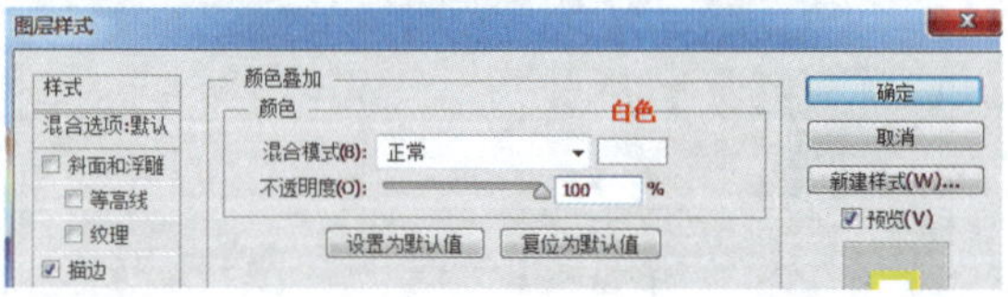

图 4-4-65

步骤 29： 执行“文件”→“打开”命令，打开“素材\04\网站首页\02.jpg”，使用“移动工具”将素材图片拖拉复制到图像窗口中，调整其位置和大小，图层命名为“数鸭子”。

步骤 30： 使用“椭圆工具”，选择工具模式为“形状”，填充色为 RGB(239,157,36)，无描边，在适当位置绘制一个圆形，成为“椭圆”图层。将该图层复制两次，并适当调整其位置。

步骤 31： 使用“横排文字工具”在适当位置输入文字并进行格式设置，各项参数如图 4-4-66～图 4-4-69 所示，编辑效果如图 4-4-70 所示，图层内容如图 4-4-71 所示。

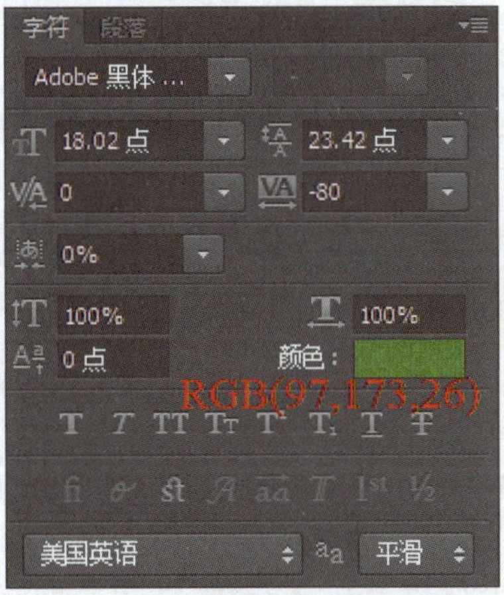

图 4-4-66

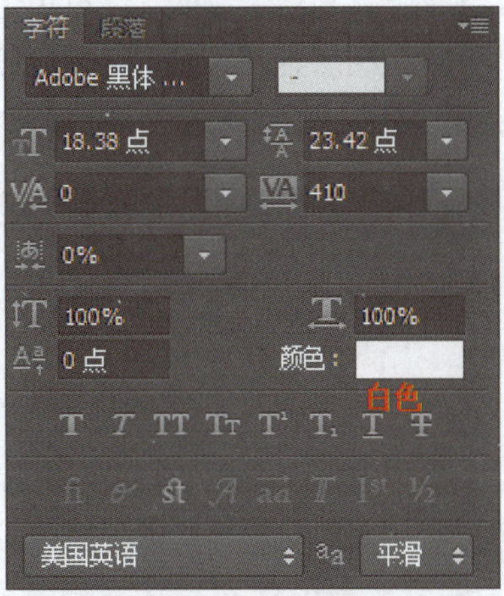

图 4-4-67

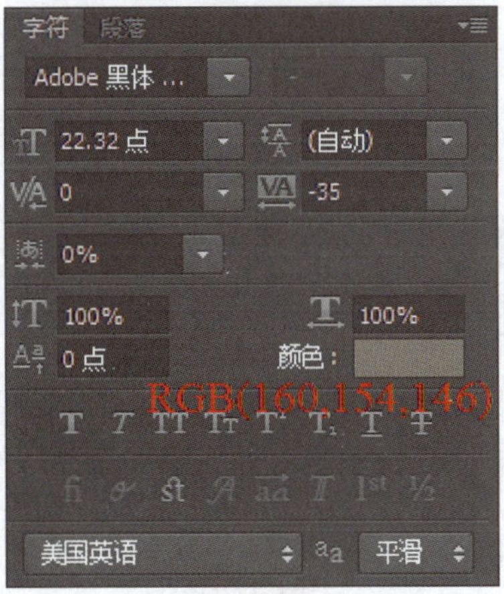

图 4-4-68

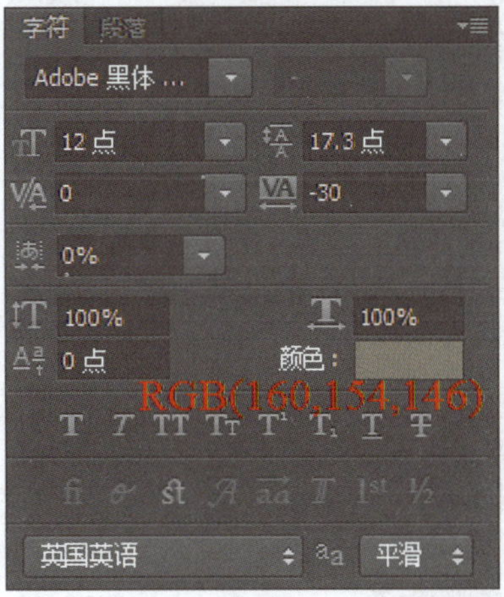

图 4-4-69

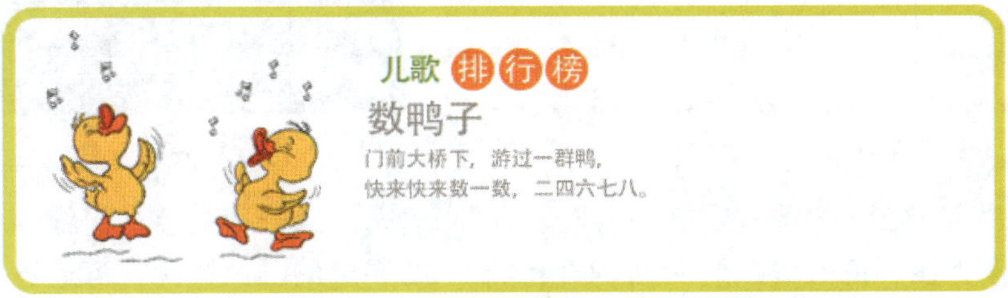

图 4-4-70

图 4-4-71

步骤 32： 制作播放按钮。

① 使用“圆角矩形工具”，选择工具模式为“形状”，填充色为任意色，无描边，圆角半径为 10 像素，在适当位置绘制一个圆角矩形，将图层命名为“播放按钮”，并为该图层添加“颜色叠加”“内阴影”图层样式，各项参数设置如图 4-4-72 和图 4-4-73 所示。

图 4-4-72

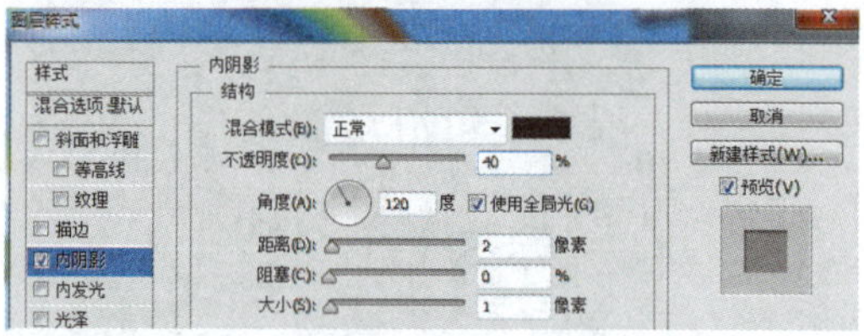

图 4-4-73

② 使用“横排文字工具”，在适当位置输入文字“点击播放”，并打开“字符”面板，进行如图 4-4-74 所示设置。为该文字图层添加“投影”图层样式，各项参数设置如图 4-4-75 所示，编辑效果如图 4-4-76 所示，图层内容如图 4-4-77 所示。将步骤 29 至此创建的所有图层进行编组，组名为“01”。折叠该图层组。

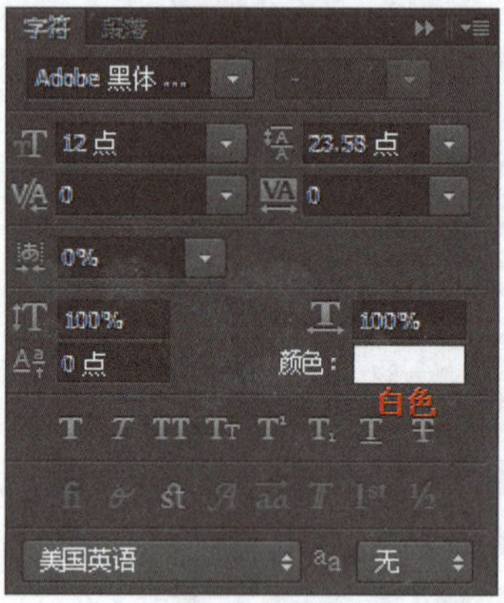

图 4-4-74

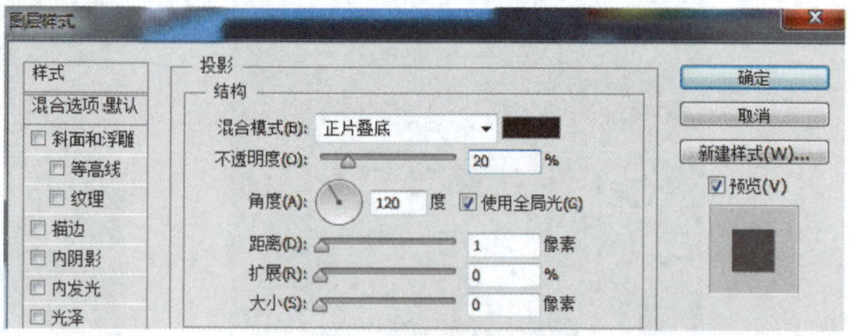

图 4-4-75

图 4-4-76

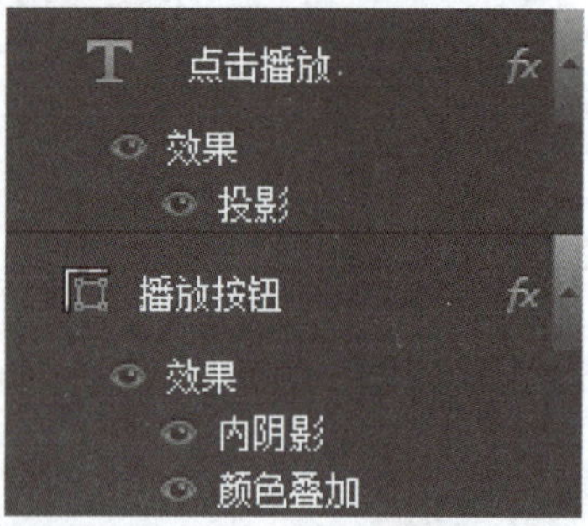

图 4-4-77

步骤 33： 使用“直线工具”，选择工具模式为“形状”，填充任意一种灰色，粗细为 1 像素，在适当位置绘制一根竖线，将形状图层命名为“竖线”。如果选的颜色过深，可通过调整图层不透明度来控制颜色的深浅，直到满意为止。

步骤 34： 使用“椭圆工具”，选择工具模式为“形状”，填充色为 RGB(255,211,33)，无描边，在适当位置绘制一个圆形，命名为“椭圆黄”图层。

步骤 35： 使用“横排文字工具”，在适当位置输入文字“02”并进行格式设置，各项参数如图 4-4-78 所示。使用“竖排文字工具”，在适当位置输入文字“小兔子乖乖”并进行格式设置，各项参数如图 4-4-79 所示。将步骤 33 至此创建的所有图层进行编组，组名为“02”。折叠该图层组。

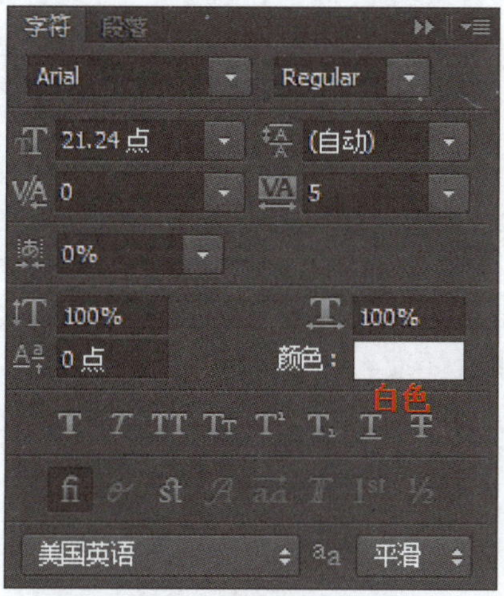

图 4-4-78

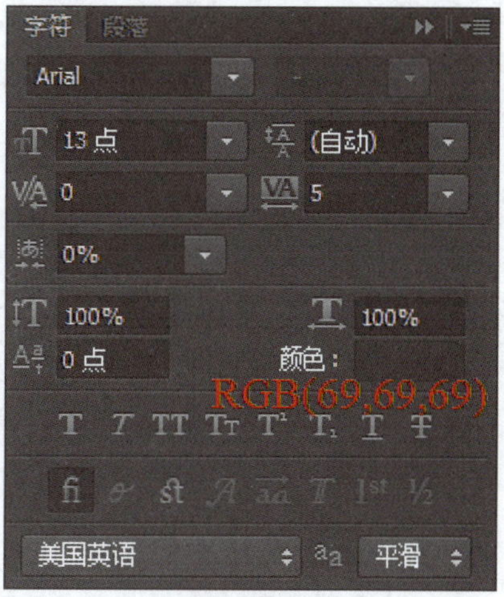

图 4-4-79

步骤 36： 将图层组“02”复制两遍，分别重命名为“03”“04”，适当修改其中圆的颜色和文字内容，编辑效果如图 4-4-80 所示。将步骤 28 至此创建的所有图层、图层组进行编组，组名为“儿歌排行榜界面”，图层内容如图 4-4-81 所示。折叠该图层组。

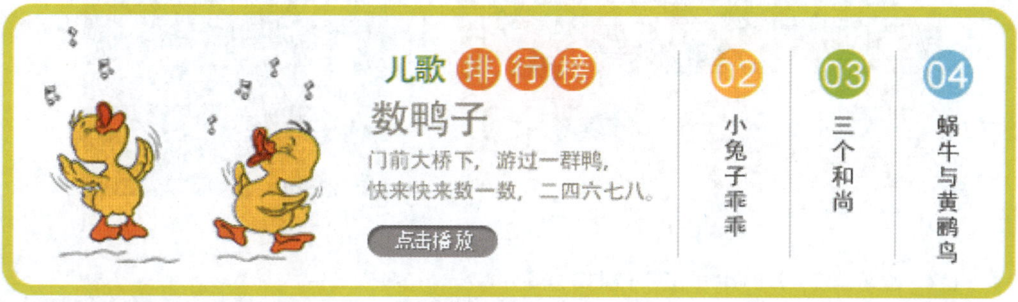

图 4-4-80

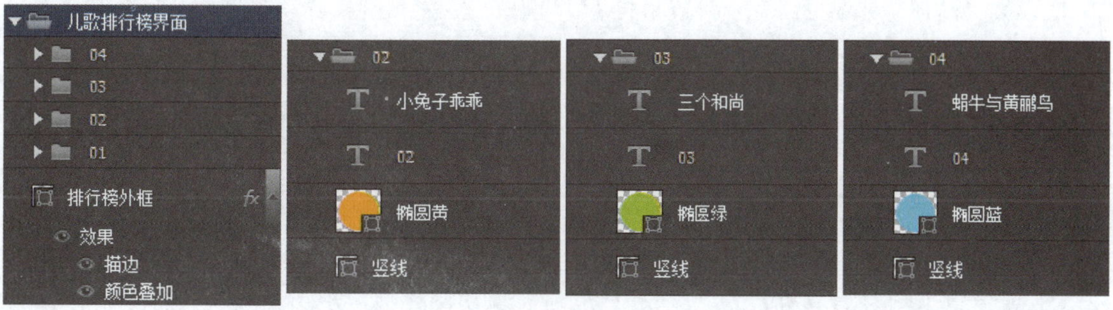

图 4-4-81

（4）设计制作游戏进入界面

步骤 37： 新建一个图层组，命名为“游戏进入界面”。使用“圆角矩形工具”，选择工具模式为“形状”，填充色为 RGB(255,231,90)，无描边，圆角半径为 20 像素，在适当位置绘制一个圆角矩形，将图层命名为“黄底板”。

步骤 38： 复制“黄底板”图层，重命名为“白虚线”，按 Ctrl+T 组合键将其缩小，修改其工具属性为无填充，描边白色，描边宽度为 2 点，描边类型为长虚线。

步骤 39： 执行“文件”→“打开”命令，打开“素材\04\网站首页\03.jpg”，使用“魔棒工具”选取四周白色区域，再执行“选择”→“反向”命令，使得仅选取小鱼部分。使用“移动工具”，将选取部分拖拉复制到图像窗口中，调整其位置和大小，图层命名为“鱼”。

步骤 40： 使用“圆角矩形工具”绘制两个不同颜色的圆角矩形，并在其上方输入白色文字。

步骤 41： 将“注册登录界面”中的“忘记密码按钮”图层及文字图层复制并移入“游戏进入界面”图层组内，适当调整大小、修改文字即可。编辑效果如图 4-4-82 所示，图层内容如图 4-4-83 所示。折叠“游戏进入界面”图层组。

图 4-4-82

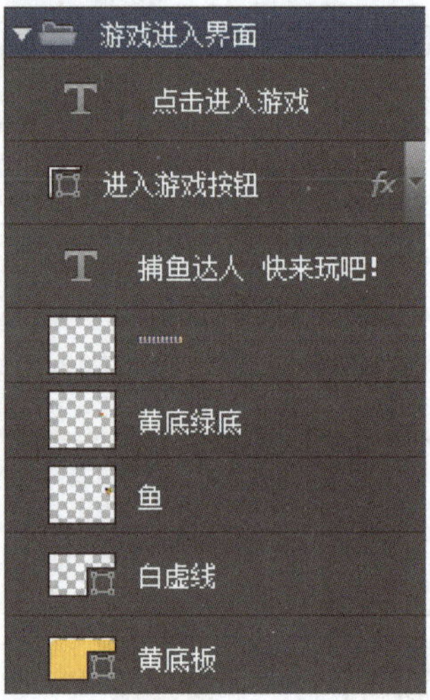

图 4-4-83

（5）总结首页中各类边框的设计制作

本案例中，几乎所有的边框都可以用“下层大圆角矩形、上层小圆角矩形”的方法来制作完成，如“注册登录界面”“最新故事推荐”“儿童之家”“家长互动”“健康课堂”“音乐启蒙”等。

其中，“注册登录界面”“最新故事推荐”“音乐启蒙”的下层大圆角矩形都是纯色填充的，这种制作方法比较简单，并且步骤 22、23 中详细介绍了，这里就不再赘述了。

另外，“家长互动”“健康课堂”的边框制作中，为下层大圆角矩形做了渐变叠加和加亮的效果，让边框呈现出立体的效果。现以“家长互动”为例，制作一个有立体效果的边框。

步骤 42： 制作有立体效果的边框。

① 新建一个图层组，命名为“家长互动界面”。使用“圆角矩形工具”，选择工具模式为“形状”，填充色任意，无描边，圆角半径为 12 像素，在适当位置绘制一个圆角矩形，将图层

命名为“绿底板”。为该图层添加“渐变叠加”图层样式，各项参数设置如图 4-4-84 所示。

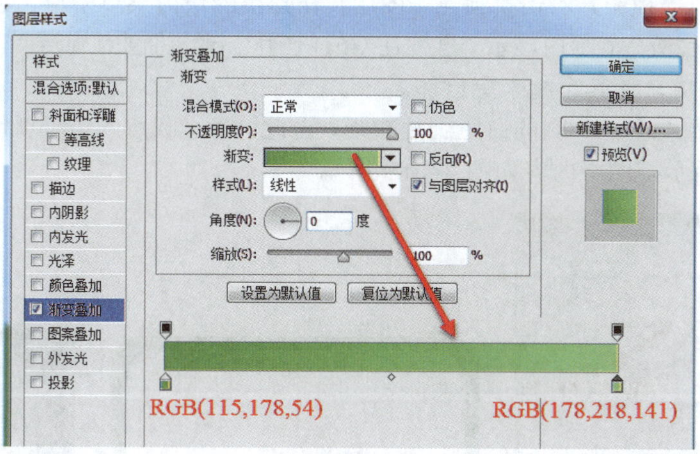

图 4-4-84

② 复制上述“绿底板”图层，并重命名为“高光”。在“图层”面板中，右击“高光”图层，选择“清除图层样式”，并将形状填充为白色。单击下方“添加图层蒙版”按钮，使用“渐变工具”，选择“白到黑”渐变，在蒙版上自左上向右下建立白到黑的渐变，使得只渐隐显示出左上方的高光部分。调整“高光”图层的不透明度为 80%。按 Ctrl+T 组合键，将调光形状稍稍变小，并往右下方微调位置，使其显示出立体的效果。

③ 使用“圆角矩形工具”，选择工具模式为“形状”，填充色白色，无描边，圆角半径为 12 像素，在上方绘制一个小一点的圆角矩形，将图层命名为“白底板”。编辑效果如图 4-4-85 所示，图层内容如图 4-4-86 所示。

图 4-4-85

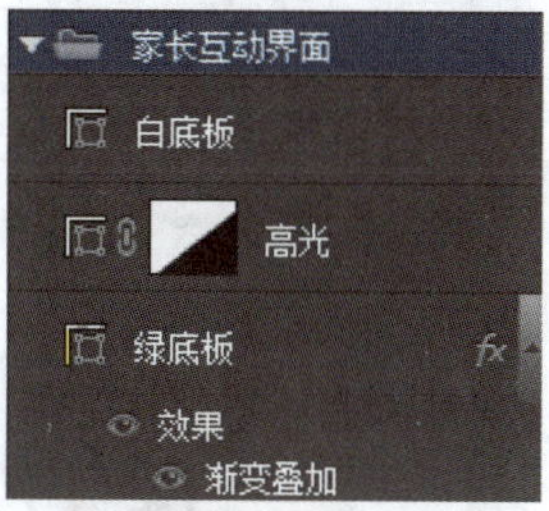

图 4-4-86

还有一种如“儿童之家”的边框，由于加了小圆点，样式更可爱。

步骤 43： 制作带小圆点的边框。

① 新建一个图层组，命名为“儿童之家界面”。使用“圆角矩形工具”，选择工具模式为“形状”，填充色为 RGB(125,196,38)，无描边，圆角半径为 20 像素，在适当位置绘制一个圆角矩形，将图层命名为“绿底板”。

② 新建一个 12 像素×12 像素的透明背景的图像文件，在其中心绘制一个 5 像素×5 像素白色圆点。执行“编辑”→“定义图案”，将其定义为“图案 1”。

③ 回到首页图像窗口，在“绿底板”上方新建一个图层，命名为“圆点”。执行“编辑”→“填充”命令，在弹出的对话框中进行如图 4-4-87 所示设置，即可将“圆点”图层填

充满小圆点。

④ 在“图层”面板中，右击“圆点”图层，在弹出的快捷菜单中单击“创建剪贴蒙版”，即可控制只在“绿底板”范围内显示。再按住 Ctrl+T 组合键，将圆点旋转 45°，还可降低“圆点”图层的不透明度，使其看起来更自然。

⑤ 在上方绘制一个小一圈的白色圆角矩形，至此，带小圆点的边框就制作完成了，编辑效果如图 4-4-88 所示，图层内容如图 4-4-89 所示。

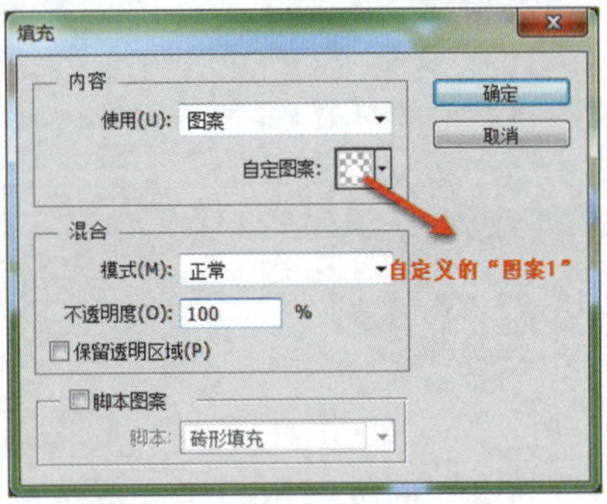

图 4-4-87

图 4-4-88

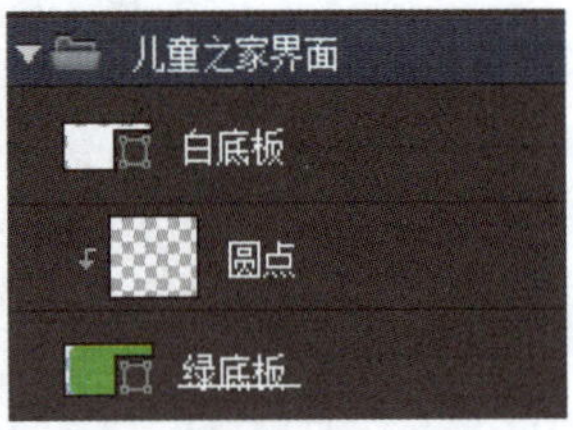

图 4-4-89

在已绘制好的边框内部插入图片时，为了防止图片出界，可以通过创建剪贴蒙版来轻松解决问题。

步骤 44： 在圆点边框内插入图片。

① 执行“文件”→“打开”命令，打开“素材\04\网站首页\04.jpg”，使用“移动工具”将素材拖拉复制到图像窗口中，图层命名为“坐凳儿童”。

② 在“图层”面板中，右击“坐凳儿童”图层，在弹出的快捷菜单中单击“创建剪贴蒙版”，即可控制只在边框内显示插入图片。再按住 Ctrl+T 组合键，调整图片大小即可。编辑效果如图 4-4-90 所示，图层内容如图 4-4-91 所示。折叠“儿童之家界面”图层组。

图 4-4-90

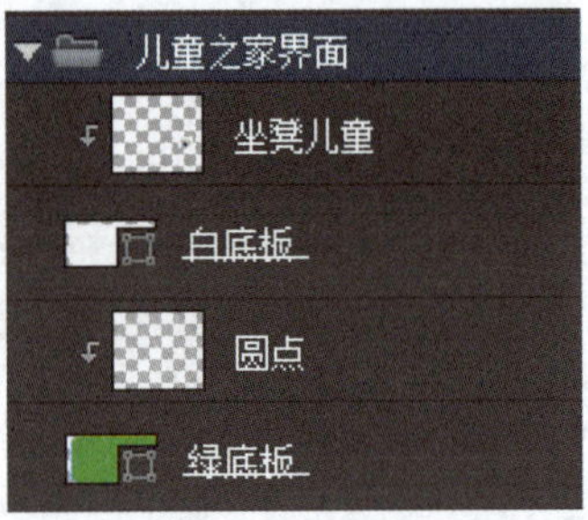

图 4-4-91

当需要制作的边框比较细时，可以用描边来实现，如“儿歌排行榜界面”中的黄色边框，只需设置描边颜色、描边类型和宽度即可，这是最方便的方法。

（6）设计制作选项卡

在主体部分的正中间，是选项卡浏览的效果，可以在同一块区域实现切换并浏览多项内容，既简洁大方，又可丰富网页的容量。这里共有三个标签：“快乐学英语”“拼音与识字”“宝贝爱创作”。接下来介绍选项卡的制作方法。

步骤 45： 新建一个图层组，命名为“选项卡”。使用“圆角矩形工具”，选择工具模式为“形状”，无填充色，描边色为 RGB(156,202,0)，描边宽度为 2 像素，圆角半径为 13 像素，在适当位置绘制一个圆角矩形，将图层命名为“绿标签头”。

步骤 46： 使用“直线工具”，选择工具模式为“形状”，无填充色，描边色为 RGB(156,202,0)，线条粗细为 2 像素，在适当位置绘制一条直线，将图层命名为“绿标签线”。

步骤 47： 使用“矩形选框工具”，框选出圆角矩形下方不要显示的部分，执行“图层”→“图层蒙版”→“隐藏选区”，即可完成第一个选项卡的制作。编辑效果如图 4-4-92 所示，图层内容如图 4-4-93 所示。

图 4-4-92

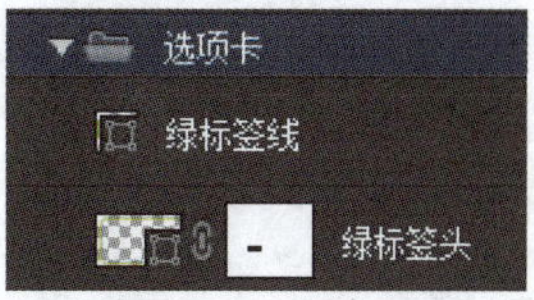

图 4-4-93

步骤 48： 使用“圆角矩形工具”，选择工具模式为“形状”，填充色为白色，无描边，圆角半径为 13 像素，在适当位置绘制一个圆角矩形，将图层命名为“灰标”。同样，使用“矩形选框工具”，框选出圆角矩形下方不要显示的部分，执行“图层”→“图层蒙版”→“隐藏选区”。

步骤 49： 将“灰标”图层移至“绿标签头”图层下方，并为其添加“斜面和浮雕”“描边”图层样式，各项参数设置如图 4-4-94 和图 4-4-95 所示。

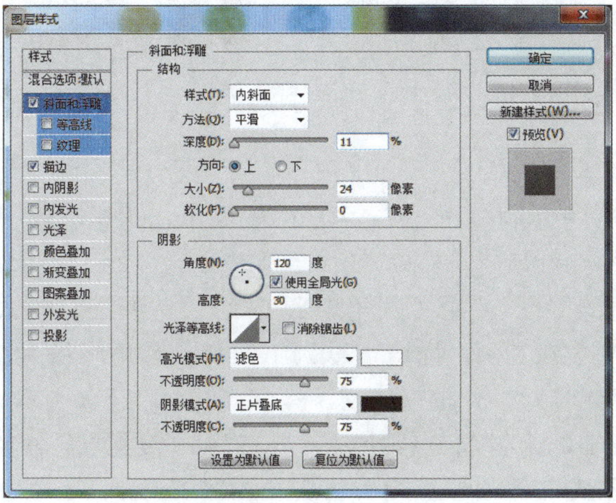

图 4-4-94

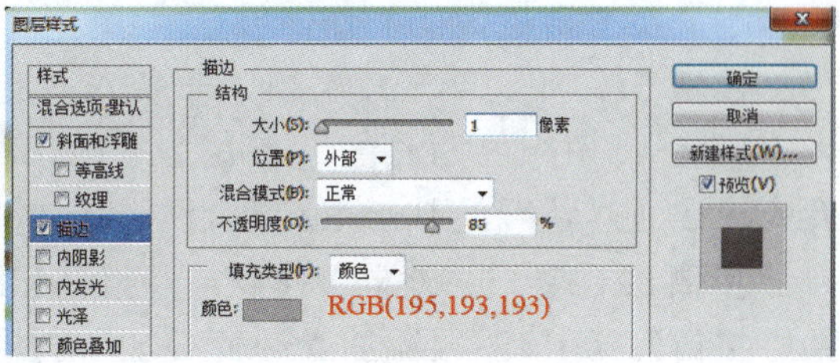

图 4-4-95

步骤 50： 复制“灰标”图层并移至原图层下方，命名为“灰标 2”，使用“移动工具”向右移动调整其位置。编辑效果如图 4-4-96 所示，图层内容如图 4-4-97 所示。

到此，首页主体部分的制作基本完成，其他的只需插入图片、输入文字及进行一些简单的操作便可完成，具体的编辑效果如图 4-4-98 所示。

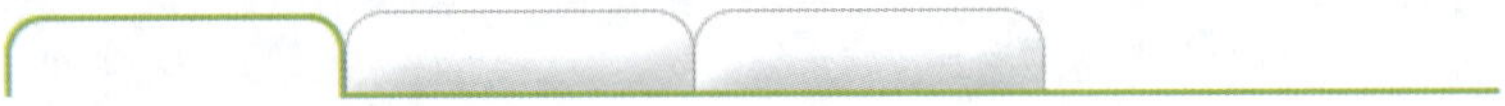

图 4-4-96

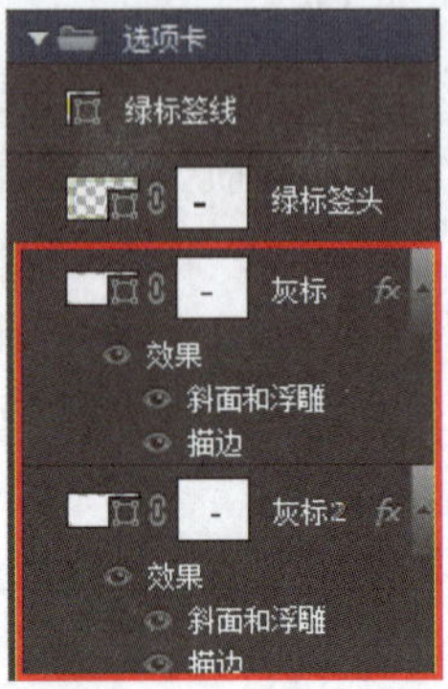

图 4-4-97

图 4-4-98

3. 首页版底的设计

使用类似的方法制作首页的版底，底层的灰色圆角矩形及文字都比较简单，这里简单介绍一下“友情链接”的制作。

步骤 51： 新建一个图层组，命名为“友情链接”。使用“圆角矩形工具”，选择工具模式为“形状”，填充色为白色，描边色为 RGB(220,220,220)，描边宽度为 1 像素，圆角半径为 2 像素，在适当位置绘制一个圆角矩形，将图层命名为“外框”。

步骤 52： 复制“外框”图层，并按住 Ctrl+T 组合键将其缩小，置于右侧，将图层重命名为“按钮”。为该图层添加“渐变叠加”图层样式，各项参数设置如图 4-4-99 所示。

步骤 53： 使用“自定义形状工具”，选择工具模式为“形状”，填充色为 RGB(87,87,87)，无描边色，形状为“箭头 2”，在按钮上方绘制箭头，并将其旋转 90°，将图层命名为“箭头”。

步骤 54： 输入文字“友情链接”并设置格式。图层内容如图 4-4-100 所示，整个版底的编辑效果如图 4-4-101 所示。

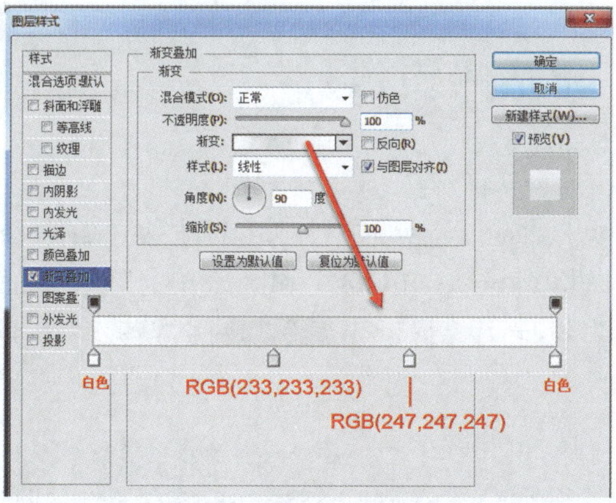

图 4-4-99

图 4-4-100

图 4-4-101

至此，整个首页制作完成，最终编辑效果如图 4-4-1 所示。

拓展任务　设计高端华丽的房地产网站首页

要求设计一款房地产网站的首页，使用独特的、富有个性的界面布局，页面的中下方横向放置导航菜单，上半部分为大幅的宣传图片，下半部分为企业的区域位置、项目动态及样板更新，并且将网站的 LOGO 和项目模型放置在页面的右侧，色彩上搭配不同明度和纯度的棕色，彰显出高端、华丽的恢宏气势，具体效果如图 4-4-102 所示。

图 4-4-102

任务5 网站内页设计

【任务要求】

本案例为与儿童网站首页相关联的内页，对应于首页中“故事馆”栏目中的“益智故事”，如图 4-5-1 所示。其保持着与首页统一的风格，导航、LOGO 和版底信息统一，而在布局上做了一些变化，在内容上围绕“益智故事”设计了“最近更新”“热门推荐”“本类所有”三个栏目。

图 4-5-1

【布局设计】

这款页面采用拐角形布局方式，页面的头部包括导航和 LOGO，最下面是版底信息。中间部分左侧是菜单，右侧是主体部分。主体部分的内容比较丰富，采用滚动图片与表格的形式表现，如图 4-5-2 所示。

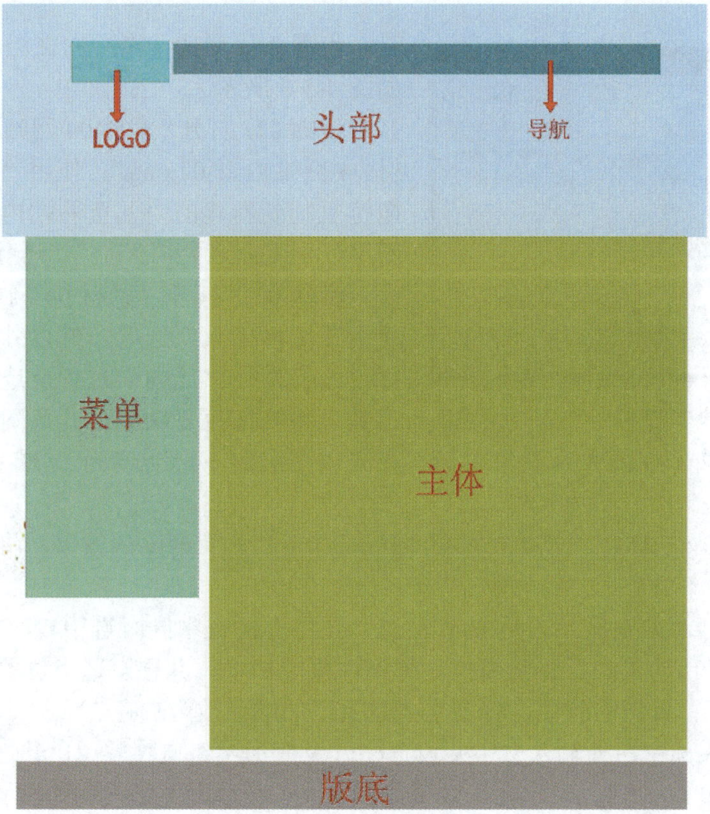

图 4-5-2

【设计理念】

① 在色彩搭配上，继续以蓝色为主色调，点缀绿色、黄色，保持与首页风格一致，给人一种轻松、明亮又充满活力的感觉。

② 设计元素使用了书签式的菜单栏、带边框的图片及表格等，搭配可爱的卡通图片，内容清晰、层次分明，贴近儿童纯真的心灵，更贴合家长对年幼子女的关爱。

③ 使用多种字体进行组合，头部多处使用变形文字，提高画面的设计感。

【工具使用】

① 使用“路径操作”中的“减去顶层形状”来修改原有的形状。

② 使用自定义图案、填充图案制作出菜单底板的多彩底纹。

③ 应用“渐变叠加”“描边”“投影”等多种图层样式，为图层添加效果。

④ 使用“图层蒙版”结合“渐变工具”，设计出渐隐效果；创建剪贴蒙版，控制图片的精确定位。

⑤ 结合“直线工具”“矩形工具”实现表格的绘制，让文字分门别类。

【操作步骤】

1. 内页头部的设计

在本案例中，内页的头部跟首页的非常相似，也是包括头部背景图片、导航、LOGO、头部空白区域的文字。其中，导航和 LOGO 是直接从首页中复制过来的，其余的稍做变动即可。

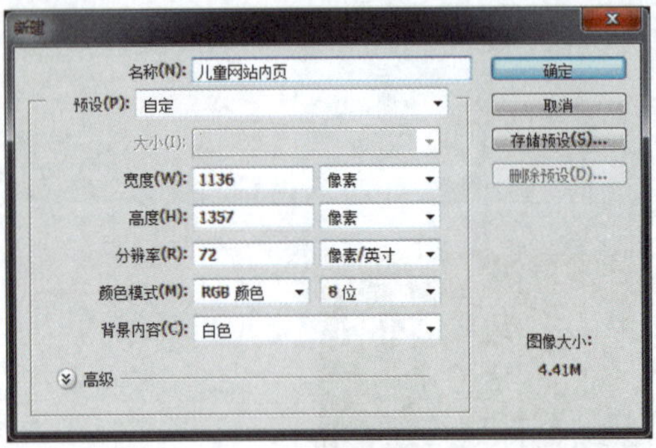

图 4-5-3

步骤 01：新建一个空白文档，设置各项参数，如图 4-5-3 所示。

步骤 02：打开“素材\04\网站内页\01.png”“素材\04\网站内页\02.png”，使用“移动工具”将其拖拉复制到新建的“儿童网站内页”文档中，将图层分别重命名为“天空”“儿童”。

步骤 03：打开“素材\04\网站内页\03.jpg”，使用“魔棒工具”选取彩虹以外的所有蓝天，执行“选择”→“反向”进行反选，再使用“移动工具”将其拖拉复制到“儿童网站内页”中，命名为“彩虹”。调整彩虹的大小及位置后，降低该图层的不透明度为 24%，再为其添加“图层蒙版”，

使用硬度为 0%的黑色画笔涂抹彩虹的两端，使其具有渐隐的效果。将“彩虹”图层移至“儿童”图层的下方。

步骤 04：打开“儿童网站首页.psd”，在“图层”面板中同时选中“LOGO”“导航”两个图层组，使用“移动工具”将其拖拉复制到内页文档中，并移至适当位置。将文字“故事馆”的颜色改为“首页”的颜色，将文字“首页”的颜色改为白色。

步骤 05：在头部空白处输入文字并设置格式及变形。将自步骤 01 至此建立的图层和图层组进行编组，命名为“头部”。编辑效果如图 4-5-4 所示，图层内容如图 4-5-5 所示。折叠图层组。

图 4-5-4

图 4-5-5

步骤 06：为内页创建参考线，编辑效果如图 4-5-6 所示。

图 4-5-6

2. 内页左侧菜单的设计

步骤 07： 新建一个图层组，命名为“左侧菜单”。绘制左侧菜单底板。

① 使用“圆角矩形工具”，选择工具模式为“形状”，填充色为任意，无描边，圆角半径为 20 像素，在适当位置建立一个圆角矩形。

② 使用“椭圆工具”，选择工具模式为“形状”，填充色为任意，无描边，在圆角矩形的上方绘制一个正圆，其相对位置及大小如图 4-5-7 所示。

③ 在“图层”面板中选中上述两个图层，右击，在弹出的快捷菜单中选择“合并形状”，将新的形状图层命名为“底板”。

④ 新建一个图层，命名为“底色”，并右击该图层，在弹出的快捷菜单中选择“创建剪贴蒙版”。使用“渐变工具”，按如图 4-5-8 所示设置渐变色，再在“底色”图层内自形状的底部向上方顶部拖动出渐变色，编辑效果如图 4-5-9 所示。

⑤ 新建一个 12 像素×12 像素的图像文件，在其中填充如图 4-5-10 所示的颜色。执行“编辑”→“定义图案”，将其定义为“图案 2”。

图 4-5-7

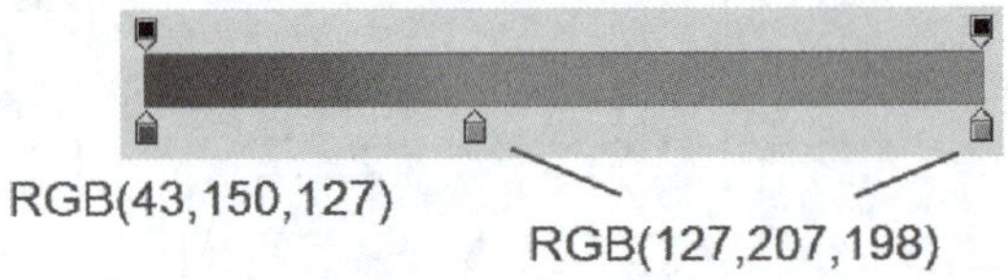

图 4-5-8

图 4-5-9

⑥ 回到内页图像窗口，在“底色”上方新建一个图层，命名为“底纹”。执行“编辑”→“填充”命令，在弹出的对话框中选择使用自定义的“图案 2”，即可将“底纹”图层充满小方格。

⑦ 在“图层”面板中右击“底纹”图层，在弹出的快捷菜单中单击“创建剪贴蒙版”，即可控制只在“底板”范围内显示。

⑧ 为“底纹”图层添加“图层蒙版”，使用“白－黑”渐变，在图层蒙版上方自上而下拖动，编辑效果如图 4-5-11 所示。

⑨ 使用“圆角矩形工具”，选择工具模式为“形状”，填充色为白色，无描边，圆角半径为 20 像素，在修饰好的“底板”上方建立一个圆角矩形，并将图层命名为“白底”。将本图层组内的各个图层再编组，命名为“底板”，图层内容如图 4-5-12 所示。

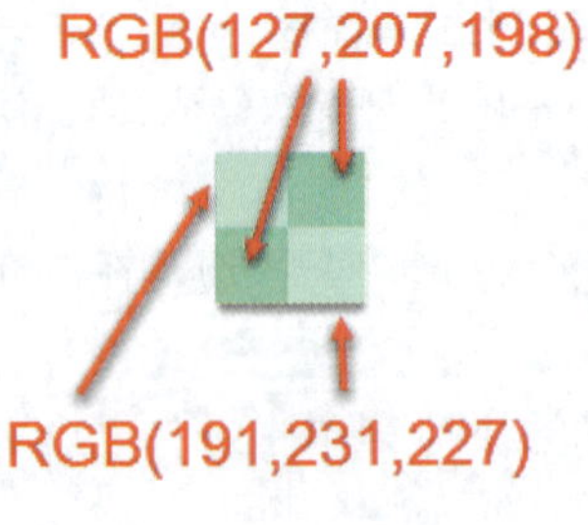

图 4-5-10

图 4-5-11

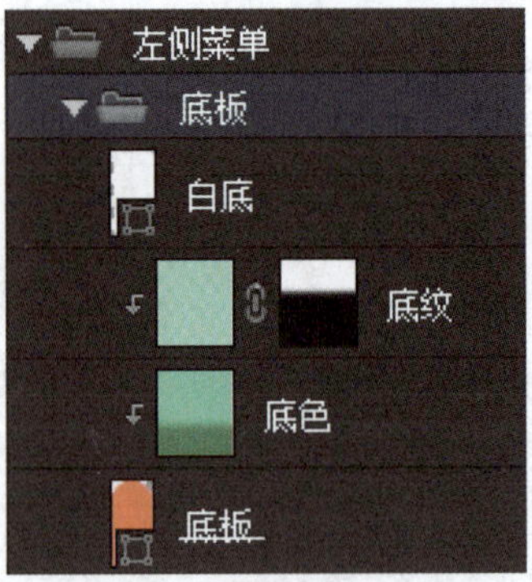

图 4-5-12

步骤 08： 使用“圆角矩形工具”，选择工具模式为“路径”，圆角半径为 20 像素，在白底内部绘制一个圆角矩形路径。使用“横排文字工具”，在路径上输入“--------”，并打开“字符”面板，进行如图 4-5-13 所示设置。

步骤 09： 依次打开“素材\04\网站内页\04.png”“素材\04\网站内页\05.png”“素材\04\网

站内页\06.png”，使用“移动工具”将其拖拉复制到“儿童网站内页”文档中，并分别将图层命名为“绳”“儿童 2”“画板”。为“画板”图层添加“内发光”图层样式，各项参数设置如图 4-5-14 所示。

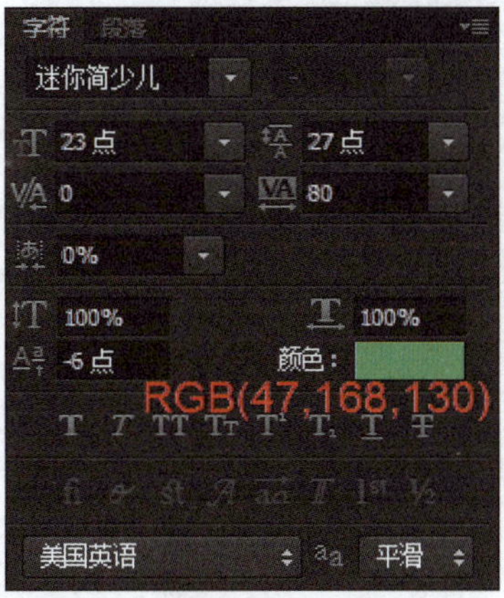

图 4-5-13

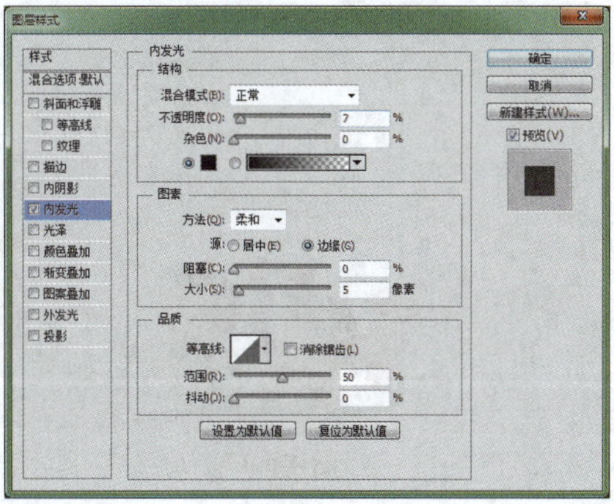

图 4-5-14

步骤 10： 按住 Ctrl 键的同时，用鼠标单击“画板”图层的缩览图，将其载入选区。在“画板”图层的下方新建一个图层，命名为“白画板”，为选区填充白色。取消选区。按住 Ctrl+T 组合键，右键单击白色画板，在弹出的快捷菜单中单击“变形”，将白色画板向四周适量拉大。

步骤 11： 结合使用“圆角矩形工具”“椭圆工具”“直线工具”，绘制分隔线，将各图层编组为“分隔线”。编辑效果如图 4-5-15 所示，图层内容如图 4-5-16 所示。

图 4-5-15

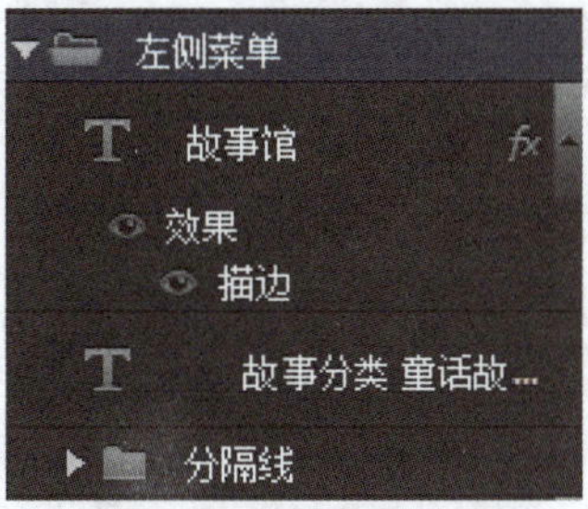

图 4-5-16

步骤 12： 使用“横排文字工具”在适当位置输入文字并设置格式，应用图层样式，编辑效果如图 4-5-17 所示，图层内容如图 4-5-18 所示。折叠“左侧菜单”图层组。

图 4-5-17

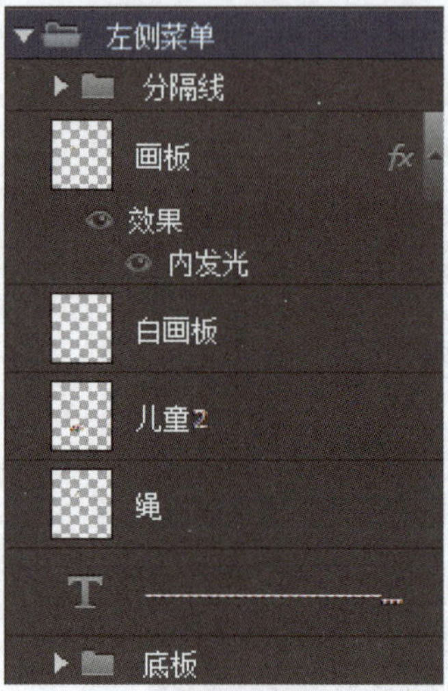

图 4-5-18

3. 内页主体的设计

（1）设计制作主体标题

步骤 13： 新建一个图层组，命名为“标题”。绘制一个圆环符号。

① 新建一个图层，命名为“大圆”，使用“椭圆工具”，选择工具模式为“像素”，填充色为 RGB(32,168,202)，在适当位置画一个正圆。

② 复制“大圆”图层，并改名为“小圆”。按 Ctrl+T 组合键，自由变换，按住 Alt+Shift 组合键的同时拖动鼠标，将大圆向中心缩小。

③ 按住 Ctrl 键的同时用鼠标点选“小圆”图层的缩览图，将小圆载入选区。

④ 选中“大圆”图层，再按 Delete 键，将选区部分删除，得到圆环。

⑤ 删除“小圆”图层，将“大圆”图层改名为“圆环”。

⑥ 为“圆环”图层添加“斜面和浮雕”“描边”图层样式，各项参数设置如图 4-5-19 和图 4-5-20 所示。

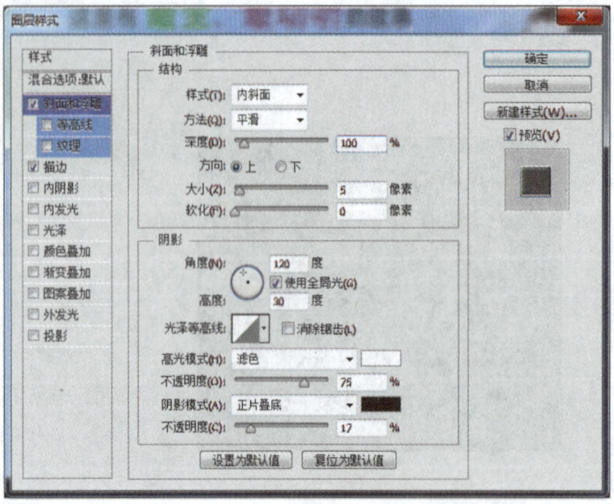

图 4-5-19

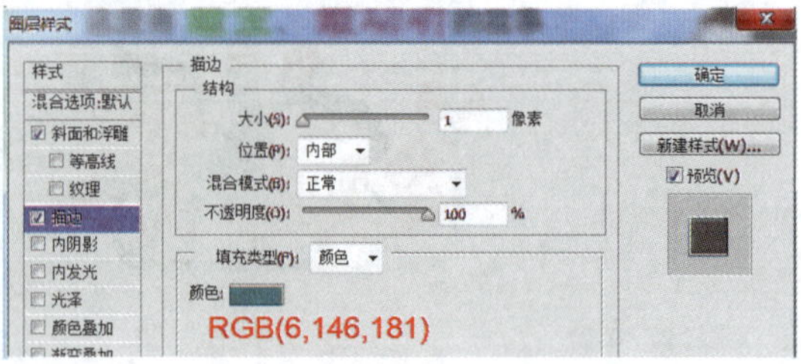

图 4-5-20

步骤 14： 使用“横排文字工具”，在适当位置输入“--------”，并打开“字符”面板，进行如图 4-5-21 所示设置。

步骤 15： 在适当位置输入文字并设置格式，图层内容如图 4-5-22 所示，编辑效果如图 4-5-23 所示。折叠“标题”图层组。

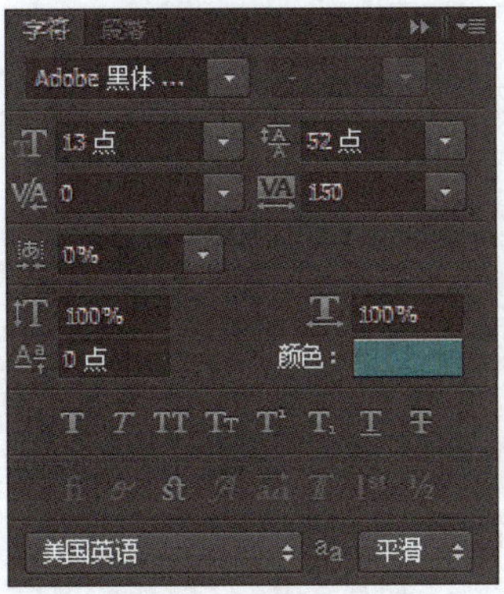

图 4-5-21

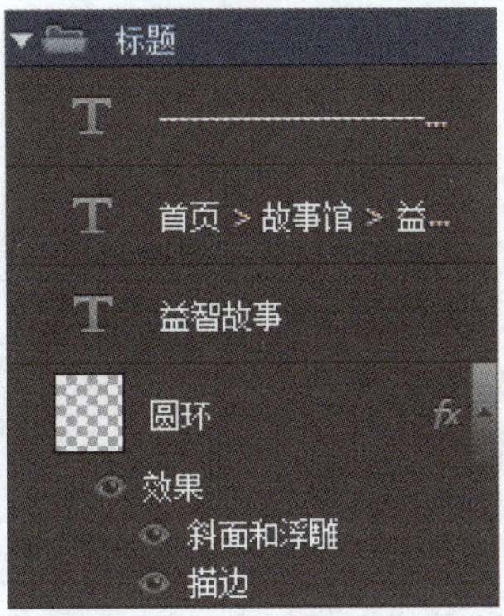

图 4-5-22

图 4-5-23

（2）设计制作最近更新界面

步骤 16： 新建一个图层组，命名为“项目图标”，在该组中制作项目图标。

① 打开“素材\04\网站内页\07.png”，使用“移动工具”将其拖拉复制到设计文档中，调整位置及大小，将图层重命名为“图标”。

② 使用“横排文字工具”，输入文字“最近更新”，设置其格式并添加“投影”图层样式。编辑效果如图 4-5-24 所示，图层内容如图 4-5-25 所示。折叠“项目图标”图层组。

步骤 17： 新建一个图层组，命名为“向左按钮”，在该组中制作用于向左滚动故事图标的按钮。

① 使用“圆角矩形工具”，选择工具模式为“形状”，填充色为任意色，无描边，圆角半径为 8 像素，在适当位置建立一个圆角矩形，将图层命名为“向左形状”。

② 如图 4-5-26 所示，在工具属性栏的“路径操作”中选择“减去顶层形状”。使用“矩形工具”在上步绘制的圆角矩形右半处框出矩形，得到如图 4-5-27 所示形状。

图 4-5-24

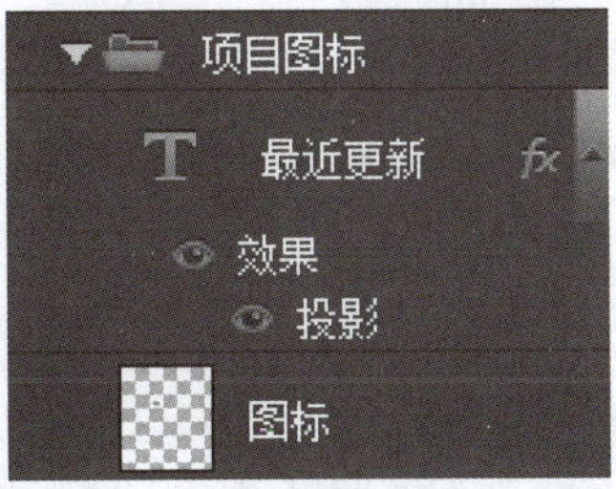

图 4-5-25

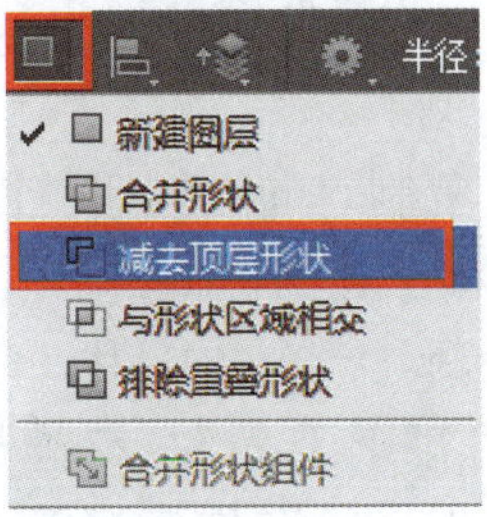

图 4-5-26

图 4-5-27

③ 按住 Ctrl 键的同时，用鼠标单击“向左形状”图层的缩览图，将该形状载入选区。

④ 在上方新建一图层，命名为“向左”，按住 Alt+Delete 组合键为选区填充前景色。取消选区。

⑤ 为“向左”图层添加“描边”“渐变叠加”图层样式，各项参数设置如图 4-5-28 和图 4-5-29 所示。

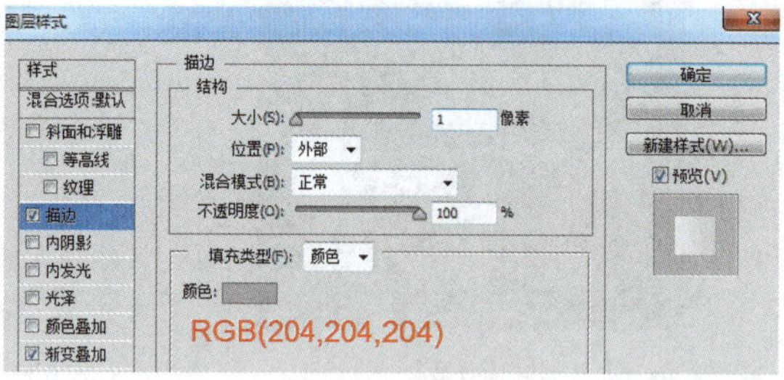

图 4-5-28

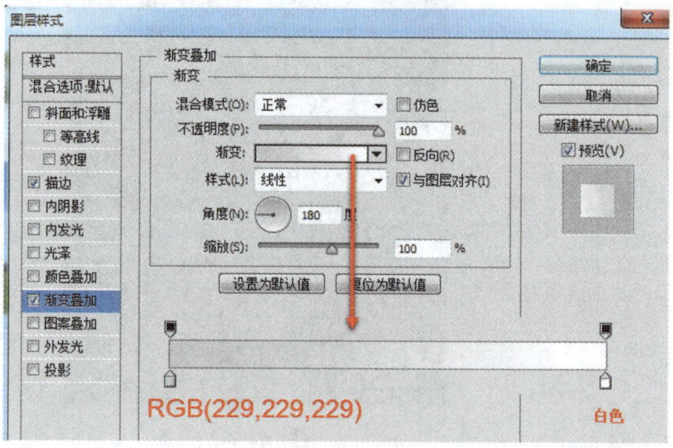

图 4-5-29

⑥ 使用“自定义形状工具”，选择工具模式为“形状”，填充色为 RGB(66,66,66)，无描边色，形状为“方块形边框”，在按钮上方绘制形状，并将其旋转 90°，将图层命名为“箭头”。

⑦ 仿照步骤②，在工具属性栏的“路径操作”中选择“减去顶层形状”，使用“矩形工具”，在上步绘制的方块形边框右半部分框出矩形，留下左半部分箭头。

⑧ 为“箭头”图层添加“投影”图层样式，各项参数设置如图 4-5-30 所示。编辑效果如图 4-5-31 所示，图层内容如图 4-5-32 所示。折叠“向左按钮”图层组。

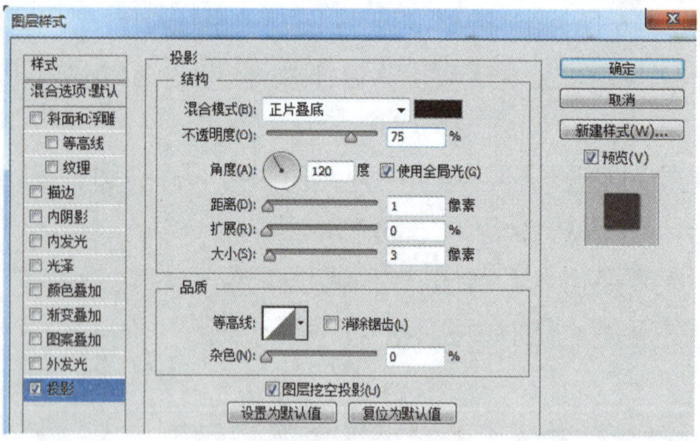

图 4-5-30

图 4-5-31

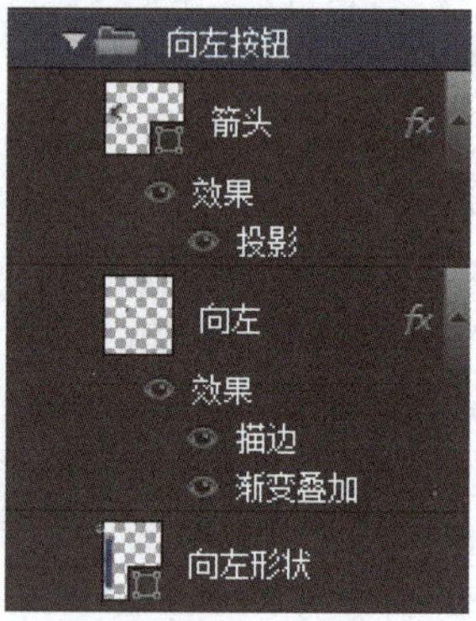

图 4-5-32

步骤 18： 复制“向左按钮”图层组，并将其命名为“向右按钮”。按住 Ctrl+T 组合键，水平翻转，并移至适当位置。

步骤 19： 新建一个图层组，命名为“1”。在此图层组内创建第一个更新故事。

① 使用“矩形工具”，选择工具模式为“形状”，填充色为白色，无描边，在适当位置绘制一个矩形，将图层命名为“边框”，并为其添加“描边”图层样式，各项参数设置如图 4-5-33 所示。

② 使用“矩形工具”，选择工具模式为“形状”，填充色为任意色，无描边，在上一步绘

制的矩形中绘制一个小一点的矩形，将图层命名为“图片大小”。

③ 打开“素材\04\网站内页\08.jpg”，使用“移动工具”将其拖拉复制到设计文档中，将图层重命名为“故事 1”。在“图层”面板中右击该图层，在弹出的快捷菜单中单击“创建剪贴蒙版”，即可控制只在“图片大小”范围内显示。再调整大小及位置。

④ 使用“横排文字工具”，输入文字并设置格式。编辑效果如图 4-5-34 所示，图层内容如图 4-5-35 所示。折叠图层组“1”。

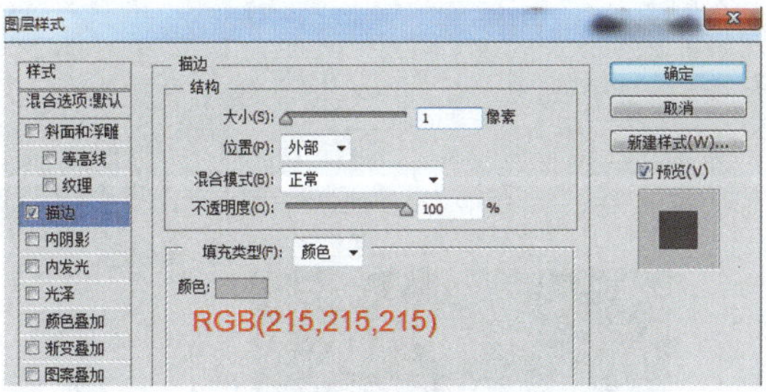

图 4-5-33

图 4-5-34

图 4-5-35

步骤 20： 复制图层组“1”三次，分别命名为“2”“3”“4”，修改其中的图片及文字，并移至适当位置，编辑效果如图 4-5-36 所示。将步骤 17 至此创建的图层、图层组编组，命名为“最近更新”，图层内容如图 4-5-37 所示。折叠该图层组。

图 4-5-36

图 4-5-37

步骤 21： 复制图层组“最近更新”，改名为“热门推荐”，修改其中的图片及文字，编辑效果如图 4-5-38 所示，图层内容如图 4-5-39 所示。

图 4-5-38

图 4-5-39

步骤 22： 新建图层组并命名为“本类所有”，结合使用“圆角矩形工具”“直线工具”“矩形工具”，在下方绘制表格，并输入文字，编辑效果如图 4-5-40 所示，图层内容如图 4-5-41 所示。同时，选中主体部分的各个图层组，将其编组，命名为“主体”，图层内容如图 4-5-42 所示。

本类所有

序号	故事名称	年龄段	更新日期	点击人气
21	半途而废怕小猴	4—6岁	2015-12-30	6.3万
22	病狮与狐狸	2—3岁	2016-1-18	2.0万
23	打嗝的小猪	2—3岁	2015-8-25	3.4万
24	杜鹃和蝉吵架	2—3岁	2015-10-28	2.7万
25	风与花的对话	4—6岁	2016-3-15	5647
26	河马看牙医	2—3岁	2016-2-18	9756
27	开锁匠收徒弟	4—6岁	2015-11-6	1.7万

图 4-5-40

图 4-5-41

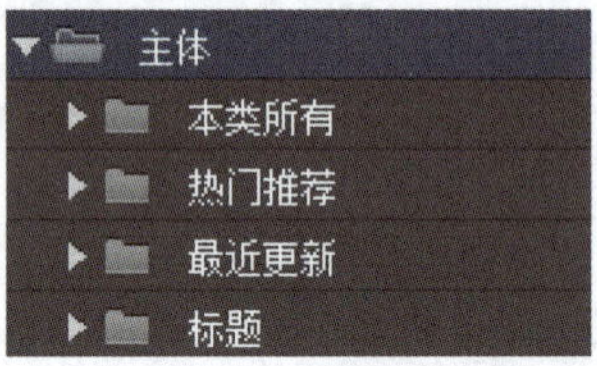

图 4-5-42

步骤 23： 打开儿童网站首页.psd，在“图层”面板中选中“底版”图层组，使用“移动工具”将其拖拉复制到内页文档中，并移至适当位置。至此，整个内页制作完成，最终编辑效果如图 4-5-1 所示。

拓展任务　设计与高端房地产网站首页风格一致的内页

要求设计与房地产网站首页相关联的内页，其保持着与首页一致的风格，LOGO 和配色统一，而在布局上做了一些变化，具体效果如图 4-5-43 所示。

图 4-5-43

项目五 APP UI 设计

知识目标

1. 了解 APP UI 设计原则
2. 了解 APP UI 设计与团队合作关系
3. 了解图标与界面设计的尺寸
4. 了解 APP UI 设计流程
5. 掌握图标设计的常用技巧

能力目标

1. 会设计各种风格的图标
2. 会设计手机锁屏界面
3. 会设计手机呼入界面

素质目标

1. 培养学生交互设计能力
2. 培养学生设计创意能力
3. 培养学生设计规划意识

任务 1　认识 APP UI

APP UI 设计就是对应用程序的操作界面进行平面设计。在使用每个应用程序的过程中，都是通过移动设备界面中的指示和显示来进行操作的，UI 设计的基本含义就是人机交互设计，其最基本的意义就是在操作者和设备之间建立起桥梁。在移动设备应用程序的界面中，会使用多种设计方式对程序的操作逻辑系统进行提示和指示，例如，在界面中添加导航栏、搜索栏、图标栏和状态栏来展示相关信息，提示用户进行某种操作。不同用途的应用程序，其界面的风格也有很大的差距，它们都力求展示出自己品牌的形象和特点。

知识1：APP UI设计的原则

1. 简易性原则

APP UI设计要遵循简易性原则，就是设计的界面直观、简洁，给人一目了然的感觉，可以让用户对产品的操作和使用变得更加简单和人性化，尽可能减少用户的负担和麻烦，避免对用户产生误导。

在设计某个应用程序界面时，如果要为界面添加一个新的功能或者界面元素，先问问自己，用户真的需要这些吗？这样的设计是否会得到重视？自己在考虑添加新元素时，是否是出于自我的喜好而添加的？值得注意的是，设计中一定要将设计与功能相互平衡，寻求一个最佳的点，在体现UI视觉设计的特点和风格的同时，简单而直观地展示出程序的功能。

2. 视觉一致性原则

APP UI设计中最重要的原则就是一致性原则，具体的表现是为用户提供一个风格统一的界面，这意味着用户可以花更少的时间在学习操作上，因为他们可以将自己从操作一个界面的经验直接移植到另一个界面上，使得整个UI体验更加流畅。

在为应用程序设计界面之前，设计者首先会对界面的风格进行定义，而风格由应用程序的市场定位、功能特点等因素决定。完成风格的定位之后，就开始着手设计一些单个的界面元素，这些界面元素也就是组成完整界面的个体。在设计界面元素时，要把握好外形、材质、颜色等方面的问题，力求整套界面元素都是统一的风格。完成界面元素的创作后，再将这些元素具体应用到每个界面中，组成一个完整的界面，这样整个应用程序的界面就会形成统一的风格。

每一个设计都有不同的视觉表现，形、色、质相辅相成；每一个界面也有不同的组成元素，文字、组件、图标相容交错；每一个组成部分都有特定条件下的前提，来促成它们在视觉表现上的一致性。一致性原则的视觉表现并不是将最终所能获取到位的前提全部满足，而是根据界面系列的不同属性，对所有具有一致性的前提根据属性来组合，达成在主题一致下视觉效果的一致性。

要保持界面中元素风格的统一，就要遵循UI设计的一致性原则，这也是设计应用程序界面时需要注意的最基本问题。

3. 从用户的操作习惯考虑

UI设计的原则中比较重要的一点就是用户使用的习惯，因为用户的使用习惯会对界面中的布局产生很大的影响。

在应用程序的界面中会存在很多控件，它们会开启或关闭某些功能，用户在使用它们的过程中，也是依赖这些控件实现操作的。这些控件位置的摆放会影响用户的操作体验，操作起来是否方便、顺手，是检验APP UI设计是否遵循用户操作习惯的标准。比如，在掌握用户使用手机的操作习惯后，在设计中可以将一些重要的操作放在界面的两侧，以方便用户进行单手操作，而将一些次要的功能放在界面的顶部，让设计出来的作品更加符合用户的习惯。

可以把APP UI设计的简易性、视觉一致性和用户的操作习惯对应成APP UI设计的3个目标：易用性、美观性和体验性，这3个目标是不同层次又相互关联的关系。图5-1-1所示为APP UI设计目标的金字塔。

图 5-1-1

知识 2：APP UI 设计与团队合作关系

UI 设计与产品团队合作流程关系如下。

1. 团队成员

对用户需求进行分析调研，针对不同需求进行产品卖点规划，然后将规划的结果陈述给公司上级，以此来取得项目所要用到的各类资源（人力、物力和财力）。

2. 产品设计师

产品设计师侧重于功能设计，考虑技术可行性，比如在设计一款多终端播放器的时候是否在播放的过程中添加动画提示甚至添加更复杂的功能，而这些功能的添加都是经过深思熟虑的。

3. 用户体验工程师

用户体验工程师需要了解更多商业层面的内容，其工作通常与产品设计师相辅相成，从产品的商业价值的角度出发，以用户的切身体验实际感觉出发，对产品与用户交互方面的环节进行设计方面的改良。

4. 图形界面设计师

图形界面设计师为应用设计一款能适应用户需求的界面，此款应用能否成功与图形界面也有着分不开的关系。图形界面设计师常用软件有 Photoshop、Illustrator 及 CorelDraw 等。

知识 3：图标和界面设计的尺寸

对于不同的智能系统，官方都会给出规范尺寸，在这些尺寸的基础上加以变化，即可创造出各种设计效果。由于 iPhone 和 Android 属于不同的操作系统，并且即使是同一操作系统，也有不同的分辨率等元素，这就造成了不同的智能设备有不同的设计尺寸，下面详细列举 iPhone 和 Android 不同界面的设计尺寸及图示效果。

1. iOS 应用程序图标

设计师设计时，通常只用设计一个 App Store 的图标（1 024 px × 1 024 px），其他尺寸可用 iOS 图标生成器自动输出一套，小尺寸图标单独微调一下细节即可。表 5-1-1 所示为 iOS

系统的图标设计尺寸。

表 5-1-1

设备型号	图标大小
苹果手机	180 px×180 px（60 pt×60 pt @ 3×）
	120 px×120 px（60 pt×60 pt @ 2×）
iPad Pro	167 px×167 px（83.5 pt×83.5 pt@ 2×）
iPad、iPad mini	152 px×152 px（76 pt×76 pt@ 2×）
应用商店	1 024 px×1 024 px（1 024 pt×1 024 pt@ 1×）

2. iOS 系统图标

（1）导航栏和工具栏图标

如图 5-1-2 所示，这两个图标的大小一样，都是 24 pt×24 pt，最大不超过 28 pt×28 pt。

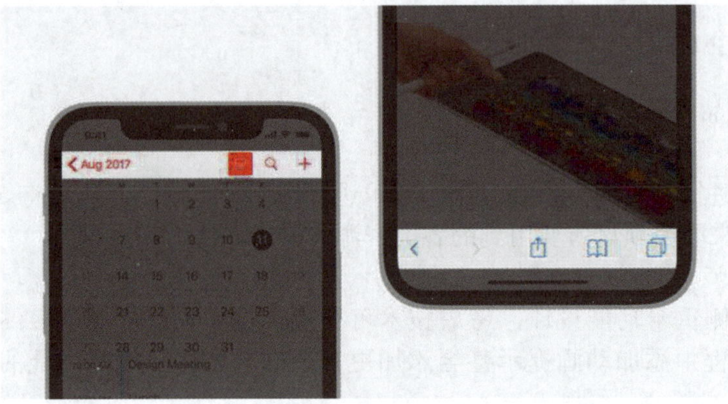

图 5-1-2

（2）标签栏图标

iOS 规范中，Tab 栏一般有 5 个、4 个（图 5-1-3）、3 个图标的形式，宽度平分，icon 尺寸约为 30 pt×30 pt（60 px）。

图 5-1-3

3. Android应用程序图标

由于同一个UI元素（如100 px×100 px的图片）在高精度的屏幕上比低精度的屏幕上看起来要小，为了让这两个屏幕上的图片看起来效果差不多，可以采用以下两种方法：

① 程序将图片进行缩放，但是效果较差。

② 为这两个精度屏幕的手机各提供一个图片。

但是屏幕的参数多样化，为每一个精度的屏幕都设计一套icon，工作量大并且不能满足程序的兼容性要求，势必要对屏幕进行分级，例如在160 dpi和180 dpi的手机屏幕上采用同一套icon，当这套icon在240 dpi的手机上的效果满足不了设计要求时，就需要另做一套稍大些的icon。

为了简化设计并且兼容更多的手机屏幕，平台依照尺寸和分辨率对屏幕进行了区分：

三种尺寸：大、中、小。

三种精度：高（hdpi）、中（mdpi）、低（ldpi），见表5-1-2。

表5-1-2

px×px

图标类型	通用屏幕密度的标准辅助尺寸（以像素为单位）		
	低（ldpi）	中（mdpi）	高（hdpi）
启动程序	36×36	48×48	72×72
菜单	36×36	48×48	72×72
状态栏	24×24	32×32	48×48
标签栏	24×24	32×32	48 ×48
对话框	24×24	32×32	48×48

（1）安卓程序启动图标（图5-1-4）尺寸：ldpi（120 dpi）

小屏幕：mdpi（160 dpi）。

中屏幕：hdpi（240 dpi）。

大屏幕：xhdpi（320 dpi）。

特大屏幕：36 px×36 px、48 px×48 px、72 px×72 px、96 px×96 px。

（2）安卓底部菜单图标（图5-1-5）

大屏幕：完整图片大小是72 px×72 px，图片中图标大小是48 px×48 px，图标外边框大小是44 px×44 px。

中屏幕：完整图片是48 px×48 px，图标大小32 px×32 px，图标外边框30 px×30 px。

小屏幕：完整图片是36 px×36 px，图标是24 px×24 px，图标外边框是22 px×22 px。

知识4：UI设计与项目流程

流程为：产品定位→产品风格→产品控件→方案定制→方案提交→方案选定。

图 5-1-4

图 5-1-5

知识 5：精彩 APP UI 界面设计赏析

在设计过程中出现阻碍，苦于无解决之道时，就需要欣赏一些具有一定“概念化”的设计界面，以此来获得灵感，打开全新的设计之窗。图 5-1-6 所示为几个精选的界面赏析，这些赏析一定让你在短时间内灵感迸发。

图 5-1-6　优秀界面赏析

任务 2　制作 MBE 风格图标

制作 MBE 风格图标

近年来 MBE 风格的图标突然火了起来，图标风趣生动，既有扁平化的韵味，又有卡通画法的技巧，让人一看就兴趣盎然，爱不释手。那么，到底什么是 MEB 风格的图标呢？它又是怎么做出来的呢？下面就让我们一起来了解一下。

从范围上来说，MBE 风格的图标是线性图标的一个分支，它是法国设计师 MBE 于 2015 年在一个设计网站上发布的，图标从线框型 Q 版卡通画演变出来，较粗的且配以断点式的描边、高饱和度的色彩、填充与描边的偏移、表情化的设计元素，以及丰富的辅助图形，这些都是 MBE 风格图标的标志性特征。

MBE 设计的图标特征鲜明，自成一派，所以这类图标被统称为 MBE 风格的图标，那么做这样的图标是不是很难呢？

其实一点也不难，只要熟练掌握了 AI 的形状工具与布尔运算，再把上述特征牢牢记住，就能很容易地制作这类风格的图标。

本任务要制作的图标效果如图 5-2-1 所示。

图 5-2-1

【操作步骤】

1. 绘制轮廓

步骤 01：打开 Illustrator，执行菜单“文件”→“新建”命令，在弹出的对话框中，“配置文件”选择“等比”，“取向”选择“横向”，其他参数保持默认不变，新建一空白画板。

步骤 02：单击选择工具箱中的圆角矩形工具，设置填充为无，描边颜色为黑色，宽度为 5 px，端点与边角设置均选择圆角处理。单击画布，设置宽度为 40 px，高度为 60 px，圆角半径为 20 px，绘制一个圆角矩形。再次单击画布，设置宽度为 40 px、高度为 40 px，圆角半径为 10 px，绘制另一个圆角矩形。如图 5-2-2 所示。

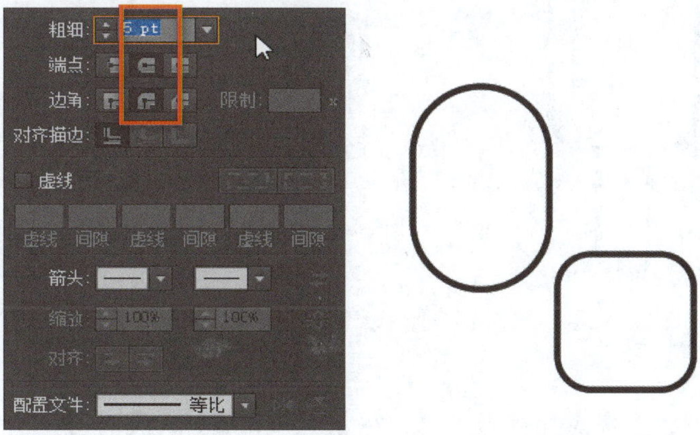

图 5-2-2

步骤 03： 将两个矩形水平居中对齐，上下首尾相接，打开路径查找器，单击“联集”选项，产生形状，如图 5-2-3 所示。

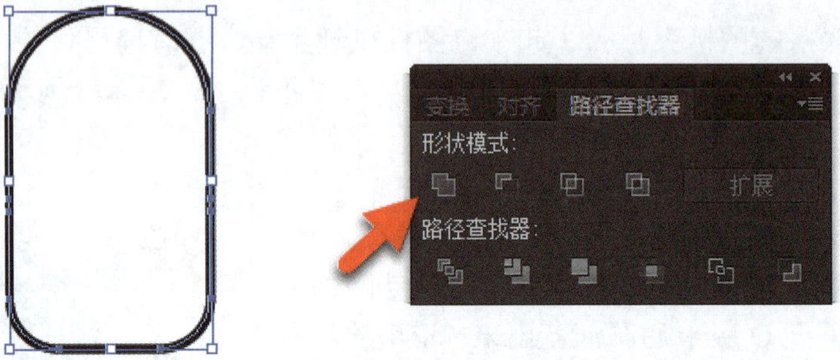

图 5-2-3

步骤 04： 选择矩形工具，单击画布，设置宽度为 14 px，高度为 20 px，绘制一个矩形。选择圆角矩形工具，单击画布，设置宽度为 14 px，高度为 30 px，圆角半径为 5 px，绘制一个圆角矩形。用上面的方法联集后，产生如图 5-2-4 所示形状。

图 5-2-4

步骤 05： 将两个形状各复制一份，拖放到右边备用。左边的形状水平居中对齐，首尾相接，如图 5-2-5 所示。

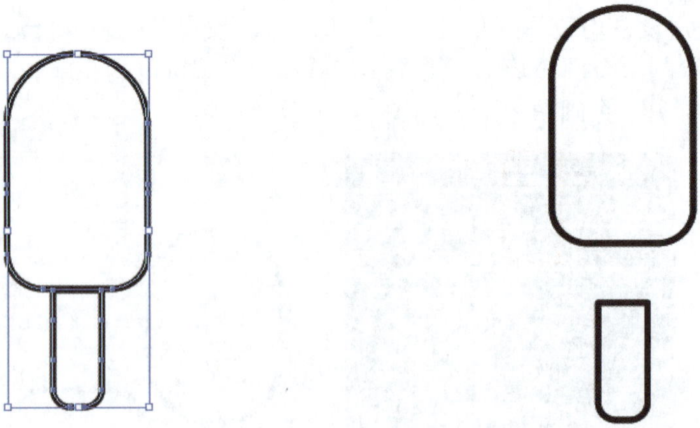

图 5-2-5

2. 创建线条断点

步骤 06： 放大图像，选择添加锚点工具，在左上角位置添加 6 个锚点，如图 5-2-6 所示。

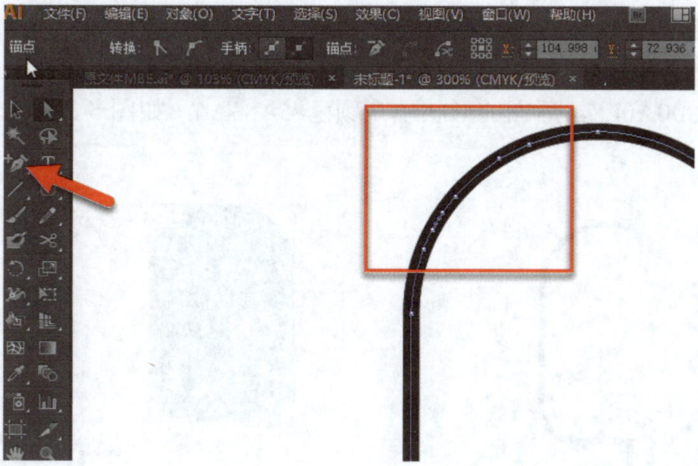

图 5-2-6

步骤 07：选择剪刀工具，依次单击 6 个新创建的锚点，断开路径，然后用选择工具选中中间三段路径，删除，如图 5-2-7 所示。

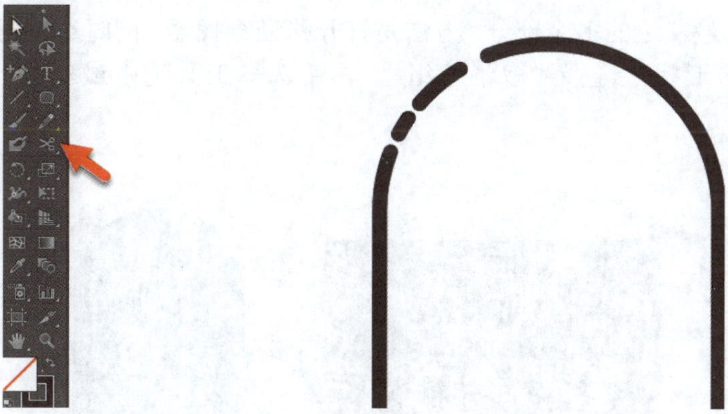

图 5-2-7

步骤 08：使用同样的方法，在右边创建断线，如图 5-2-8 所示。

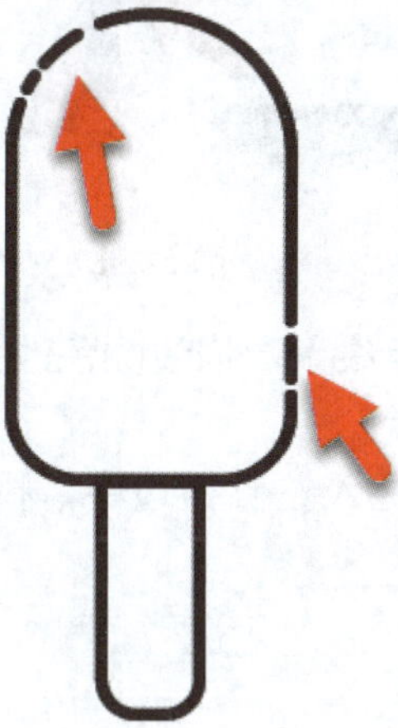

图 5-2-8

3. 设置填充色

步骤 09：选中备用中较大的形状，复制一个，左右略偏移，垂直对齐，描边色为无，前面的形状填充颜色 00A0E8，后面的形状填充颜色#5A83A6，如图 5-2-9 所示。

图 5-2-9

步骤 10：剪去最左边的多余部分，方法是打开路径查找器，同时选中两个形状，单击“分割”按钮，再右击形状，选择“取消编组”，再用选择工具选中最左边的形状并删除，如图 5-2-10 所示。

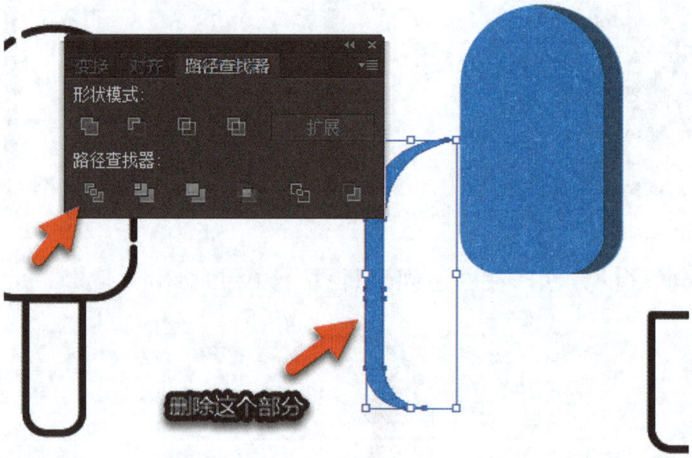

图 5-2-10

步骤 11：复制左上角两个断点线条，描边颜色改为白色，拖动填充色的左上角，排列到最前，制作高光，如图 5-2-11 所示。

步骤 12：将右侧填充编组，拖入左侧描边中，排列到最底，略往右偏移，如图 5-2-12 所示。

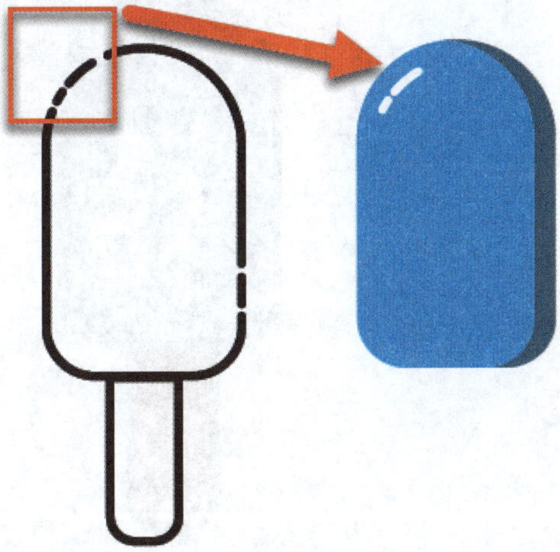

图 5-2-11

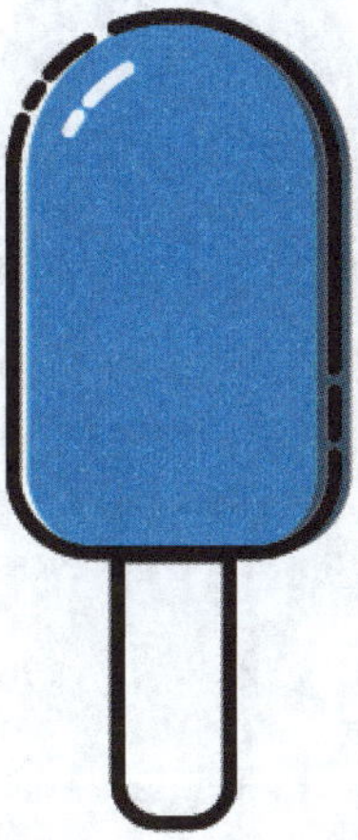

图 5-2-12

步骤 13：选中下面形状，单击打开描边设置对话框，设置对齐描边，使描边外侧对齐，如图 5-2-13 所示。

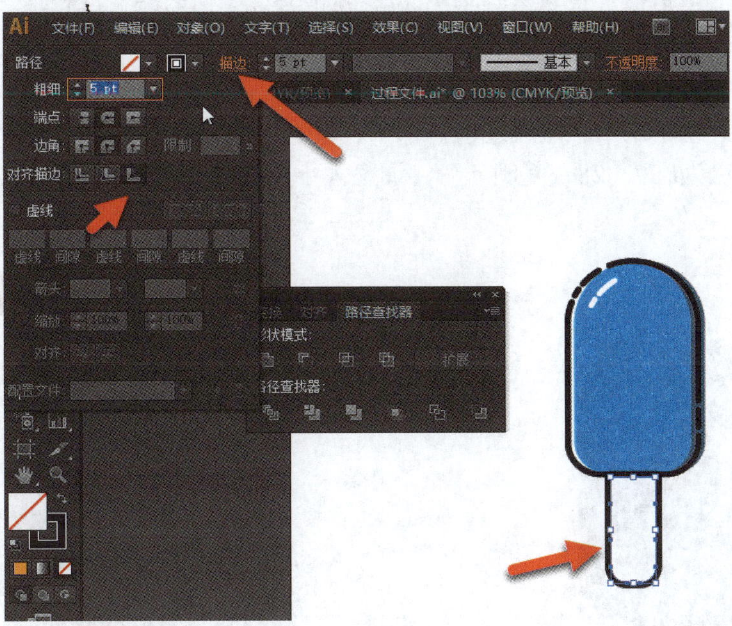

图 5-2-13

步骤 14：选择右侧对应的备用图形，设置描边为无，填充颜色#F8B62C。选择矩形工具，绘制宽度为 14 px，高度为 10 px，矩形填充颜色#EA5414。将两个形状顶端对齐，水平居中对齐，如图 5-2-14 所示。

步骤 15：将右侧形状选中后拖入左侧描边中，如图 5-2-15 所示。

步骤 16：绘制中间表情。

制作眼睛：使用椭圆工具绘制两个椭圆，直径为 4 px，填充黑色，使用多边形工具，设置边数为 3，边长为 10 px。

图 5-2-14

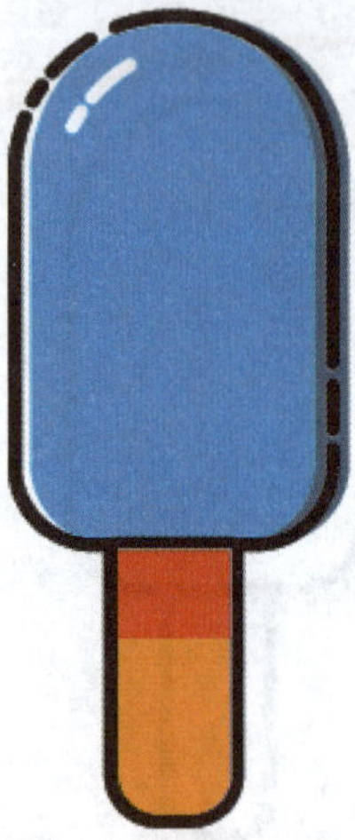

图 5-2-15

制作嘴巴：绘制三角形，使用旋转工具翻转 180°，再用风格化-圆角菜单效果，参数设置为 5，再压扁。

制作舌头：使用矩形工具，绘制长为 4 px 的正方形，填充颜色#EEB032，拖动对齐，编组后放到上部，如图 5-2-16 所示。

步骤 17： 绘制边上点缀图形。

制作十字形：绘制水平、垂直线段，水平、垂直居中对齐，描边宽度为 5 px。端点设置为圆角，描边颜色为#E73828。复制一份，调整大小，描边颜色设置为#F39700，如图 5-2-17 所示。

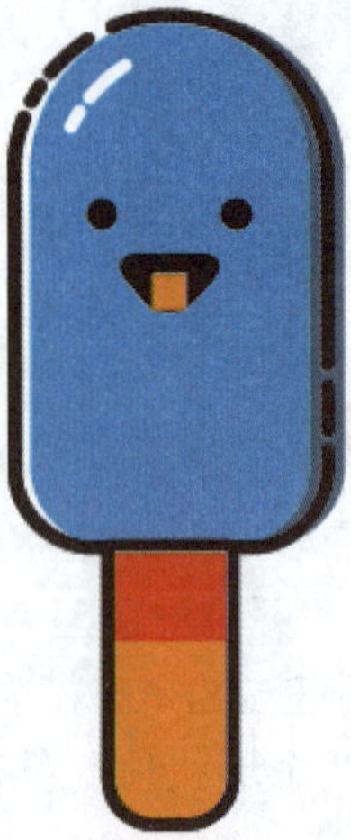

图 5-2-16

图 5-2-17

步骤 18： 制作小圆点：绘制大小不同的多个正圆，修改填充与描边颜色，如图 5-2-18 所示。

步骤 19： 绘制小星星。使用星形工具绘制五角星，使用风格化–圆角效果，参数自己调整。复制后再调整大小、旋转角度及填充颜色，如图 5-2-19 所示。

步骤 20： 绘制花瓣（太阳光芒）。

最终图标如图 5-2-20 所示。

图 5-2-18

图 5-2-19

图 5-2-20

拓展任务　制作钢琴图标

任务要求： 本拓展任务练习要求以真实模拟的手法展示一款十分出色的钢琴图标，此款图标可以用作移动设备上的音乐图标或者 APP 相关应用，它要具有相当真实的外观和可识别性，最终效果如图 5-2-21 所示。

图 5-2-21

任务3　制作抖音图标

抖音，相信大家都不陌生，是一款现在非常火的短视频 App。它是一个音乐短视频社区平台。用户可以通过这款软件选择自己喜欢的歌曲拍摄音乐短视频，形成自己的作品。

抖音的图标也很有意思，它是一个剪影类图标，图案本身是一个受到电磁干扰后的音符，产生了强烈的抖动与电音的效果，配以黑色的背景，让抖音 App 在手机上的视觉穿透力变得更强。

一个好的图标，既要符合产品特质，新颖独特，又要能让人容易识别和记忆，抖音 App 图标无疑是一个成功的案例。

图 5-3-1

本任务要制作的图标效果如图 5-3-1 所示。

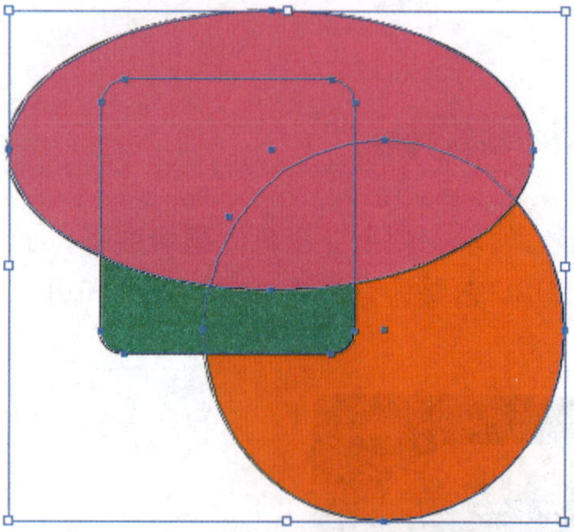

图 5-3-2

【工具学习】

在制作图标之前，先来学习一下两个非常有用的工具：形状生成器与实时上色工具。

1. 形状生成器

该工具可以通过合并或擦除简单形状创建出复杂的形状。

首先随意绘制几个形状，并将它们重叠在一起，全部选定，如图 5-3-2 所示。

选择形状生成器工具，按 Alt 键单击某个区域，就能删除该区域，如图 5-3-3 所示；按 Shift 键拖选多个区域，就能产生联集操作，如图 5-3-4 所示。

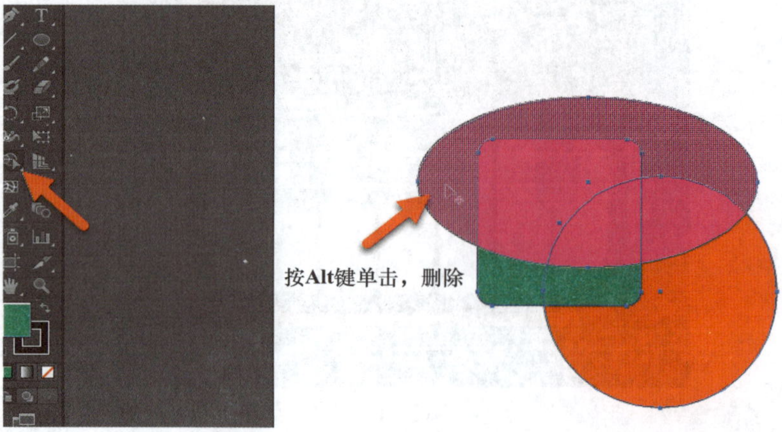

图 5-3-3

图 5-3-4

2. 实时上色工具

该工具可以在不分割图形的情况下对重叠在一起的多个形状的各个部分进行快速填色。

绘制一个正圆，复制三份，两两重叠，全部选中，选择实时上色工具，选择颜色，单击每个区域，就能对该区域进行填色，如图 5-3-5 所示。

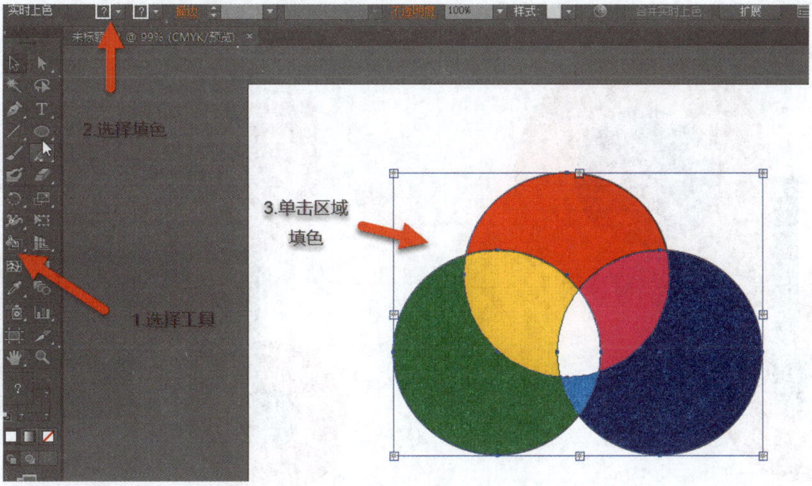

图 5-3-5

【操作步骤】

步骤 01：选择椭圆工具，绘制两个直径为 60 mm、23 mm 的正圆，描边为无，填色随意，小圆在上，大圆在下，中心点对齐，如图 5-3-6 所示。

步骤 02：再绘制两个正圆，直径分别为 80 mm 与 43 mm，使用与上面同样的操作，中心点对齐，如图 5-3-7 所示。

步骤 03：选择矩形工具，绘制宽度与高度为 18.5 mm×65 mm、8 mm×65 mm 的两个矩形，描边为无，填充色为随意色，按 Ctrl+R 组合键打开标尺，在第一组小圆外侧与大圆外侧（右侧垂直处）、水平中心点、水平顶侧及第 2 组圆中心点处分别创建 5 根参考线，并按图 5-3-8 所示将形状进行排列。

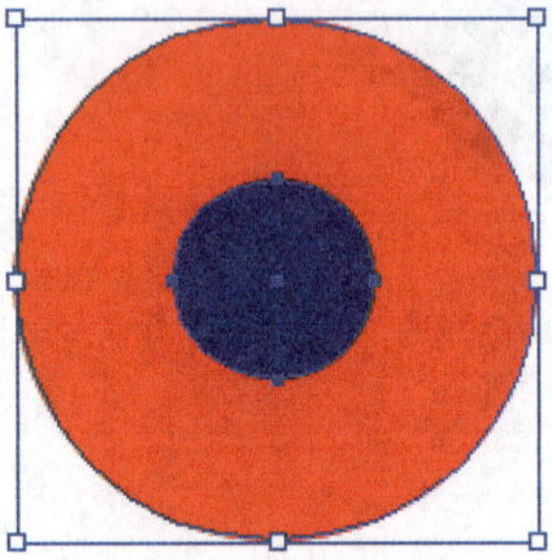

图 5-3-6

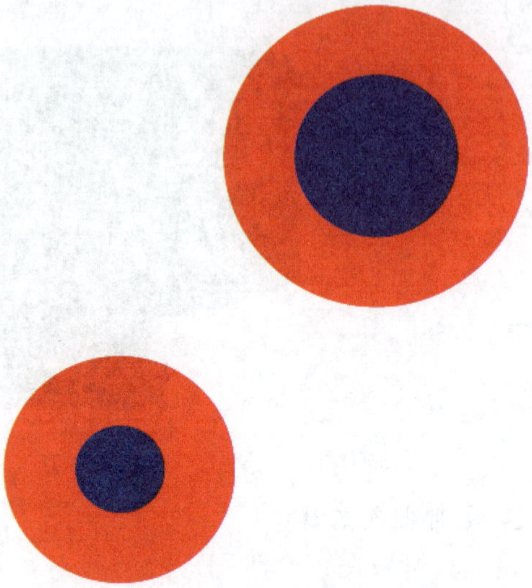

图 5-3-7

步骤 04： 从右上角圆心位置处绘制两个矩形，如图 5-3-9 所示。

图 5-3-8

图 5-3-9

步骤 05： 删除所有的参考线，并将所有形状全选，选择形状生成器工具，按 Alt 键依次单击或拖选多余的形状将其删除，如图 5-3-10 所示。

步骤 06： 按 Shift 键再次拖选剩下的所有形状，进行合并，并填充洋红色，如图 5-3-11 所示。

步骤 07： 使用选择工具，按 Alt 键将形状复制一份，往左上拖移，填充青色，如图 5-3-12 所示。

步骤 08： 选中两个形状，选择实时上色工具，将填充颜色设置为白色，单击中间区域两次，将重叠部分颜色改为白色，如图 5-3-13 所示。

图 5-3-10

图 5-3-11

图 5-3-12

图 5-3-13

步骤 09： 选择圆角矩形工具，单击画布，设置参数宽×高为 120mm×120 mm，半径为 30 mm，填充黑色，排列到最底层，并与抖音图标水平、垂直居中对齐，如图 5-3-14 所示。案例图标制作完成。

图 5-3-14

拓展任务　制作日历图标

任务要求：本拓展任务主要练习日历图标的制作，写实风格是本图标的最大特点，同时，在日历制作上采用翻页效果和皮革质感的效果，使整个图标的色彩十分丰富。最终效果如图 5-3-15 所示。

图 5-3-15

任务 4　制作手机锁屏界面

本案例设计手机锁频界面，整个设计用色单纯、意境悠远，具有很高的审美性和较强的感染力，同时，显示日期和时间、未接电话和短信。效果如图 5-4-1 所示。

步骤 01：执行菜单栏中的“新建”→“文件”命令，在弹出的对话框中设置宽度 900 像素，高度 1 500 像素，分辨率 72 像素/英寸，颜色模式为 RGB 模式，并将其命名为“手机锁屏界面”，如图 5-4-2 所示。

步骤 02：执行“文件”→“置入”菜单命令，将素材文件夹中的“手机背景图片”置入，按 Ctrl+T 组合键自由变换，调整尺寸至合适的大小，如图 5-4-3 所示，按 Enter 键。

步骤 03：在图层面板中单击右下角的按钮，创建新组，将其命名为状态栏。在新建组里新建一个图层，用矩形选框工具画一个矩形选框，按 Alt+Delete 组合键填充前景色。在图层面板中选中面板图层，单击面板底部的“添加图层样式”按钮，在弹出的对话框里单击“渐变叠加”，将渐变设置为从（R:0，G:0，B:0）到（R:61，G:61，B:61），如图 5-4-4 所示。

图 5-4-1

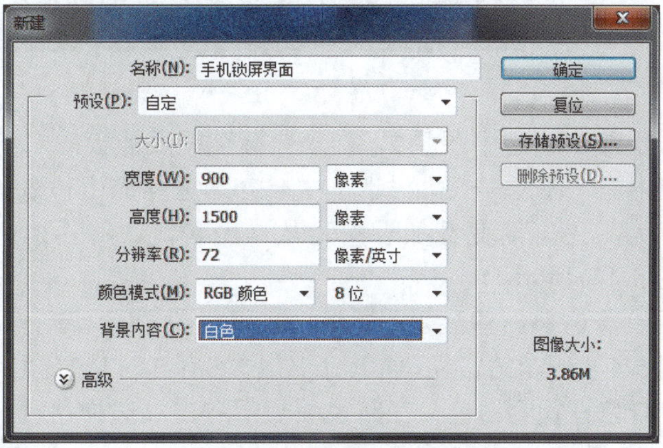

图 5-4-2

图 5-4-3

图 5-4-4

步骤 04：选择文字工具，在选项栏中设置字体系列为“Adobe 黑体 Std”，设置字体大小为 30，设置文本颜色为白色，在状态栏的右侧输入 10:18AM。

步骤 05：在图层面板中创建一个新组，将其命名为“电池”。在电池组中选择矩形工具，在选项栏中将选择工具模式设置为形状，绘制一个矩形，此时形成一个“矩形 1”图层。再次选择矩形工具画一个矩形，在选项栏中选择“合并形状”命令，再画一个小矩形如图 5-4-5 所示。右键单击“矩形 1”图层，在弹出的菜单中选择“栅格化图层”。按图层面板右下角的 fx 按钮，选择描边命令，将描边大小设置为 2 像素，填充类型设置为“渐变”，将渐变设置为（R:112，G:112，B:112）到（R:255，G:255，B:255），效果如图 5-4-6 所示。

图 5-4-5

步骤 06： 选中图层 2，拖动鼠标至图层面板的右下角，生成图层 2 副本，双击图层 2，在弹出的“图层样式”对话框中，分别进行描边和渐变叠加设置，设置描边大小为 1 像素，颜色为黑色，渐变叠加设置为从（R:40，G:80，B:30）到（R:135，G:194，B:55），效果如图 5-4-7 所示。

步骤 07： 新建蓝牙图层组，在蓝牙图层组中新建图层，选择工具箱中的钢笔工具，绘制如图 5-4-8 所示的路径，将其命名为“路径 1”。选择画笔工具，设置画笔大小为 2，硬度 100%，将前景色设置为白色，在路径面板中右击，选择路径 1，在弹出的快捷菜单中选择“描边路径”，效果如图 5-4-8 所示。

图 5-4-6

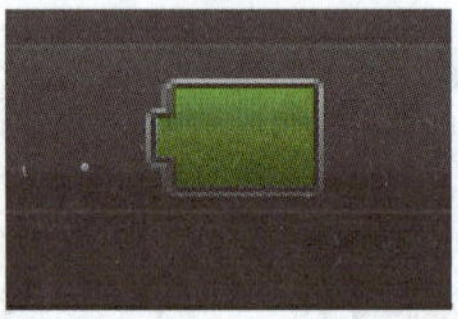

图 5-4-7

图 5-4-8

步骤 08： 新建 4G 图层组，选择文字工具，设置合适的字体和大小，在状态栏中输入“4G”。选择自定义形状工具，在选项栏的形状中找到箭头 9，如图 5-4-9 所示。在 4G 文字的左下角绘制图形，按 Ctrl+T 组合键自由变换，将箭头朝上，调整尺寸至合适的大小。选中该图层，鼠标右击，在弹出的快捷菜单中选择“栅格化图层”命令，按住 Ctrl 键，鼠标单击该图层的缩略图，选中箭头选区，将前景色设置为白色，再按下 Alt+Delete 组合键填充前景色，如图 5-4-10 所示。

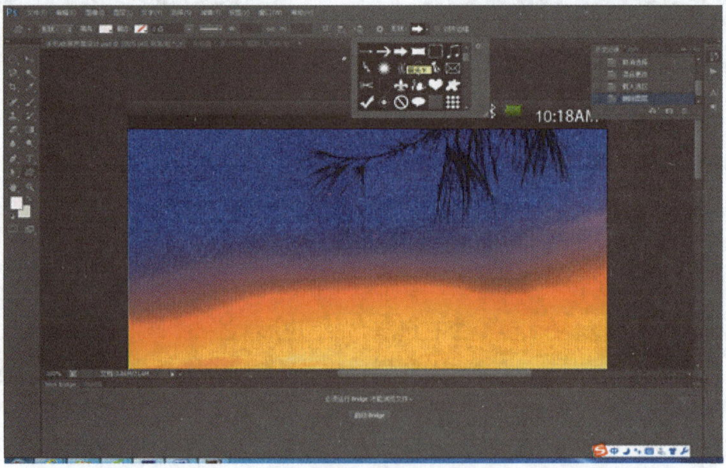

图 5-4-9

步骤 09：建立箭头副本图层，按 Ctrl+T 组合键自由变换，将箭头朝下，调整尺寸至合适的大小，按住 Ctrl 键，鼠标单击该图层的缩略图，选中箭头选区，将前景色设置为（R:153，G:153，B:153），再按下 Alt+Delete 组合键填充前景色，如图 5-4-11 所示。

图 5-4-10

图 5-4-11

步骤 10：新建一个图层组，将其命名为 wifi，新建一个图层，使用椭圆工具，按住 Shift 键画一个圆填充前景色，按住 Ctrl+C 和 Ctrl+V 组合键复制一个圆，调整大小，填充背景色。重复操作。单击工具栏中的“直接选择工具”，添加两个锚点，按 Delete 键删除，选择其他圆继续删。在单击路径选择工具，改变每个 1/4 圆的端点，改为半圆形。然后将它全部选中，按住 Ctrl+T 组合键进行旋转。单击“图层混合”选项，对其进行颜色叠加和描边，参数设置如图 5-4-12 所示。

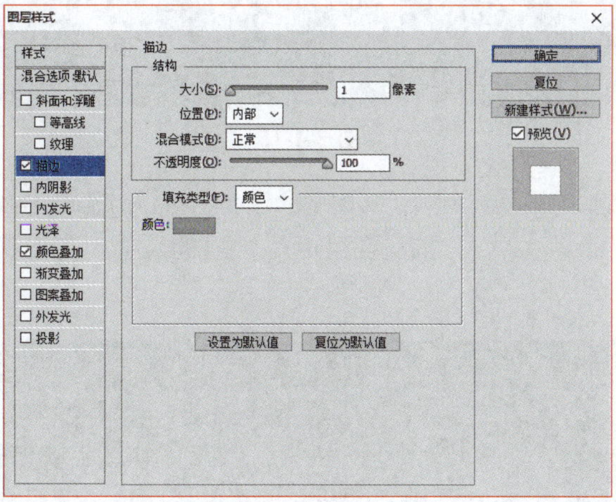

图 5-4-12

步骤 11：在图层面板新建一个图层组，将其命名为“信号”。新建一个图层，单击“矩形选框工具”，绘制一个矩形选区并填充白色。对矩形进行描边和颜色叠加，参数如图 5-4-13 和图 5-4-14 所示。复制当前图层三次，按 Ctrl+T 组合键调整大小，将最后一个矩形填充灰色。

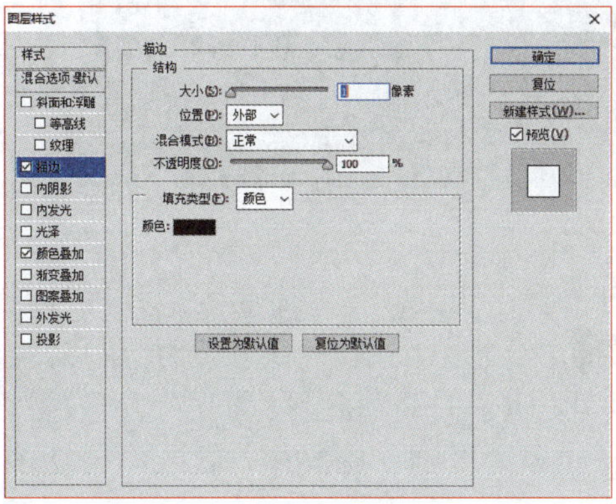

图 5-4-13

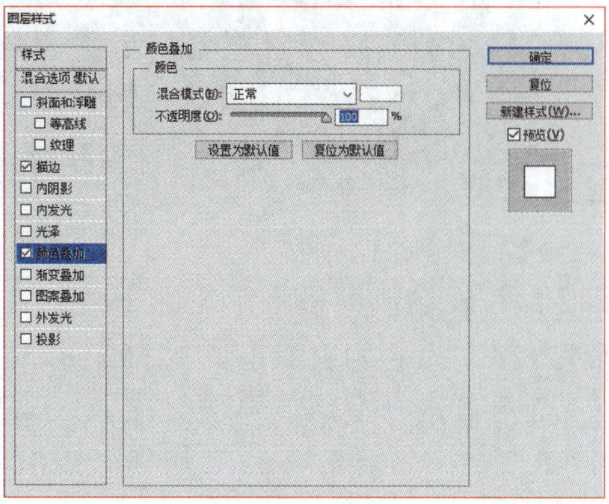

图 5-4-14

步骤 12： 新建一个图层，用矩形选框工具绘制一个矩形选区，填充白色。单击圆角矩形工具绘制一个圆角矩形，填充黑色。再使用椭圆工具，按住 Shift 绘制一个圆，填充黑色，调整其位置，如图 5-4-15 所示。

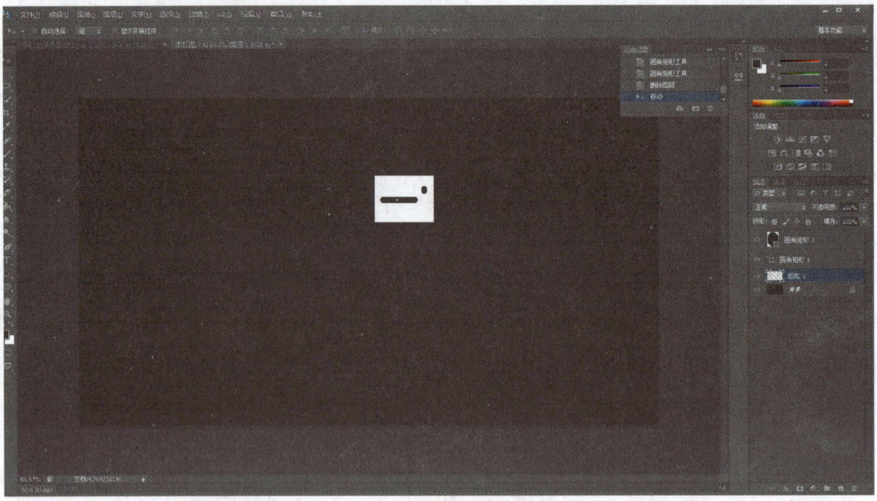

图 5-4-15

步骤 13： 单击矩形选框工具，绘制一个矩形选框，填充白色，单击多边形工具，绘制一个正三角形，将其旋转 180 度。将三角形放到矩形合适的位置，再对其进行剪切，如图 5-4-16 所示。

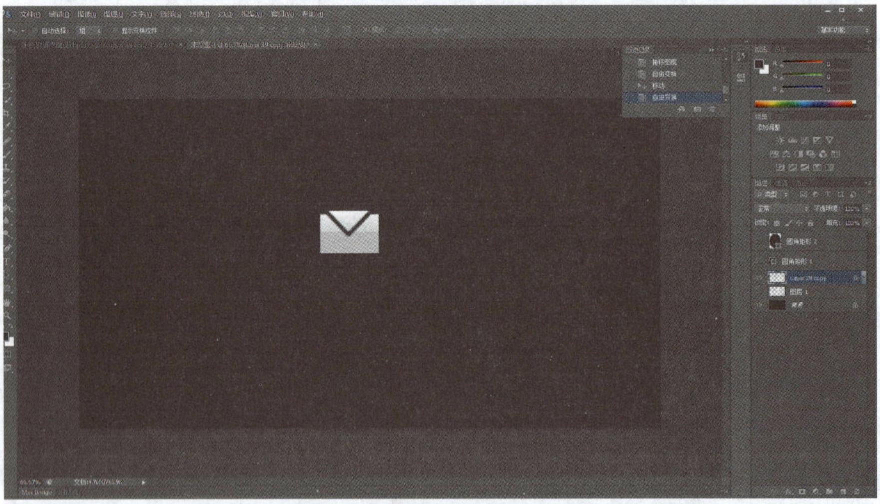

图 5-4-16

步骤 14： 在图层面板中单击右下角的按钮，创建新组，将其命名为“锁屏”。在锁屏组中新建一组，命名为“组 1”，选择矩形工具，绘制一个矩形，然后添加锚点。选择锚点转换工具对其进行变形，再进行描边，如图 5-4-17 所示。复制此形状图层，将效果设为渐变叠加（R:255，G:255，B:255）到（R:0，G:0，B:0）再到（R:255，G:255，B:255），如图 5-4-18 所示。

图 5-4-17

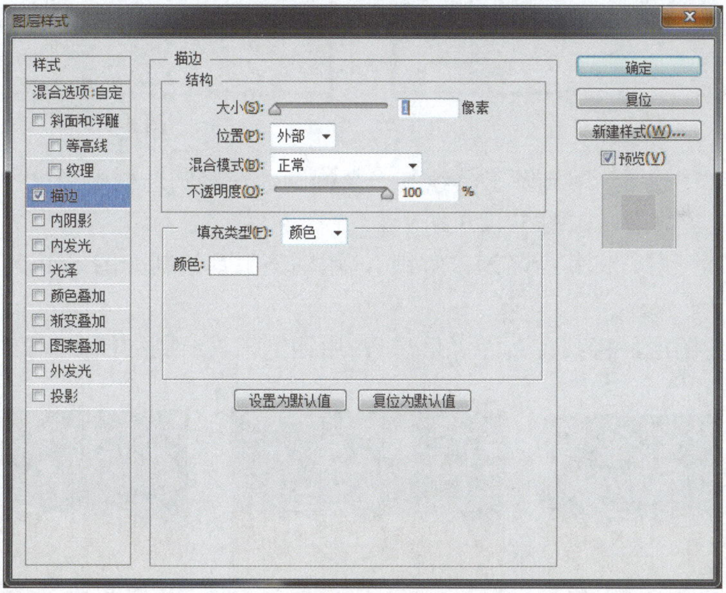

图 5-4-18

步骤 15： 单击自定义形状，找到，画三个这样的形状，复制此图层，降低其透明度为 94%。

步骤 16： 绘制一个椭圆，单击图层面板右下角，添加矢量蒙版，如图 5-4-19 所示。将其透明度降为 8%，选择椭圆工具画一个与形状 1 一样大小的形状，将其透明度降为 4%。

步骤 17： 在图层面板中新建一个组，将其命名为“组 2”。选择钢笔工具，绘画电话的形状，再将其形状进行改变，如图 5-4-20 所示。设置其图层样式，描边和渐变叠加参数设置如图 5-4-21 和图 5-4-22 所示，渐变从（R:29，G:66，B:58）到（R:255，G:255，B:255）。

图 5-4-19

图 5-4-20

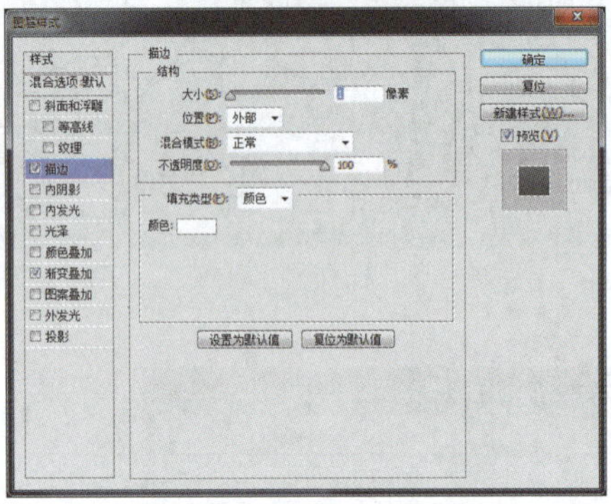

图 5-4-21

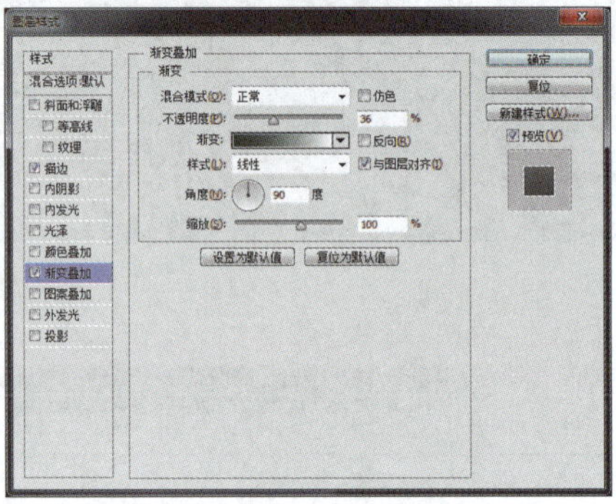

图 5-4-22

步骤 18： 新建图层 5，用椭圆工具绘制一个椭圆，在椭圆选框中用文字工具写入“2”，填充红色，再改变其效果，如图 5-4-23 所示。

步骤 19： 新建图层，将其命名为“解锁”，用钢笔工具绘制如图 5-4-24 所示的路径，再进行填充。

步骤 20： 新建图层，将其命名为“信息”，用钢笔工具绘制如图 5-4-25 所示的路径，再进行填充。

图 5-4-23

图 5-4-24

图 5-4-25

步骤 21： 新建一个组，将其命名为“组 3”，新建一个图层，将其命名为“time”，用文字工具写出当前时间，再进行填充和调整，如图 5-4-26 所示。

步骤 22： 复制“time”图层面板，对其进行调整，如图 5-4-27 所示。

图 5-4-26

图 5-4-27

步骤 23： 用文字工具写出日期和星期，如图 5-4-28 所示。

步骤 24： 复制上一个图层，对其进行调整，如图 5-4-29 所示。

图 5-4-28

图 5-4-29

步骤 25： 用文字工具重复步骤 23 和 24，在合适的位置写上“正在充电（99%）”，如图 5-4-30 所示。

图 5-4-30

至此，整个界面制作完成。

任务 5　制作手机呼入界面

本案例设计手机呼入界面，手机呼入界面通常包括电话号码、通话人信息、接听和挂断按钮。本案例中电话号码和接听，以及挂断按钮的背景采用了流行的半透明风格。效果图如图 5-5-1 所示。

图 5-5-1

【操作步骤】

1. 绘制状态栏

步骤 01： 打开 Photoshop 软件，执行“文件”→“新建”菜单命令，在弹出的“新建”对话框中设置文件的“宽度”为 640 像素、“高度”为 960 像素、“分辨率”为 72 像素/英寸，并将其命名为“手机呼入界面”，如图 5-5-2 所示。

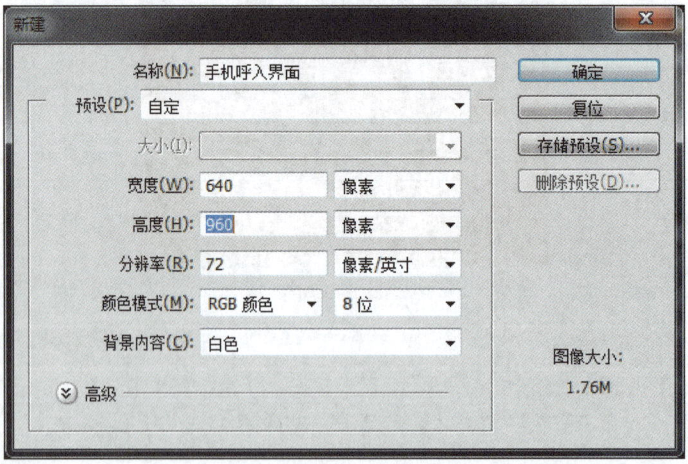

图 5-5-2

步骤 02： 执行“文件”→“置入”菜单命令，将素材“山水背景”置入当前文件中，调整图像尺寸至合适大小，如图 5-5-3 所示。

步骤 03： 创建一个新图层，并将其命名为“状态栏”。使用工具箱中的矩形工具建立一个矩形路径，将填充色设置为黑色，如图 5-5-4 所示。

图 5-5-3

图 5-5-4

步骤 04： 继续使用工具箱中的矩形工具绘制出信号状态栏图标及电量状态图标，效果如图 5-5-5 所示。

步骤 05： 使用工具中的文字工具，输入表示时间的文字“10:28”，如图 5-5-6 所示。

图 5-5-5

图 5-5-6

2. 绘制来电显示栏

步骤 06： 创建一个新图层，并将其命名为“来电显示区”，使用工具矩形选框工具建立一个矩形选区，选择灰色对选区进行填充，如图 5-5-7 所示。

步骤 07： 将“来电显示区”图层的不透明度调整为 20%，如图 5-5-8 所示。

图 5-5-7

图 5-5-8

步骤 08： 双击“来电显示区”图层，弹出“图层样式”对话框，分别选择“内发光”和“光泽”选项，参数设置如图 5-5-9 和图 5-5-10 所示。

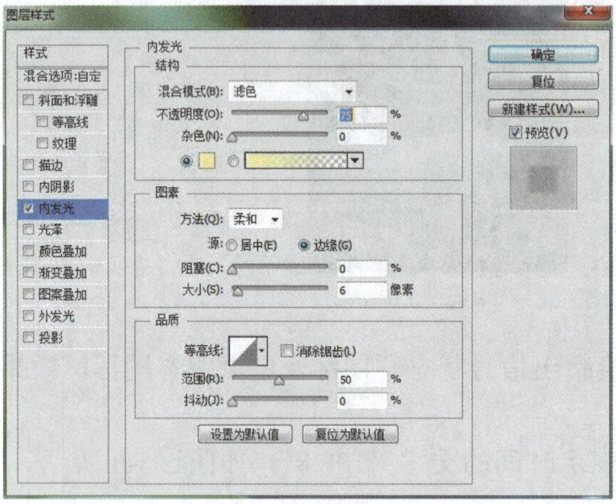

图 5-5-9

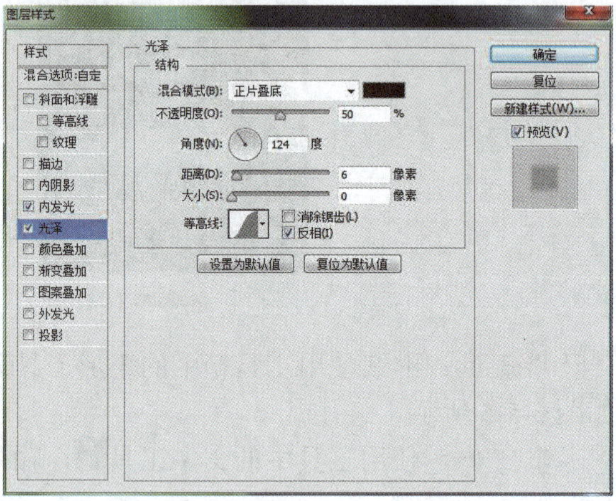

图 5-5-10

步骤 09： 使用工具箱中的钢笔工具绘制一个路径轮廓。

步骤 10： 创建一个新图层，并命名为“电话呼入图标”。在步骤 09 绘制的路径轮廓上单击鼠标右键，在弹出的快捷菜单中选择“建立选区”命令，将路径转化为选区，选择相应的颜色对选区进行填充，效果如图 5-5-11 所示。

步骤 11： 拖曳“手机呼入图标”图层至面板底部的创建新建图层按钮上，得到一个图层副本。将图层副本放置在“手机呼入图标”下方，并重新命名为“辉光效果”，如图 5-5-12 所示。

图 5-5-11

图 5-5-12

步骤 12： 执行“滤镜”→“模糊”→“高斯模糊”菜单命令，半径设置为 20 像素，效果如图 5-5-13 所示。

步骤 13： 为增强辉光效果，再复制一个“辉光效果”图层副本。

步骤 14： 使用工具箱中的文字工具输入电话号码，如图 5-5-14 所示。

图 5-5-13

图 5-5-14

3. 绘制通话者信息栏

步骤 15：单击“文件”→“置入”菜单命令，将图像素材“人像头像”置入当前文件中，调整新置入图片的尺寸至合适大小，效果如图 5-5-15 所示。

步骤 16：单击“人像”图层前面的缩略图调出选区，执行“编辑”→“描边”命令，描边选项设置及执行效果如图 5-5-16 和图 5-5-17 所示。

图 5-5-15

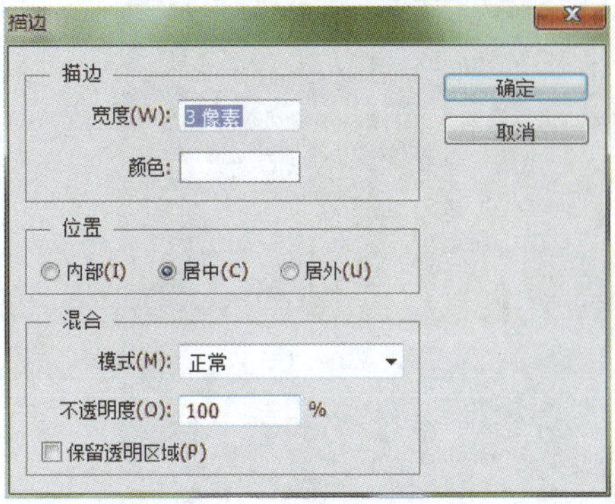

图 5-5-16

步骤 17：使用工具箱中的文字工具在图像下方输入电话号码，呼叫者姓名“宋雅”，如图 5-5-18 所示。

图 5-5-17

图 5-5-18

4. 绘制功能栏

步骤 18： 创建一个新图层，并将其命名为“功能栏”。建立一个矩形选区，并选择灰度对选区进行填充，效果如图 5-5-19 所示。

步骤 19： 双击“功能栏”图层，弹出“图层样式”对话框，分别选择“内发光”“光泽”和“渐变叠加”选项，参数设置如图 5-5-20～图 5-5-22 所示。

图 5-5-19

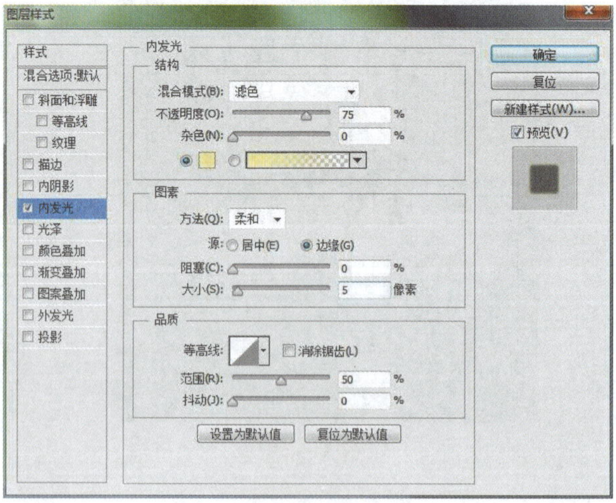

图 5-5-20

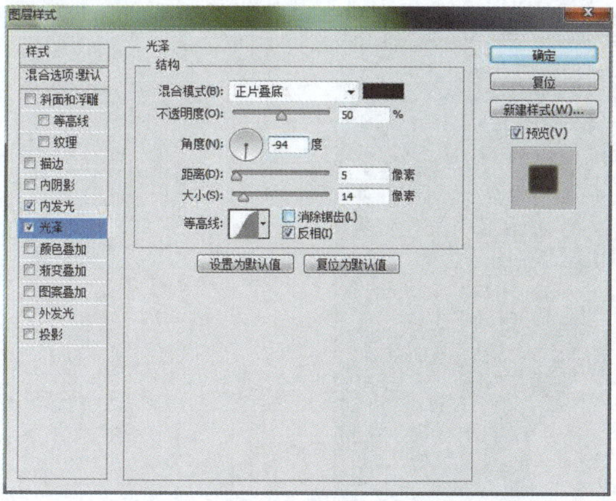

图 5-5-21

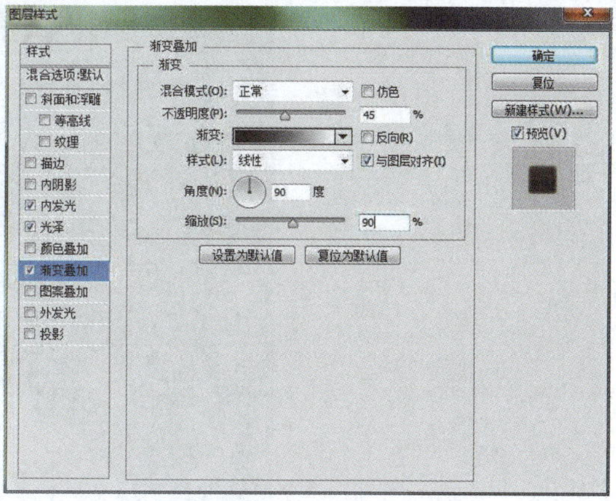

图 5-5-22

步骤 20：将图层不透明度调整为 30%，效果如图 5-5-23 所示。

步骤 21：使用工具箱中的钢笔工具分别绘制出接听电话图标和挂断电话图标，效果如图 5-5-24 所示。

步骤 22：使用工具箱中的文字工具输入文字“接听”和“挂断”，最终绘制效果如图 5-5-25 所示。

图 5-5-23

图 5-5-24

图 5-5-25

至此，整个界面制作完成。

拓展任务　制作手机简约天气界面

任务要求：本拓展任务主要练习制作手机简约天气界面，本例的制作过程比较简单，要求制作的图形和文字的搭配协调，同时注意文字的摆放能展现界面的整体美观性。最终效果如图 5-2-26 所示。

9:00 PM
JUST WEATHER
Today, 05 April 2013
24°
Tokyo
06 April 2013
07 April 2013
08 April 2013

图 5-2-26

第三部分

综 合 篇

项目六

综合案例设计

知识目标

1. 掌握 Photoshop 各种滤镜的使用方法
2. 掌握 Photoshop 参考线的运用方法
3. 掌握 Photoshop 字体的设计方法
4. 掌握 Illustrator 图形布尔运算工具
5. 掌握 Photoshop 与 Illustrator 的合作创作方法

能力目标

1. 会使用 Illustrator 设计 LOGO
2. 会制作微商城首页
3. 会制作微商城商品页面
4. 会作微商城个人中心页面

素质目标

1. 培养学生团队协助、团队互助等意识
2. 培养学生的科学精神和态度
3. 培养学生自我学习的习惯、爱好和能力
4. 培养较高的审美意识

任务知识目标

1. 知道微商城的设计原则
2. 了解微商城需要设计的 UI 界面要素
3. 知道按钮 UI 设计的方法和技巧
4. 会根据微商城的特点设计制作微商城首页 UI
5. 会根据微商城的特点设计制作微商城个人中心 UI
6. 会根据微商城的特点设计制作微商城产品 UI

工作情景

某商场为适应电商发展，要开发一个基于微信的微商城平台，现在要根据商场经营的范围，设计制作微商城的 LOGO、首页 UI、个人中心页面 UI、产品页面 UI。

工作任务

1. 微商城 LOGO 设计制作。
2. 微商城首页的设计制作。
3. 微商城商品页面的设计制作。
4. 微商城个人中心页面的设计制作。

任务 1　易优鲜微商城 LOGO 设计制作

任务效果展示

任务效果如图 6-1-1 所示。

图 6-1-1

【任务分析】

根据微商城的特点要求，使用 Illustrator 软件设计制作微商城 LOGO，LOGO 图片应主题鲜明、简洁明快、内涵丰富、寓意深刻，符合微商城定位，即微商城销售平台（绿色、天然、有机、安全），同时易于识别、记忆和宣传推广。

注意：微信微商发布产品的最佳尺寸为 390×220 像素，但是，随着高清屏幕的发展，建议尺寸为 790×440 像素。

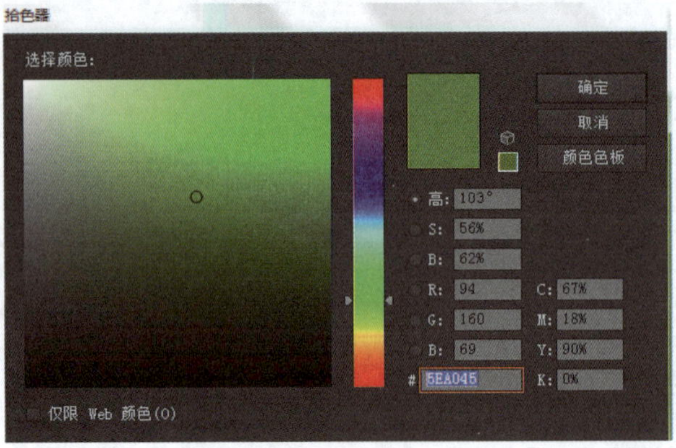

图 6-1-2

【操作步骤】

步骤 01：打开 Illustrator，单击“文件”→“新建”→“确定”按钮。按住 Ctrl+R 组合键，打开标尺，拉取参考线。选择 圆角矩形工具，在画布上单击并拖动，画出一个圆角矩形。按住左击不放，按方向键，向上表示增大圆角，反之减小，调整为适当。填色参数如图 6-1-2 所示。

完成效果如图 6-1-3 所示。

图 6-1-3

步骤 02：下载并安装字体“汉仪菱心体简”，输入“易优鲜”，对图 6-1-4 所示中圈住的部分进行字体结构、重心调整变形等操作。

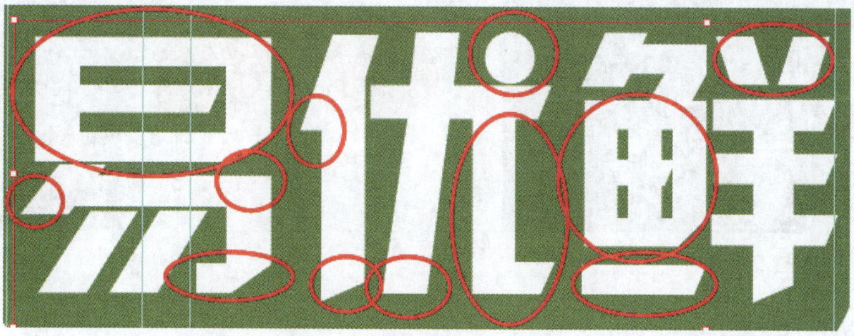

图 6-1-4

步骤 03：由“易优鲜”想到新鲜、叶子、活力、橘子、灵动等。选用“钢笔工具”画出叶子、橘子。用“钢笔工具”画叶子时，需双击节点，才能不受影响，如图 6-1-5 所示。完成效果图如图 6-1-6 所示。

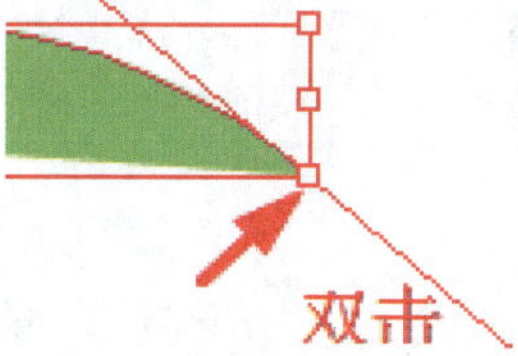

图 6-1-5

图 6-1-6

画橘子时，选用“椭圆工具”，按住 Shift 键画一个正圆，填色为白色。用“钢笔工具”画出橘子瓣，并复制（按 Ctrl+C、Ctrl+V 组合键）一个备用，颜色如图 6-1-7 所示。

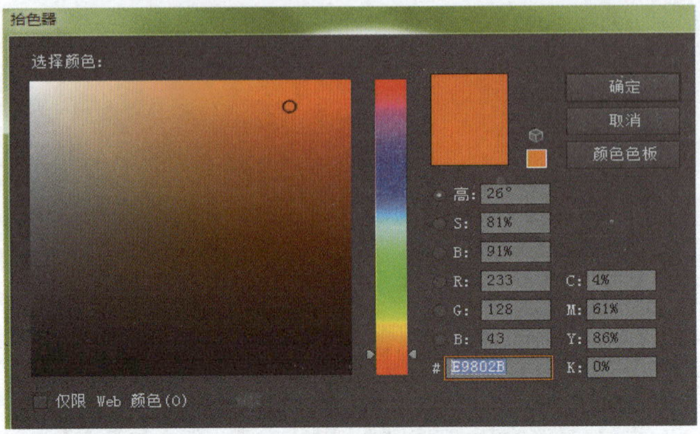

图 6-1-7

选中画好的橘子瓣，右击，单击“变换”→“对称”，参数如图 6-1-8 所示。再选橘子瓣，按 Shift 键同时选中两个，右击，单击“变换”→“对称”，参数如图 6-1-9 所示。

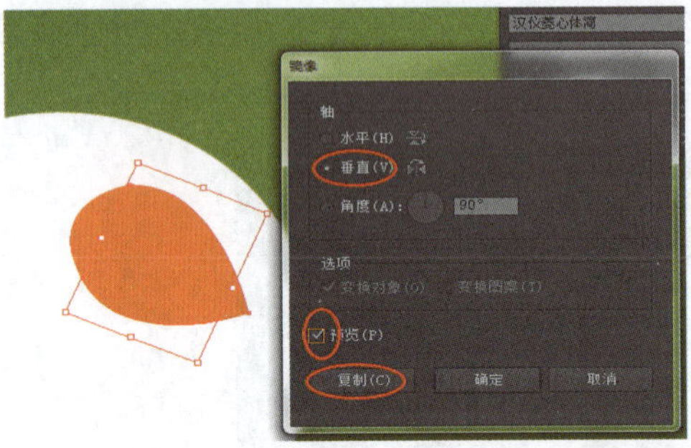

图 6-1-8

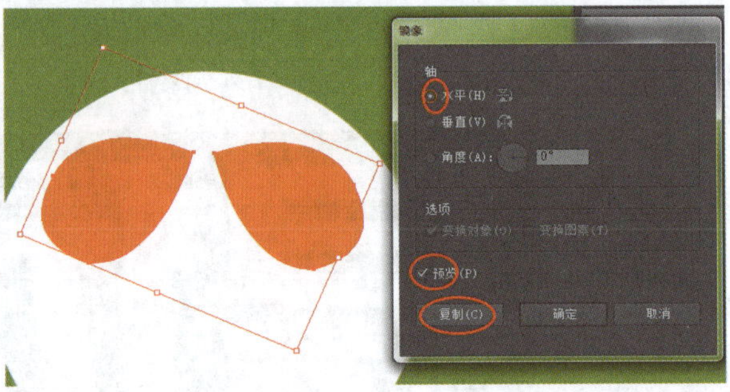

图 6-1-9

效果如图 6-1-10 所示。

图 6-1-10

步骤 04： 选中“易优鲜”，右击，选择“创建轮廓”，选择“直接选择工具”，单击想要删除的地方，按 Delete 键，如图 6-1-11 所示。

继续用“直接选择工具”，单击“易”字中想要变圆滑的地方，再单击“将所选锚点转换成平滑”，拖动手柄调整，如图 6-1-12 所示，完成效果如图 6-1-13 所示。

图 6-1-11

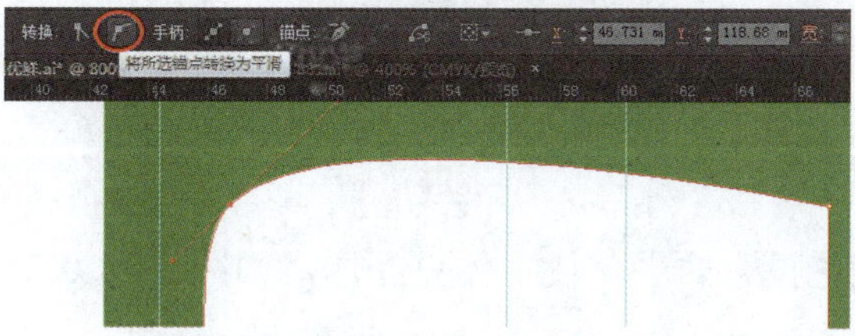

图 6-1-12

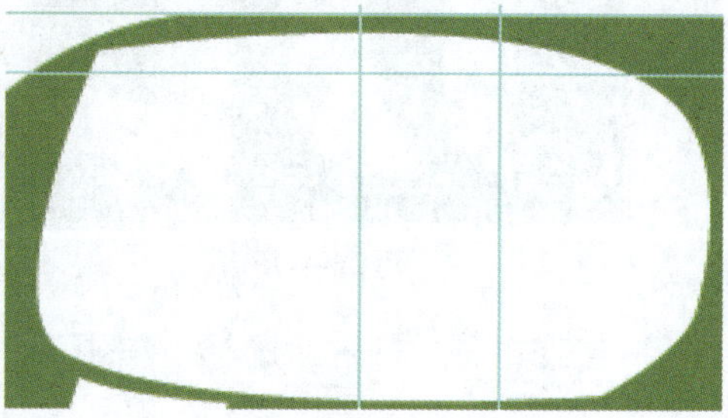

图 6-1-13

继续进行同样操作，将直角处都转换为圆滑。“直接选择工具”进行细调。用“钢笔工具”画出钩，如图 6-1-14 所示。完成效果如图 6-1-15 所示。

图 6-1-14

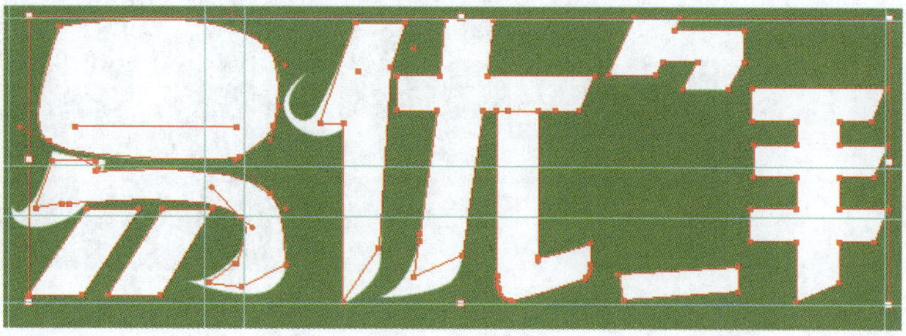

图 6-1-15

将画好的“叶子”拖至“易”的空白处，如图 6-1-16 所示。“橘子”拖至“鲜”的缺失处，如图 6-1-17 所示。将之前备用的“橘子瓣”移至“优”处，如图 6-1-18 所示。

图 6-1-16

图 6-1-17

“鲜”字中的两点，复制粘贴“优”字上的点，使用“选择工具”调整大小，如图 6-1-19 所示。

图 6-1-18

图 6-1-19

选中全部文字，右击，选择“编组”，设置投影效果，使字体更立体，如图 6-1-20 所示。

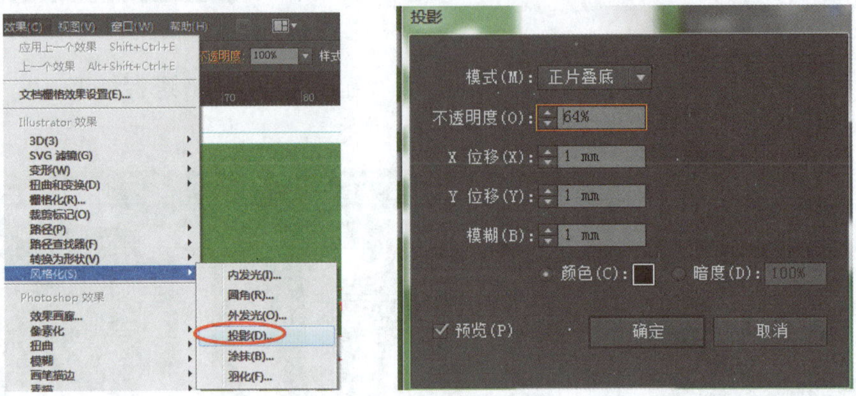

图 6-1-20

最终效果如图 6-1-21 所示。

图 6-1-21

任务 2　易优鲜微商城首页 UI 设计制作

任务效果展示

效果如图 6-2-1 所示。

图 6-2-1

【任务分析】

根据任务要求，使用 Photoshop 和 Illustrator 两个软件设计制作微商城的首页 UI。设计微商城的首页 UI，要注意界面的分布，从上到下应为广告动图区域、产品搜索区域、商城分类区域、商品展示区等。

【操作步骤】

步骤 01： 启动 Photoshop CS6，执行“文件”→“新建”命令，弹出“新建”对话框，如图 6-2-2 所示。设置各项参数，新建一个空白文档，并为其填充颜色 RGB（#000000）。

步骤 02： 在“背景”图层上方拖入素材，命名为“顶部状态栏”，效果如图 6-2-3 所示，并按 Ctrl+R 组合键（标尺）拉取参考线。

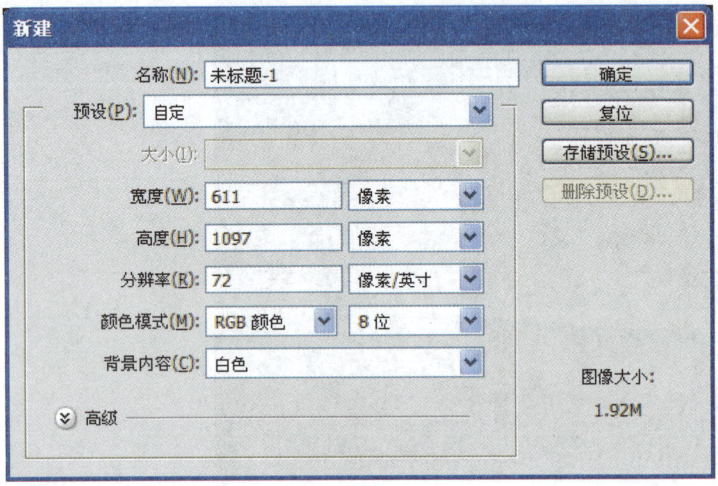

图 6-2-2

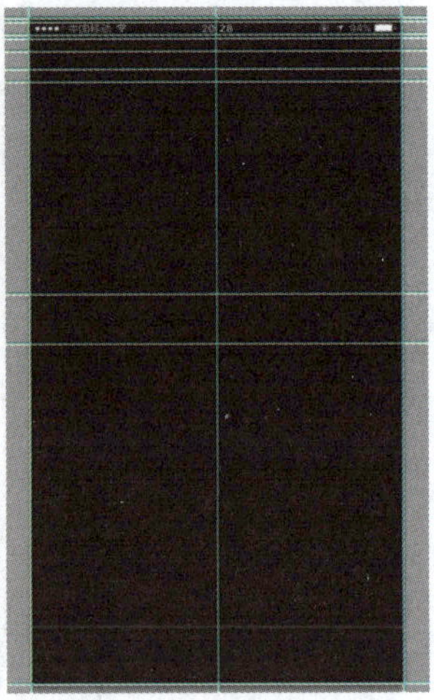

图 6-2-3

步骤 03： 新建图层组，命名为“标题”，在其中新建图层，并命名为“标题栏”，使用矩形选框工具框出标题栏选区，效果如图 6-2-4 所示。使用“渐变工具”，参数如图 6-2-5 所示。按住 Shift 键从下往上拉，按住 Ctrl+D 组合键取消选区，得到图 6-2-6 所示效果。单击“文件”→“存储”，存储为“易优鲜商城 1”psd 格式。

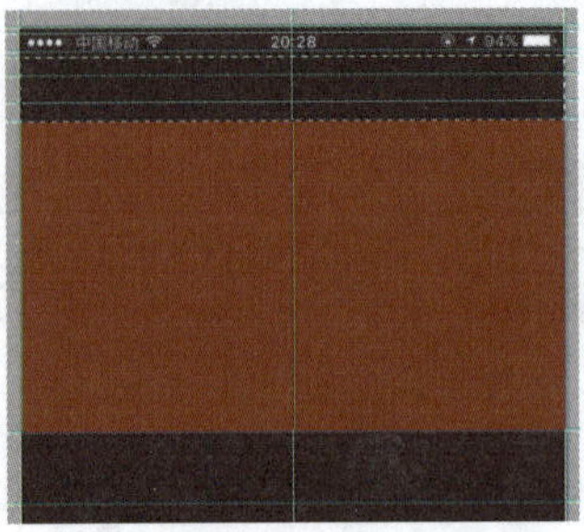

图 6-2-4

图 6-2-5

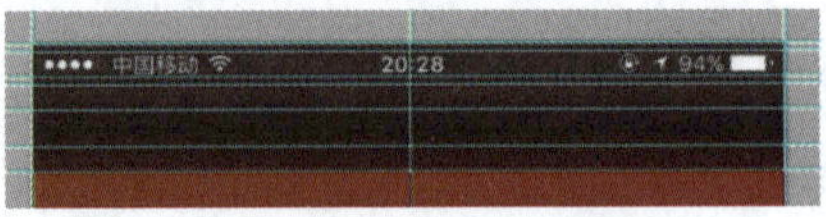

图 6-2-6

步骤 04： ① 单击“横排文字工具”，输入“返回”，设置参数。
② 找到“自定义选择工具”，步骤如图 6-2-7 所示。

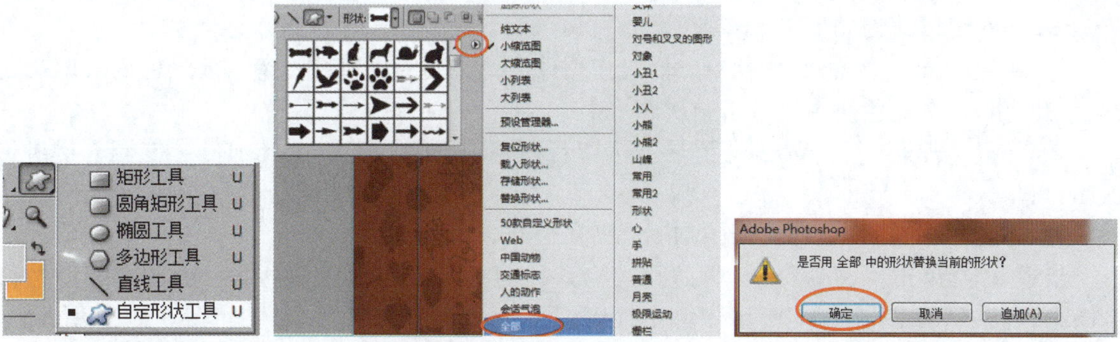

图 6-2-7

找到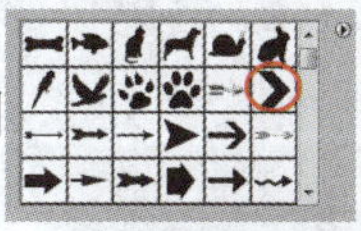，调整大小至合适，效果如图 6-2-8 所示。

图 6-2-8

③ 在标题栏中间输入“易优鲜商城”，字体为黑体，大小为 22。效果如图 6-2-9 所示。

图 6-2-9

步骤 05：折叠“标题”图层组。新建一个图层组，命名为“Banner”。新建图层 1，使用“矩形选框工具”在中上部（Banner 位置）框选出一个矩形选区，并为其填充前颜色#9a0403。

步骤 06：新建图层，图层命名为“中心亮光”，载入图层 1 选区，将矩形填充渐变，设置颜色 1 为#96000、颜色 2 为#c80003，选择填充效果，效果如图 6-2-10 所示。

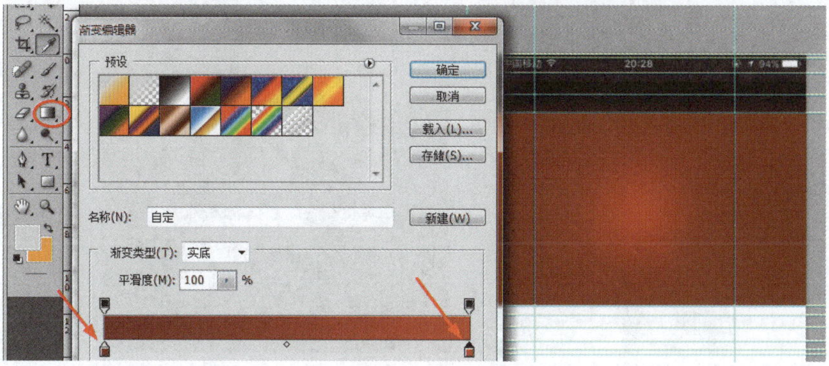

图 6-2-10

步骤 06 可以改为如下 3 个步骤：

① 新建图层，命名为“中心亮光”，使用硬度为 0%的大直径画笔，前景色为（RGB：244，38，4），在红色块中央单击一次。

② 隐藏“背景”“顶部状态栏”图层及“标题”图层组，按 Shift+Ctrl+Alt+E 组合键进行盖印。

③ 为盖印图层添加杂色，数量 1%，高斯分布，单色。

步骤 07： 单击“文件”→“打开”，将素材图打开，将鼠标移动到至两图之间，按住 Alt 键，左击，如图 6-2-11 所示。单击“图层”→“正片叠底”。效果如图 6-2-12 所示。

图 6-2-11

图 6-2-12

步骤 08： 新建组“标题”，新建图层“雪花 1”“雪花 2”，用“画笔工具”画出雪花，调整透明度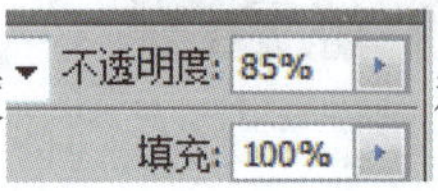

和大小，制造雪花效果，如图 6-2-13 所示。

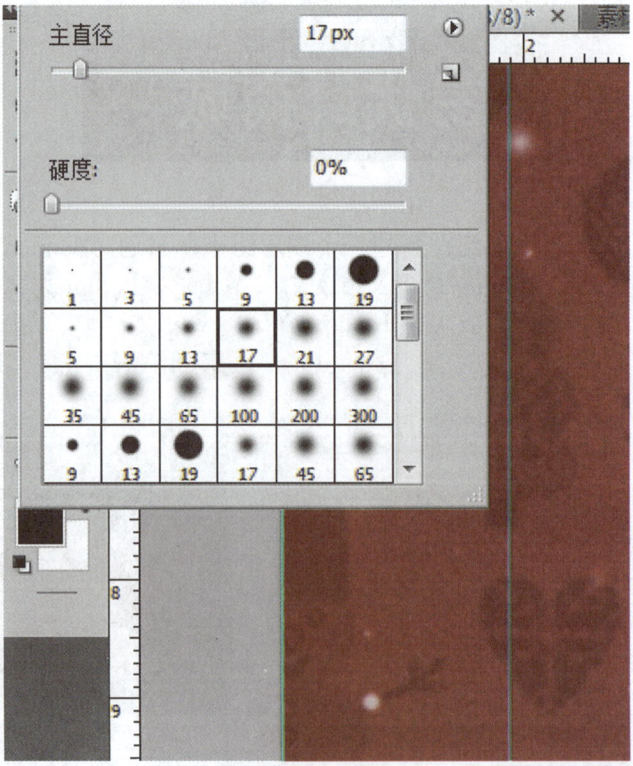

图 6-2-13

将素材雪拖入组中，复制多层图层，排列。效果如图 6-2-14 所示。

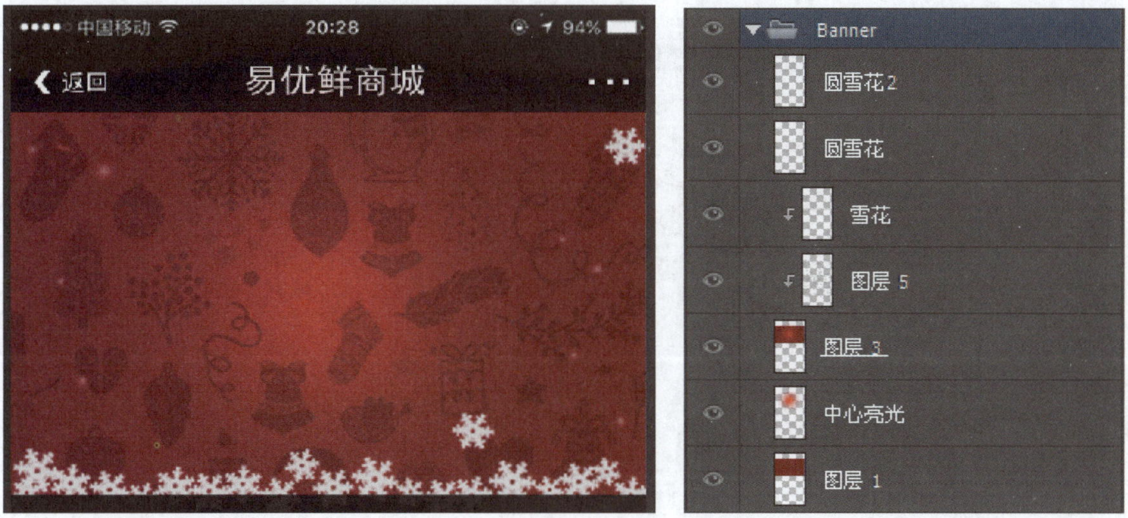

图 6-2-14

步骤 09：将素材“岁末狂欢.jpg”拖入，并修改图层名为“岁末狂欢”。为图层添加“颜色叠加”图层样式，颜色是白色，参数设置如图 6-2-15 所示。

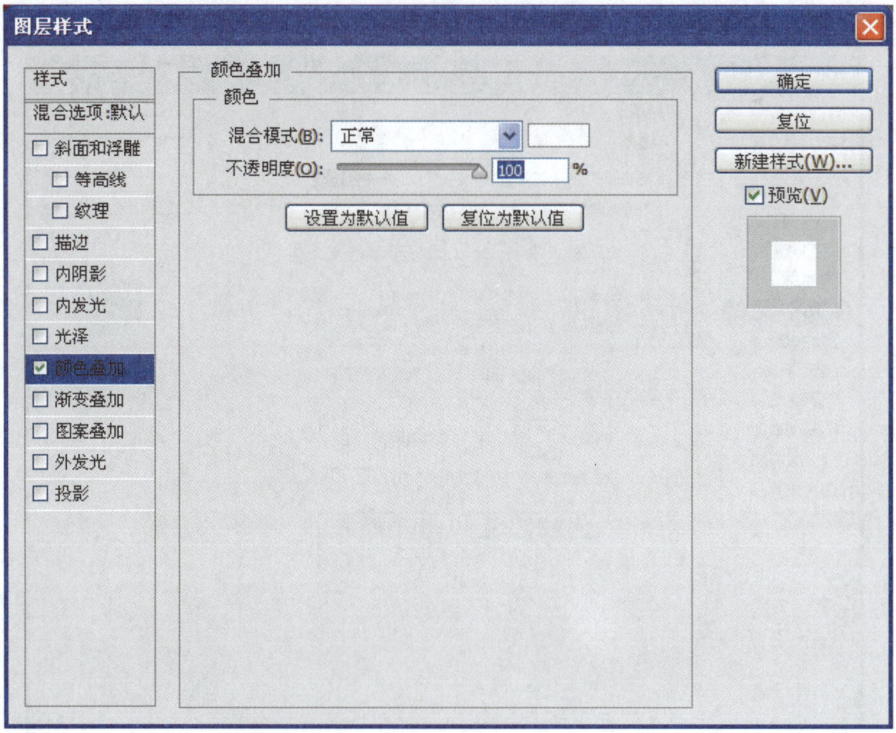

图 6-2-15

步骤 10：为图层添加“描边”“内阴影”和“投影”图层样式。参数如图 6-2-16～图 6-2-19 所示。描边色为（RGB：134，1，0），内阴影色为（RGB：108，5，5），效果如图 6-2-20 所示。

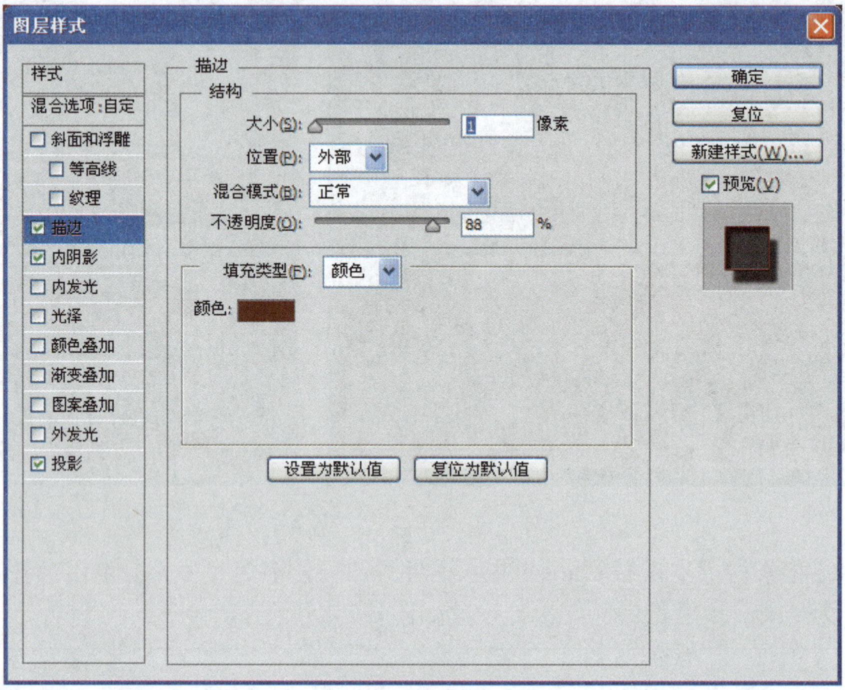

图 6-2-16

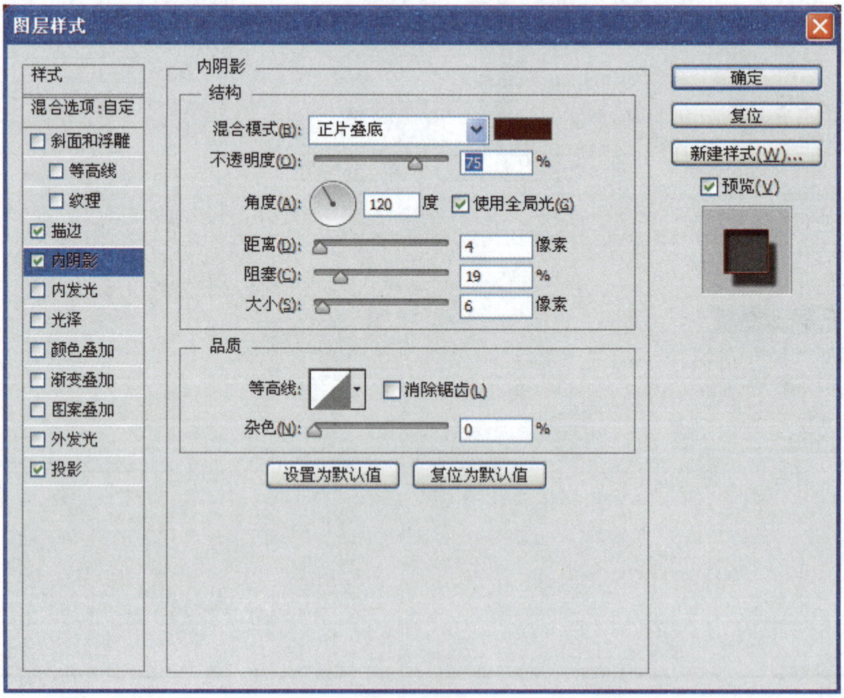

图 6-2-17

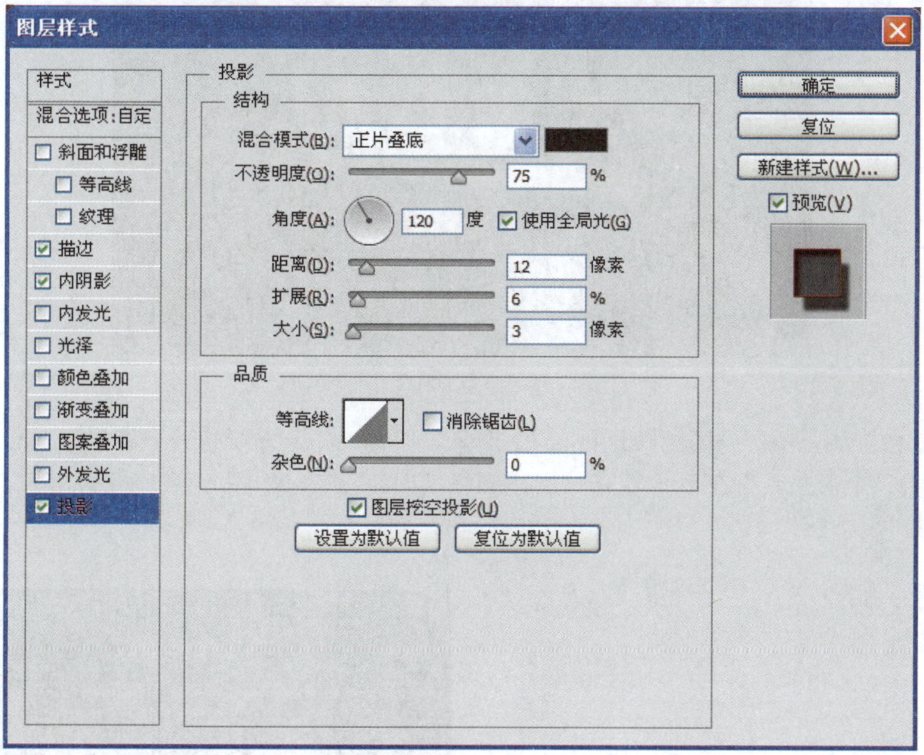

图 6-2-18

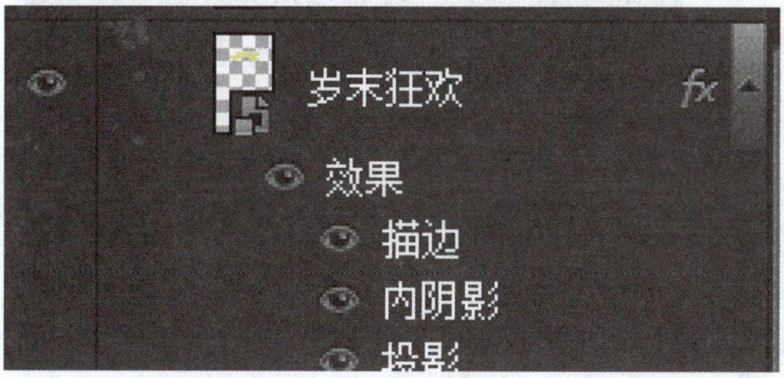

图 6-2-19

图 6-2-20

步骤 11：将图中文字输入，字体为微软雅黑，黄色为（#f4a90a）。新建图层“线”，用“矩形工具”画出黄色（#f4a90a）划分线。效果如图 6-2-21 所示。

图 6-2-21

步骤 12：“Banner”图层组如图 6-2-22 所示，折叠，在上方新建一个图层组，命名为“搜索栏”。用“矩形工具”在下方填充一层，颜色（#e8e7e7），如图 6-2-23 所示。

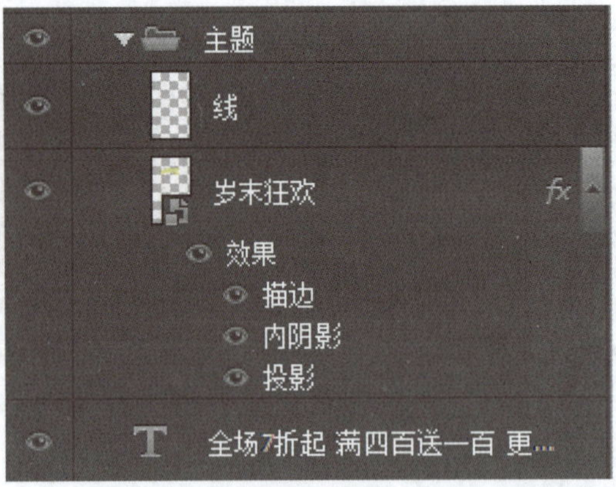

图 6-2-22

图 6-2-23

步骤 13：① 打开 AI，新建文档，执行“文件”→“新建”命令，弹出“新建”对话框，如图 6-2-24 所示，设置各项参数。

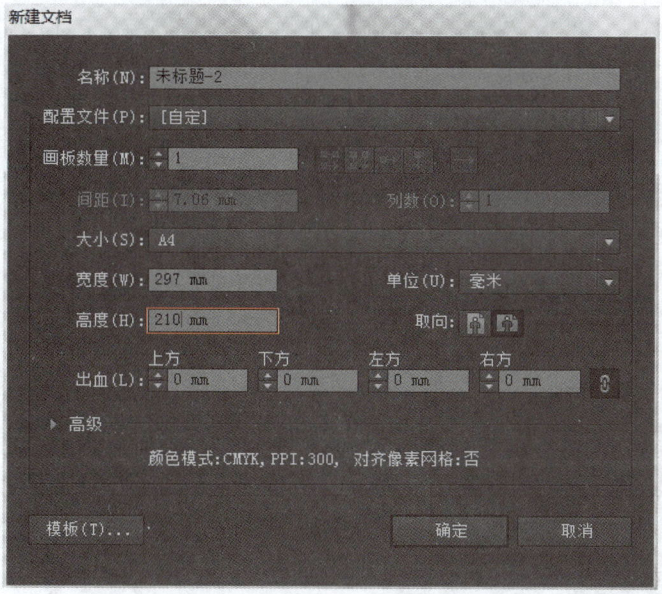

图 6-2-24

按 Shift+Ctrl+D 组合键透明图层，按 Ctrl+R 拉取参考线（先看 Photoshop 中待做搜索栏的尺寸，再到 AI 中拉取相应尺寸的参考线，尺寸大小一定要对应）。使用“椭圆工具”，并按住 Shift 键画出圆，填充白色，如图 6-2-25 所示。按住 Ctrl+C 组合键复制、按住 Ctrl+V 组合键粘贴，拖动至相同水平。用“矩形工具”在圆的“描点”处画出长方形，效果如图 6-2-26 所示。单击“文件”→“导出”将文件命名为“搜索栏”，保存类型为 png。

图 6-2-25

图 6-2-26

② 单击“文件”→“新建”，A4 大小。使用“椭圆工具”，按住 Shift+Alt 组合键画出正圆，描边 4 pt，颜色如图 6-2-27 所示。用“矩形工具”画出两个长方形，移至相应位置。

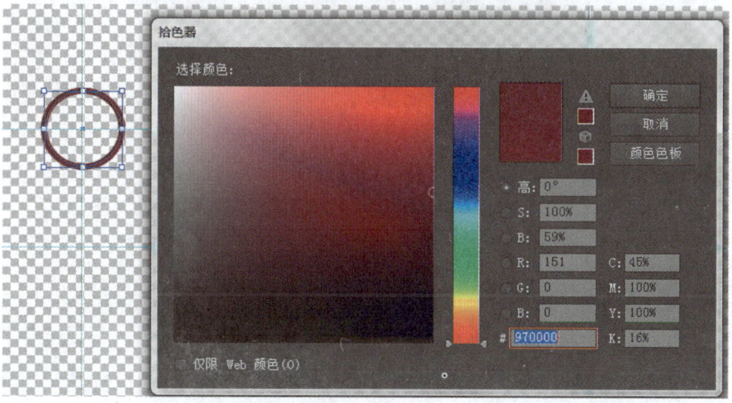

图 6-2-27

用“直接选择工具”单击长方形下方的两处锚点，将其移动至梯形处，将两个长方形选中，单击“窗口”→“路径查找”→“联集”，效果如图 6-2-28 所示。单击“文件”→“导出”，文件名为“相机”，保存类型为 png。

③ 单击“文件”→“新建”，A4 大小。使用“椭圆工具”，按住 Shift 画出正圆，描边 4 pt；用“直线段工具”，按 Shift 键画出一条直线。组合后效果如图 6-2-29 所示。单击“文件”→“导出”，文件名为“搜索栏 1”，保存类型为 png。

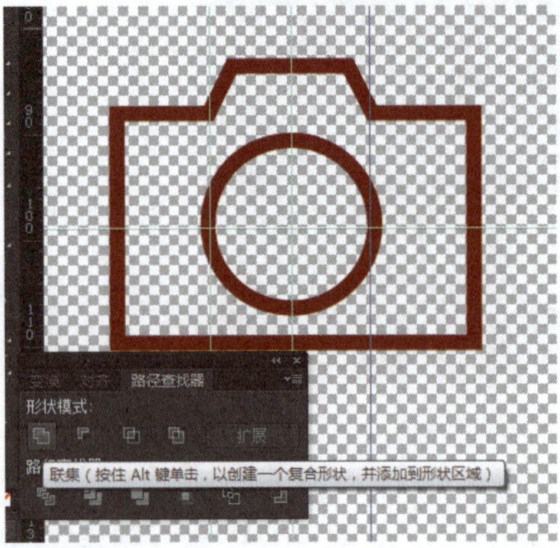

图 6-2-28

图 6-2-29

步骤 14：在 Photoshop 中，将所做的“搜索栏”“相机”“搜索栏 1”放在相应位置，如图 6-2-30 和图 6-2-31 所示。

图 6-2-30

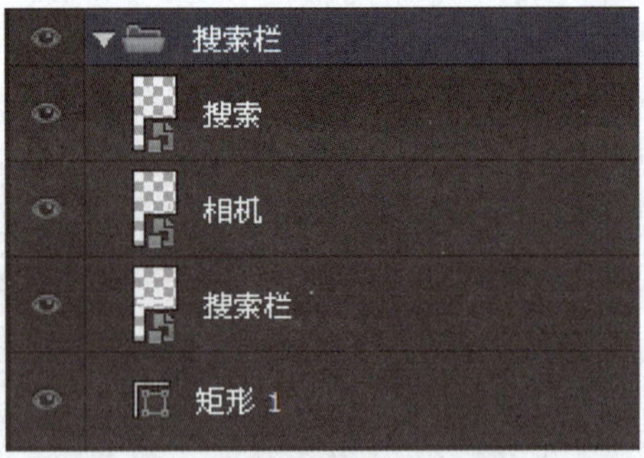

图 6-2-31

步骤 15：在 AI 中制作各个分类图标：

① 番茄图标。执行“文件”→“新建”命令，A4 大小。按 Ctrl+R 组合键拉取参考线，使用“椭圆工具”，按 Shift+Alt 组合键画出正圆，颜色填充为#3C9D58。再画一个椭圆形，用“直接选择工具”单击锚点或拖拉手柄调整，如图 6-2-32 所示。

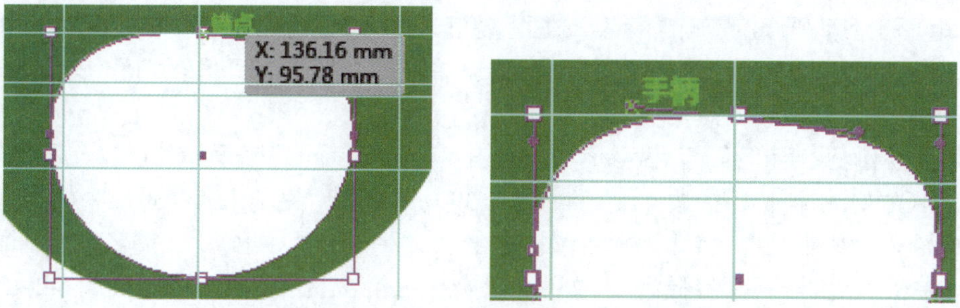

图 6-2-32

用“钢笔工具”画出番茄的一片叶子，描边 1 pt，颜色#3C9D58，如图 6-2-33 所示。

图 6-2-33

使用“直接选择工具”，按 Shift 键选中两端锚点，单击“在所选锚点处剪切路径”，如图 6-2-34 所示。选中所要删除部分，按 Delete 键，所得效果如图 6-2-35 所示。

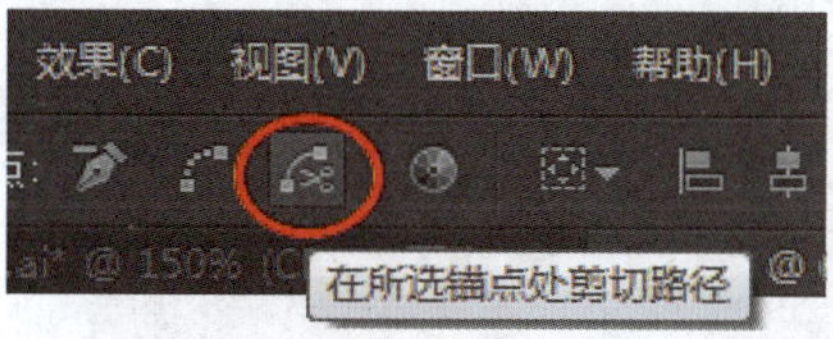

图 6-2-34

图 6-2-35

选中图案，右击，单击“变换”→“旋转”，参数设置如图 6-2-36 所示。调整叶子至合适的位置，如图 6-2-37 所示。

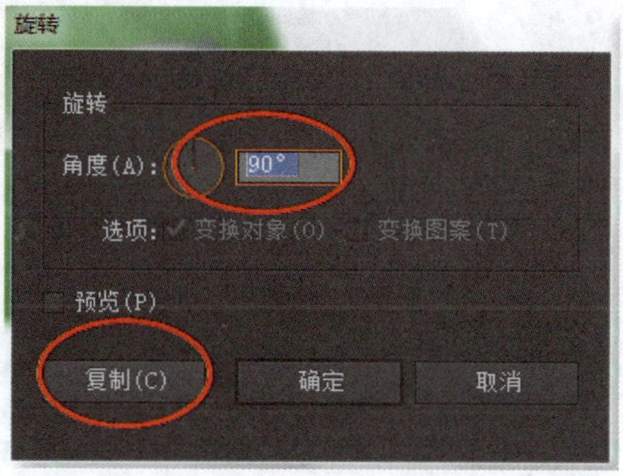

图 6-2-36

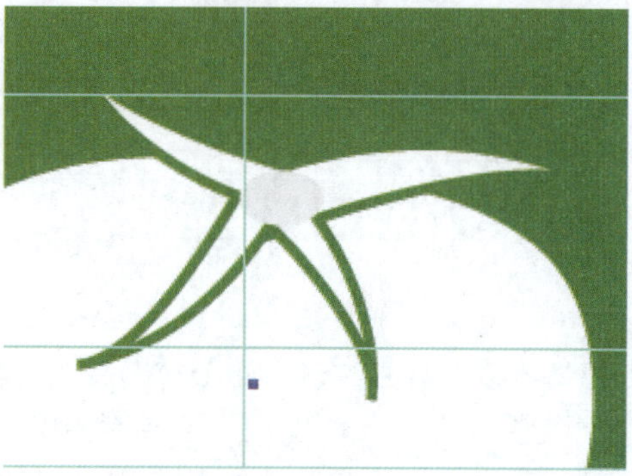

图 6-2-37

用“矩形工具”画出番茄的根部。在图案下方输入“蔬菜”，字体微软雅黑，单击“文件”→“导出”，文件名“蔬菜”，文件类型 png。单击“文件”→“另存为”，文件名“蔬菜”，文件类型 ai。效果如图 6-2-38 所示。

② 奶制品图标。用“蔬菜”做参考图，双击“填色”，颜色填充为#C81524。用“矩形工具”画出长方形（牛奶的顶部），描边 4 pt，如图 6-2-39 所示。用“钢笔工具”画出牛奶盒身，描边 4 pt。在下方输入“奶制品”，字体微软雅黑。单击“文件”→“导出”，文件名“奶制品”，文件类型 png。单击“文件”→“存储为”，文件名“奶制品”，文件类型 ai。效果如图 6-2-40 所示。

图 6-2-38

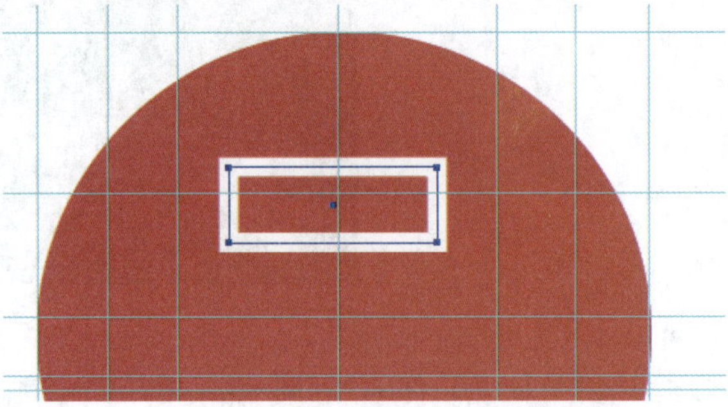

图 6-2-39

③ 水果图标。用“奶制品”做参考图，双击“填色”，颜色填充为#DF8A26。按 Ctrl+R 组合键拉取参考线，用“钢笔工具”画出橘子瓣。双击“锚点”后如图 6-2-41 所示。选中图案，右击，单击“变换”→“旋转”，参数设置如图 6-2-42 所示。

图 6-2-40

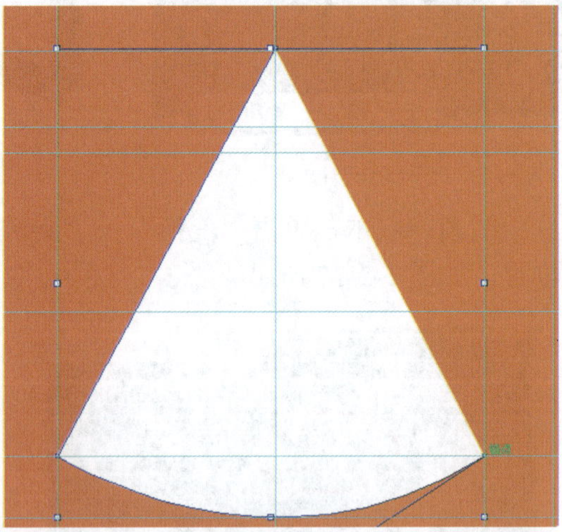

图 6-2-41

使用“椭圆工具”，按住 Shift+Alt 组合键画一个正圆，填色为#DF8A26。在下方输入“水果”，字体微软雅黑。单击“文件”→“导出”，文件名“水果”，文件类型 png。单击“文件”→“存储为”，文件名“水果”，文件类型 ai。效果如图 6-2-43 所示。

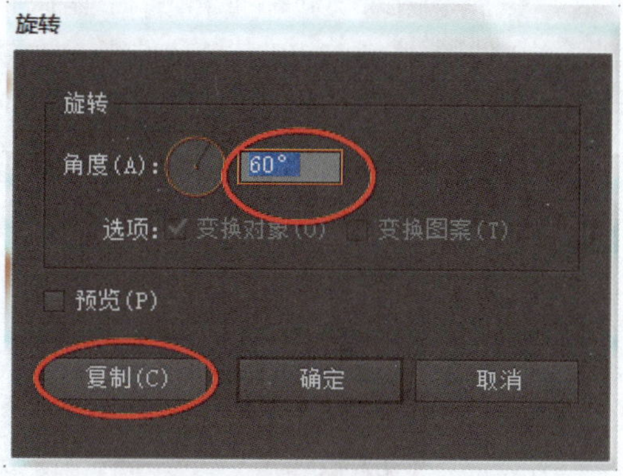

图 6-2-42

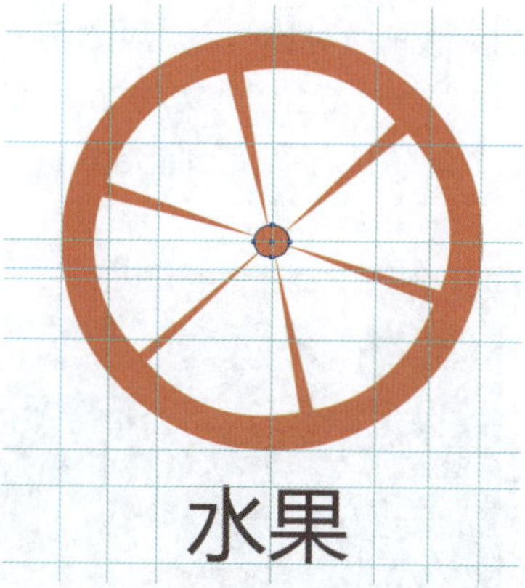

图 6-2-43

④ 肉类图标。用“水果”做参考图，双击“填色”，颜色填充为#497BB7。用“椭圆工具”画出一个长圆。单击“直接选择工具”，单击“锚点”和“手柄”进行调整，如图 6-2-44 所示。单击“椭圆工具”，按 Shift 键画出鱼眼，颜色填充为#497BB7。用“钢笔工具”画出鱼鳃（描边颜色#497BB7）、鱼鳍、鱼尾，效果如图 6-2-45 所示。

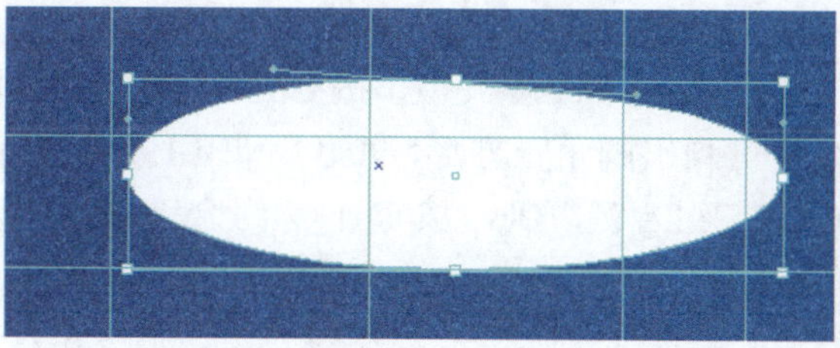

图 6-2-44

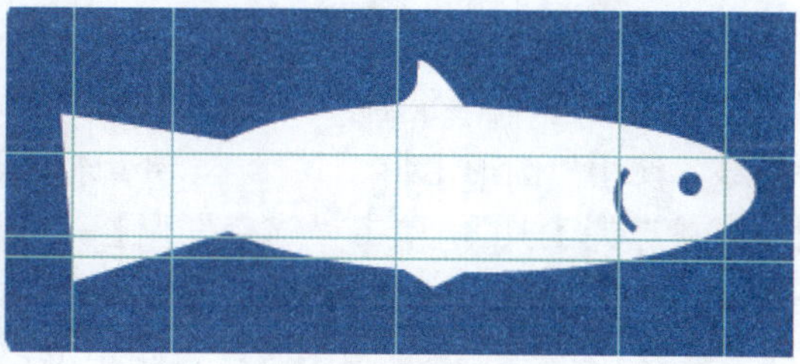

图 6-2-45

在下方输入“肉类”，字体微软雅黑。单击“文件”→“导出”，文件名“肉类”，文件类型 png。单击“文件”→“存储为”，文件名“肉类”，文件类型 ai。效果如图 6-2-46 所示。

⑤ 新品图标。用“肉类”做参考图，双击“填色”，颜色填充为#DD67A2。按 Ctrl+R 组合键拉取参考线，用“钢笔工具”画出“爱心”一半，如图 6-2-47 所示。选中图案，右击，

图 6-2-46

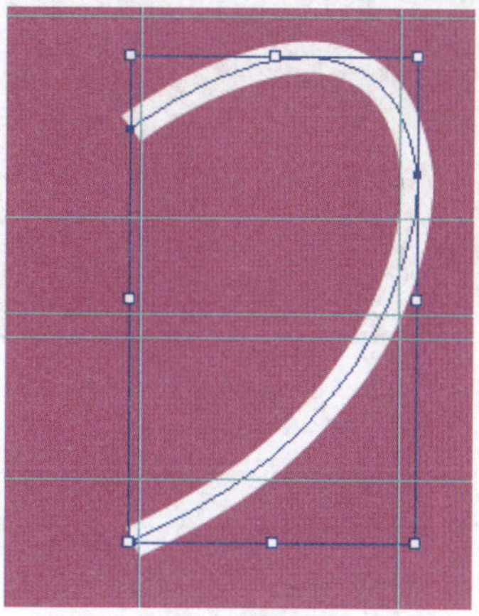

图 6-2-47

单击“变换”→“对称”，参数如图 6-2-48 所示。在下方输入“新品推荐”，字体微软雅黑。单击“文件”→“导出”，文件名为“新品推荐”，文件类型 png；单击“文件”→“存储为”，文件名为“新品推荐”，文件类型 ai。如图 6-2-49 所示。

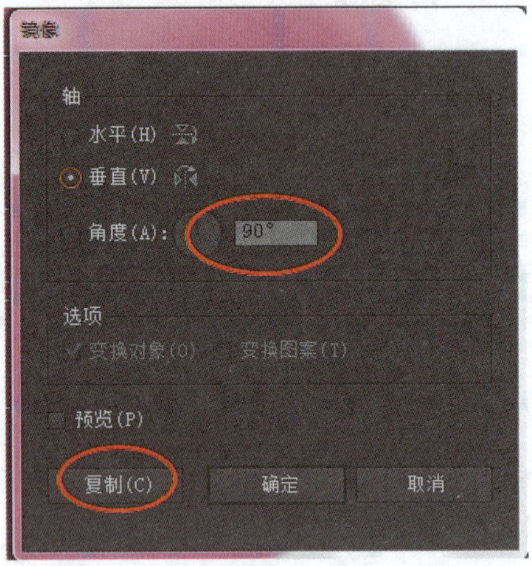

图 6-2-48

图 6-2-49

步骤 16： ① 首页图标。单击“文件”→“新建”，文档 A4 大小，按 Ctrl+D 组合键拉取参考线。使用“圆形矩形工具”，按 Shift+Alt 组合键画出圆角正方形，填色为#BF1920，并使用“直接选择工具”，单击“锚点”调整，按 Ctrl+C 组合键复制，按 Ctrl+V 组合键粘贴，调小，填色：白色。放在适当位置，如图 6-2-50 所示。

用“直接选择工具”画出两条长圆矩形，右击，选择“变换”→“对称参数”，如图 6-2-51 所示。调整后如图 6-2-52 所示。

图 6-2-50

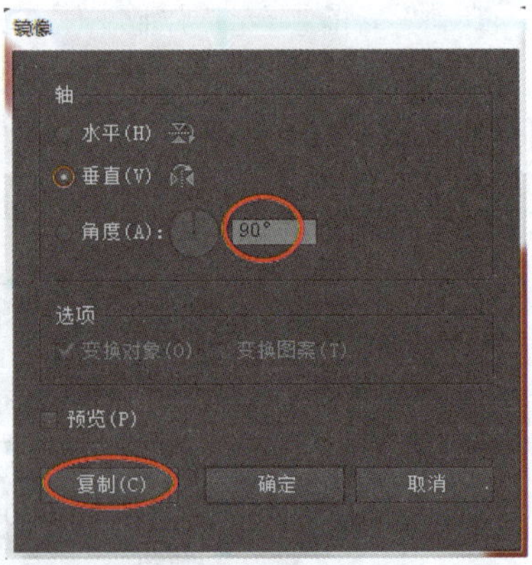

图 6-2-51

用“钢笔工具”画三角，空缺的地方填色#BF1920，如图 6-2-53 所示。在下方输入“首页”，字体微软雅黑，字体大小 23.5 pt。单击“文件”→“导出”，文件名为“首页”，文件类型为 png；单击“文件”→“存储为”，文件名为“首页”，文件类型为 ai。如图 6-2-54 所示。

图 6-2-52

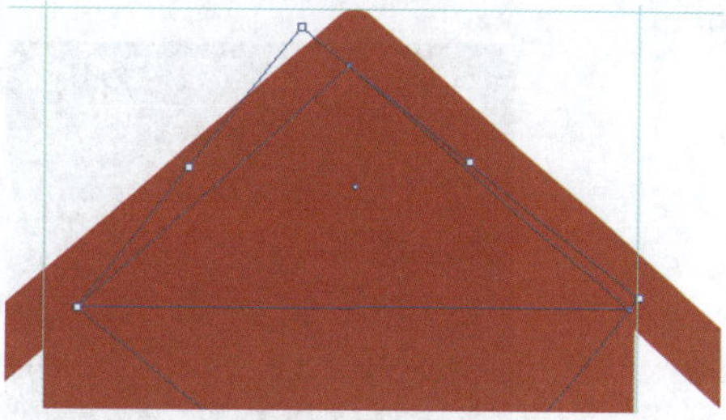
图 6-2-53

单击“换色”，选中图案，描边色为#3E3A39。将三角填补处选中，按 Delete 键删除，将矩形描边变换成 4 pt，即

选中两个矩形窗口，单击“路径查找器”→“减去顶层”，如图 6-2-55 所示。

图 6-2-54

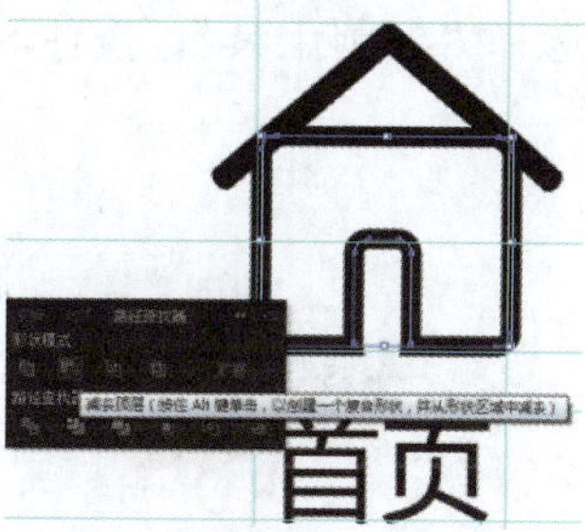

图 6-2-55

选用“直接选择工具”，选中矩形上方的两处“锚点”，单击删除不需要的，单击“文件”→“导出”，文件名为“首页 2”，文件类型为 png；单击“文件”→“存储为”，文件名为“首页 2”，文件类型为 ai。如图 6-2-56 所示。

② 发现图标。用“首页”作为参考图。用“钢笔工具”画出一个弧形，描边 4 pt，颜色如图 6-2-57 所示。右击“变换”→“对称”，参数如图 6-2-58 所示。

图 6-2-56

图 6-2-57

使用“椭圆工具”，按 Shift+Alt 组合键画出正圆，描边 4 pt，描边色为#3E3A39。选择“直线选择工具”，画出三根睫毛，描边 4 pt，描边色为#3E3A39。在图案下方输入“发现”，字体微软雅黑，保存。单击“文件”→“导出”，文件名为“发现”，文件类型为 png；单击“文件”→“存储为”，文件名为“发现”，文件类型为 ai。如图 6-2-59 所示。

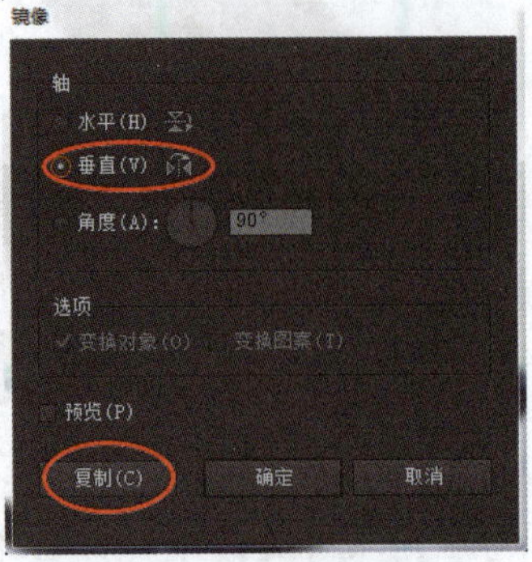

图 6-2-58

图 6-2-59

③ 购物车图标。用“发现”作为参考图。用“钢笔工具”绘出推车外轮廓，描边 4 pt，描边色为#3E3A39。先画推车柄部，双击“锚点”（去除手柄），如图 6-2-60 所示。画完后如图 6-2-61 所示。选择“椭圆工具”，按住 Shift 键，画出两个正圆，作为轮子，填色#3E3A39。

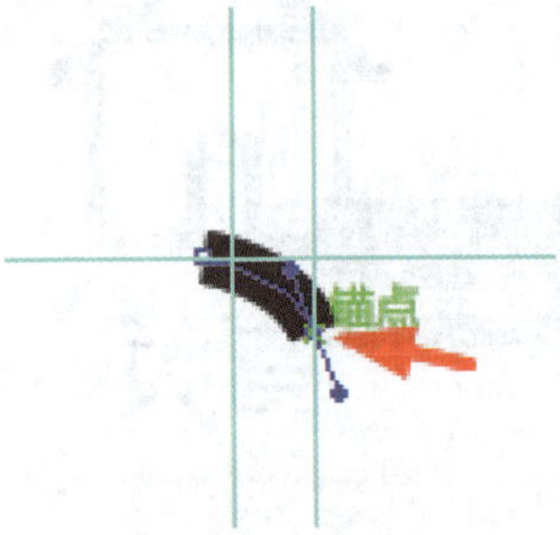

图 6-2-60

图 6-2-61

在图案下方输入“购物车”，字体为微软雅黑。单击“文件”→“导出”，文件名为“购物车”，文件类型为 png；单击“文件”→“存储为”，文件名为“购物车”，文件类型为 ai。如图 6-2-62 所示。

④ 我的商城图标。将“购物车”作为参考图。选用“椭圆工具”画三个圆，描边 4 pt，描边色为#3E3A39。将圆拖至合适位置，单击“窗口”→“路径查找器”→“减去顶层”，如图 6-2-63 所示。用“矩形工具”任意画出一个长方形，如图 6-2-64 所示。按住 Shift 键同时选中两个图形，单击“窗口”→“路径查找器”→“减去顶层”。

图 6-2-62

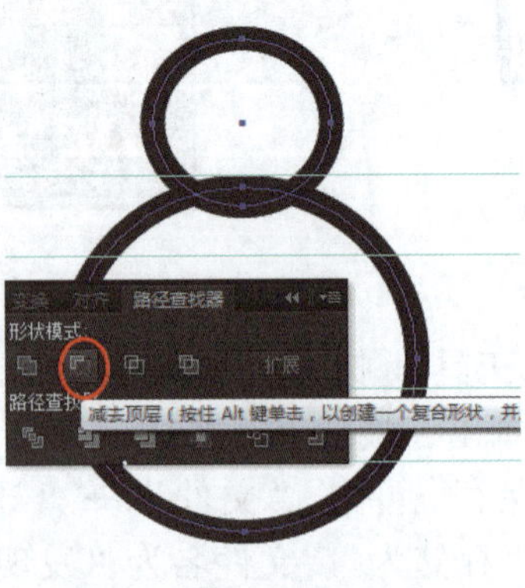

图 6-2-63

单击“直接选择工具”，选中“锚点”，单击“在所选锚点处剪切路径”，完成后如图 6-2-65 所示。删除不需要的部分。最后在图案下方输入“我的商城”，字体微软雅黑，单击“文件”→“导出”，文件名为“我的商城”，文件类型为 png；单击“文件”→“存储为”，文件名为“我的商城”，文件类型为 ai。如图 6-2-66 所示。

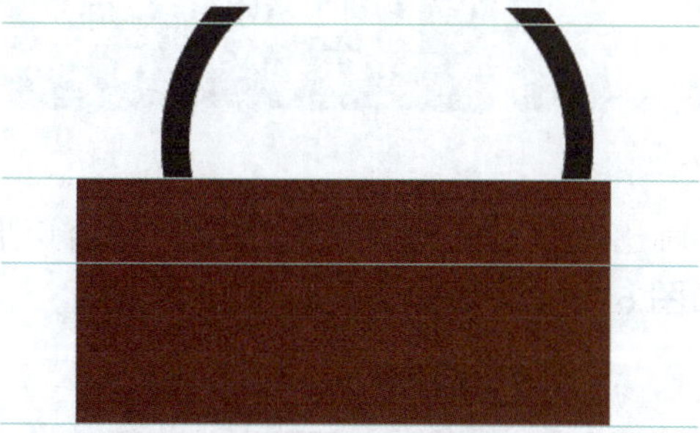

图 6-2-64

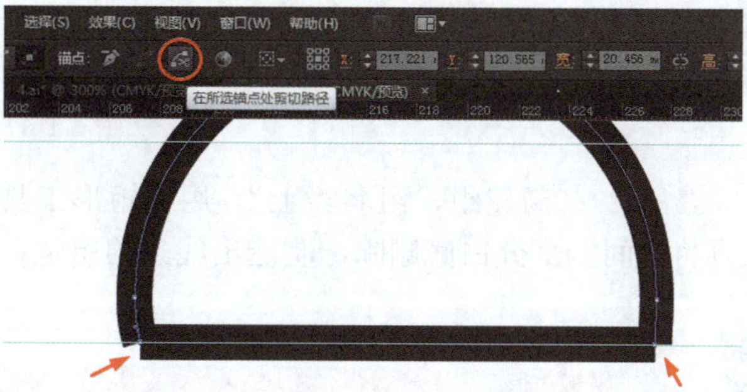

图 6-2-65

单击“换色”→“填色”，选中图案，描边色为#BF1920。单击“文件”→“导出”，文件名为“我的商城 2”，文件类型为 png；单击“文件”→“存储为”，文件名为“我的商城 2”，文件类型为 ai。如图 6-2-67 所示。

图 6-2-66

图 6-2-67

步骤 17：将之前做的图标拖入“创建新组”，组名为“图标 1”。用“矩形工具”画出长矩形作为底，填充前景色（按 Alt+Delete 组合键）为白色，如图 6-2-68 所示。

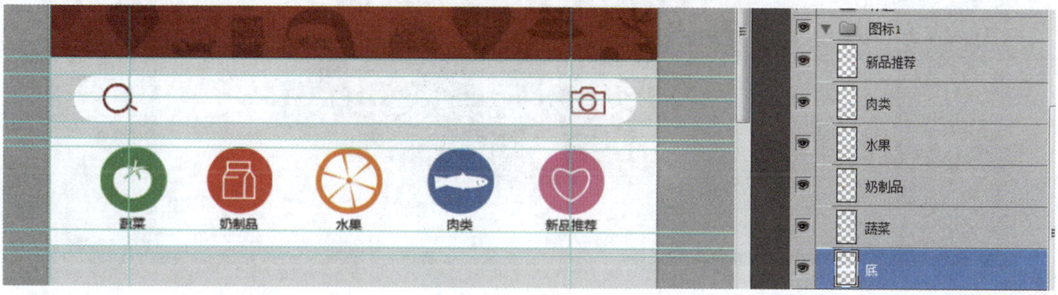

图 6-2-68

步骤 18：创作“商城头条”，用“矩形工具”填充前景色为白色。选择文本工具T，输入“商城头条：‘爱在圣诞，这个冬天给你更多温暖速递。’”字体：微软雅黑，大小：12，颜色：#d77002，字距：80，如图 6-2-69 所示。

图 6-2-69

步骤 19：新建组，组名“上”。用“矩形工具”画出底，填充前景色为白色，再用矩形工具将中间一部分白底删除，制造出线条的感觉，如图 6-2-70 所示。

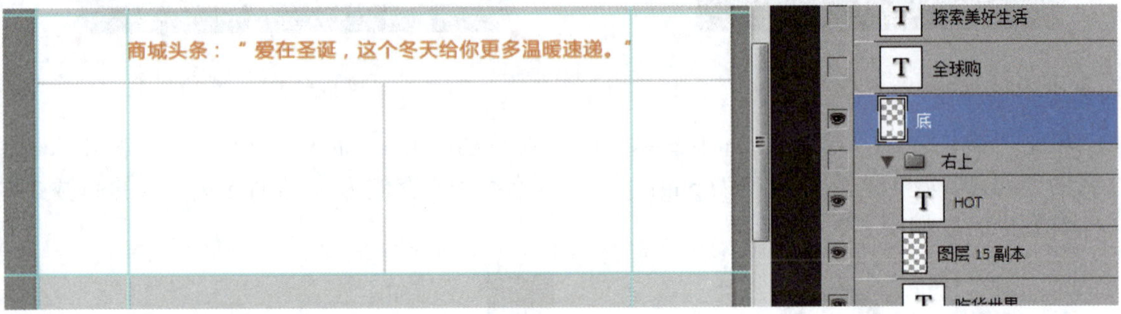

图 6-2-70

将“素材 1”拖入 Photoshop 中，用“椭圆选框工具”选出所需的部分，如图 6-2-71 所示。

图 6-2-71

单击，拖入“易优鲜微商1”，放入合适的位置，按Ctrl+T组合键，按住Shift键等比例调整。选择文本工具，输入图6-2-72所示文字，字体：黑体，大小：18、12。

图 6-2-72

新建图层，选用画出椭圆红底，颜色为#a10500，输入“FASHION”，如图6-2-73所示。

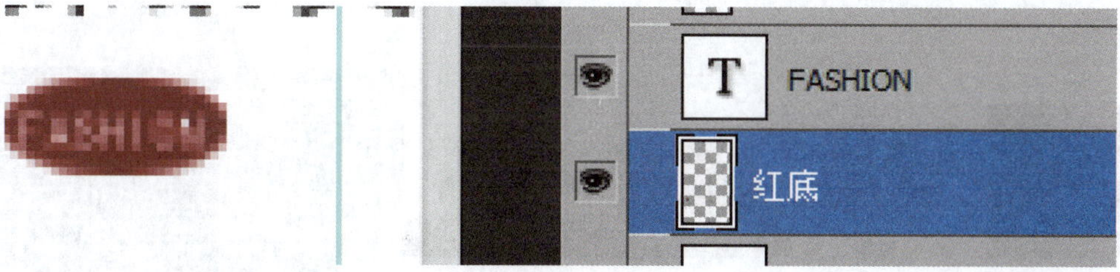

图 6-2-73

右边设置步骤同左边。新建组，组名为“右上”，进行文字替换，拖入素材2，名为“HOT”。如图6-2-74所示。

图 6-2-74

新建组，组名为“下”，新建图层“白底”，用“矩形工具”选出删除部分，按Delete键。将素材3～素材8拖入组中，按Ctrl+T组合键。按Shift键进行调整，如图6-2-75所示。

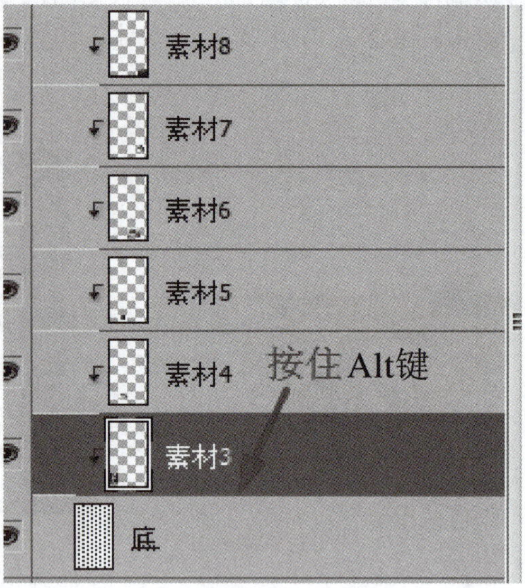

图 6-2-75

效果如图 6-2-76 所示。

图 6-2-76

步骤 20：新建组“底部”，拉取参考线，将“首页”“发现”“购物车”“我的商城”图标拉入组中，按 Ctrl+T 组合键。按 Shift 进行调整，效果如图 6-2-77 所示。

图 6-2-77

最终效果如图 6-2-78 所示。

图 6-2-78

任务 3　易优鲜微商城商品页面 UI 设计制作

任务效果展示

最终如图 6-3-1 所示。

【任务分析】

根据任务要求，使用 Photoshop 软件设计制作微商城商品页面 UI。设计商品页面 UI 时，要突出商城主打商品，这就要根据商城的销售产品来推主打商品，并且要对主打商品图片进行美化。

【操作步骤】

步骤 01： 删除不需要的部分，如图 6-3-2 所示。单击“文件”→“存储为”，命名为“易优鲜商城 2”，格式为 psd。

图 6-3-1

图 6-3-2

步骤 02： 拉取参考线，新建组，组名为“热卖”。选用文本工具T，输入“热卖单品”，字体微软雅黑，大小 21，字距 100。用“矩形工具”画出长方形，如图 6-3-3 所示，颜色#ab0303。

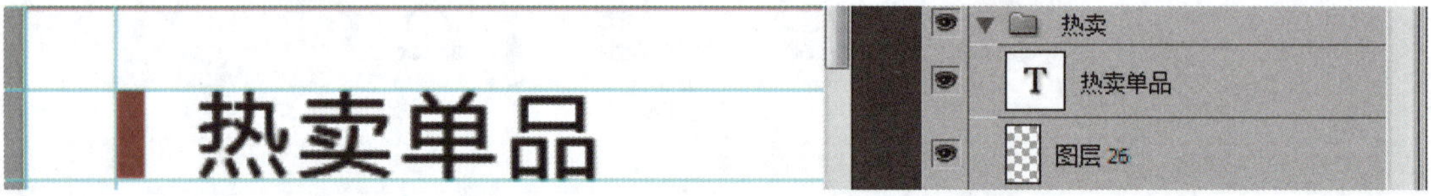

图 6-3-3

步骤 03： 新建组，组名为“智利”。用“矩形工具”画出灰色（#e8e8e8）所需部分，将素材“水果 1”拖入组中，裁剪，放置于适当位置。输入图中文字，字体微软雅黑，大小 20，字距 100，输入“¥39”，数字颜色#b32020，效果如图 6-3-4 所示。

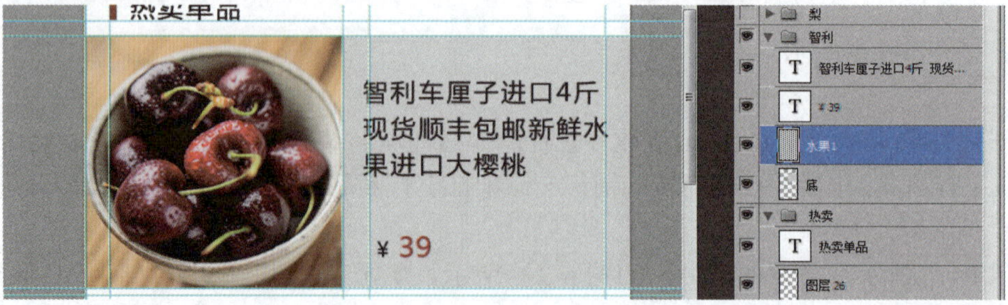

图 6-3-4

步骤 04： 参照步骤 03 新建“梨”图层，如图 6-3-5 所示。

图 6-3-5

步骤 05： 参照步骤 03 新建“橘子”图层。此步需要创建剪切蒙版，如图 6-3-6 所示。在两图之间按住 Shift 键，然后输入相应文字和价格，如图 6-3-7 所示。

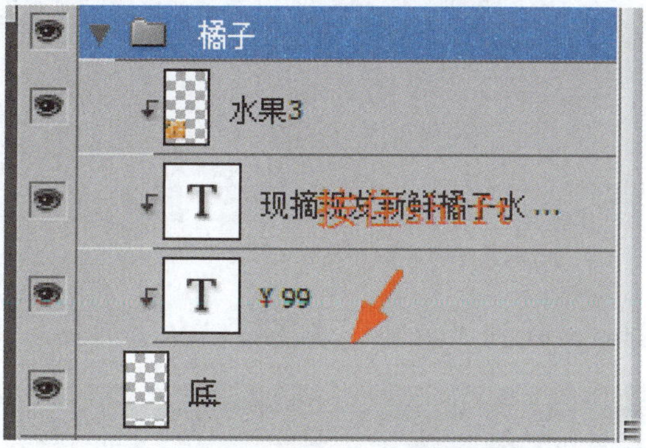

图 6-3-6

图 6-3-7

步骤 06： 新建组“返回”，新建图层“底”。使用“椭圆选框工具”，按住 Shift 键画一个正圆，颜色#abaaaa，透明度45%。新建图层“箭头”。用“矩形选框工具”画出一个长方形，透明度65%，如图6-3-8所示。

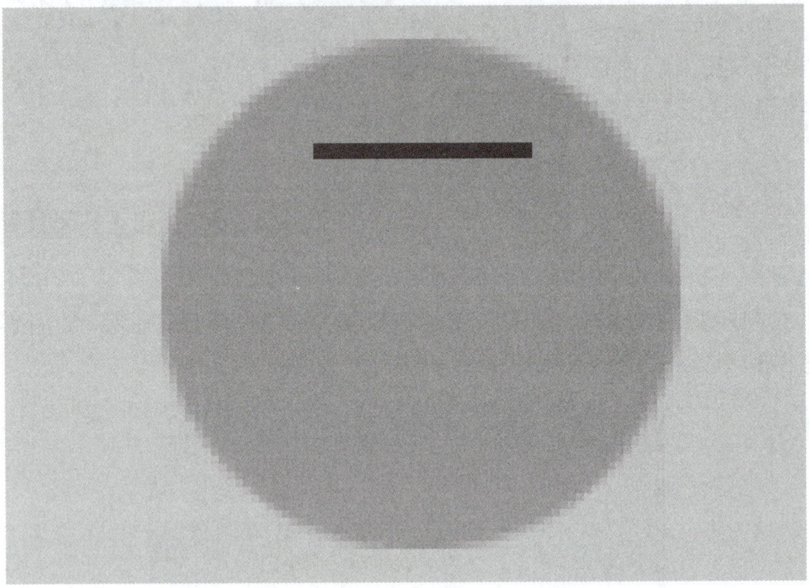

图 6-3-8

选用“自定义形状工具”，找到“全部”，如图6-3-9所示。

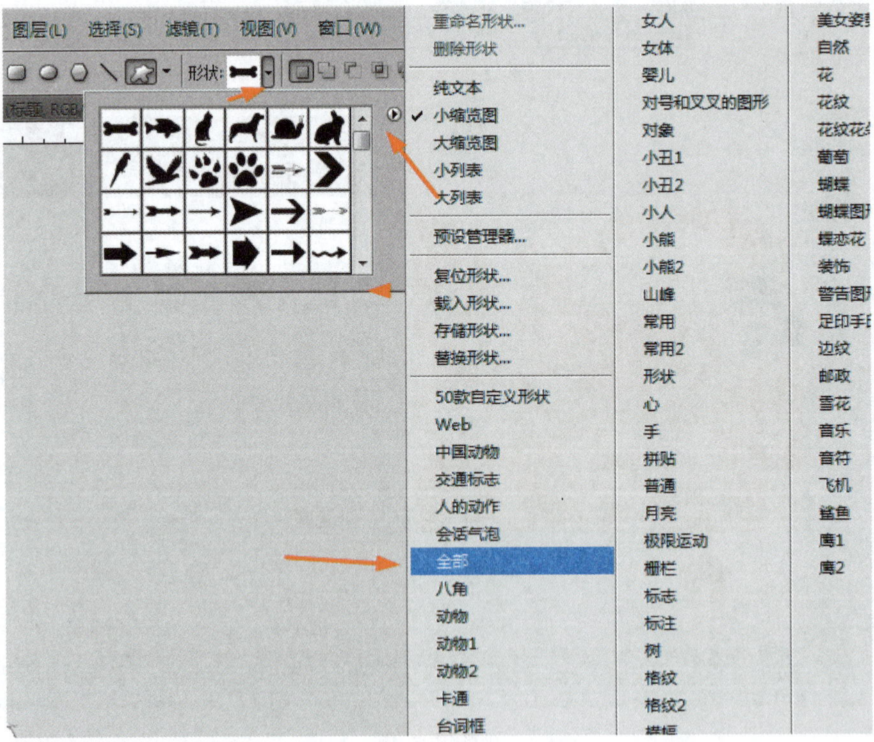

图 6-3-9

找到箭头标志，设置 填充: 91% ，如图 6-3-10 所示。

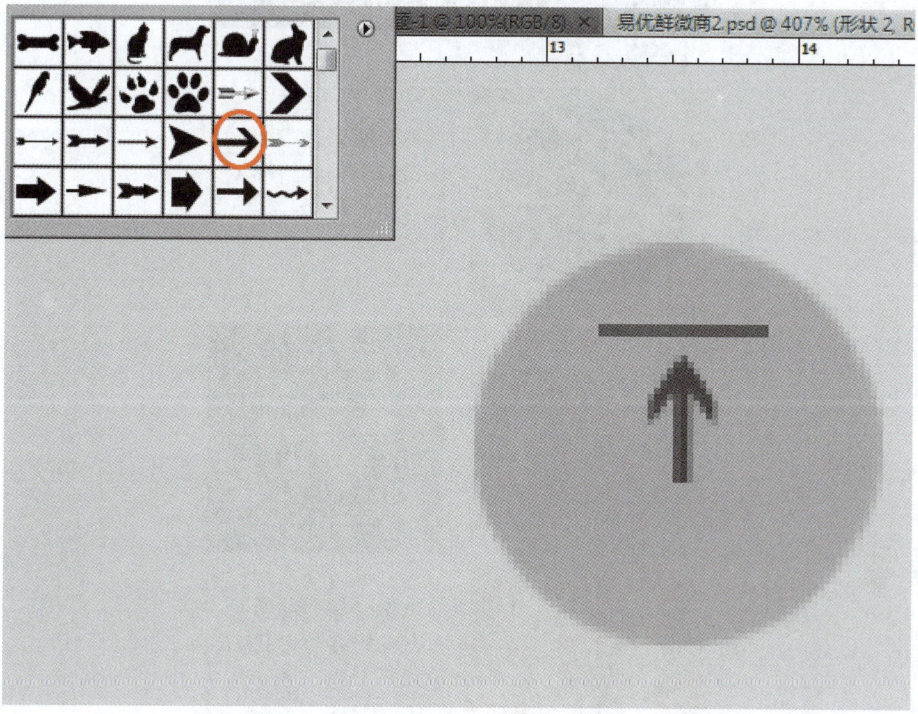

图 6-3-10

选择文本工具 T ，输入“返回”，字体微软雅黑，大小 11， 填充: 91% ，效果如图 6-3-11 所示。

图 6-3-11

最终效果如图 6-3-12 所示。

图 6-3-12

任务 4　易优鲜微商城个人中心 UI 设计制作

任务效果展示

效果如图 6-4-1 所示。

【任务分析】

根据任务要求，使用 Photoshop 和 Illustrator 两个软件设计制作微商城的个人中心 UI。至于设计微商城的个人中心 UI 需要哪些功能图片，需要借鉴天猫、京东等网上商城，根据需要的功能设计相应的 UI 图标，并合理布局。

【操作步骤】

步骤 01： 打开 Illustrator 中的“我的商城”图标。单击“文件”→“新建”，A4 大小。按 Ctrl+R 组合键拉取参考线，按 Shift+Ctrl+D 组合键使图层透明。选用“圆形矩形工具”画一个矩形，单击“窗口”→“透明度”（Shift+Ctrl+F10 组合键）调整透明度，透明度 50%，如图 6-4-2 所示。

图 6-4-1

输入“登录”，字体微软雅黑，大小 23 pt，字符间距 200。单击“窗口”→“文字”→“字符”，如图 6-4-3 所示。

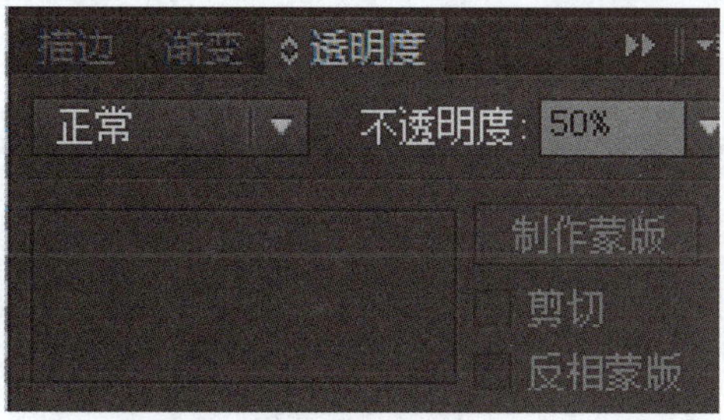

图 6-4-2

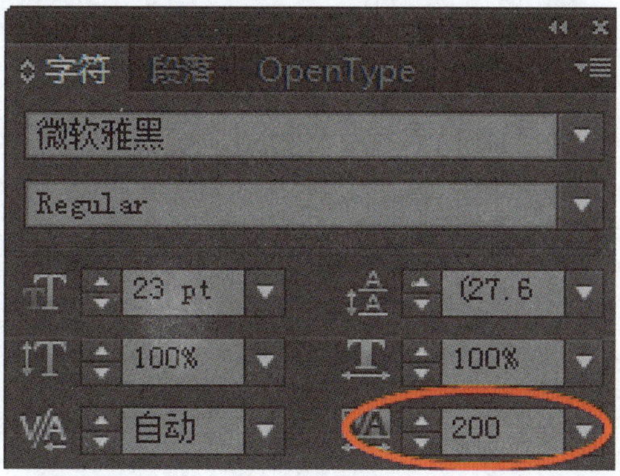

图 6-4-3

单击“文件”→“导出”，文件名为“登录”，文件类型为 png；单击“文件”→“存储为”，文件名为“登录”，文件类型为 ai。效果如图 6-4-4 所示。

复制“登录”图标，改成“注册”。单击“文件”→“导出”，文件名为“注册”，文件类型为 png；单击“文件”→“存储为”，文件名为“注册”，文件类型为 ai。如图 6-4-5 所示。

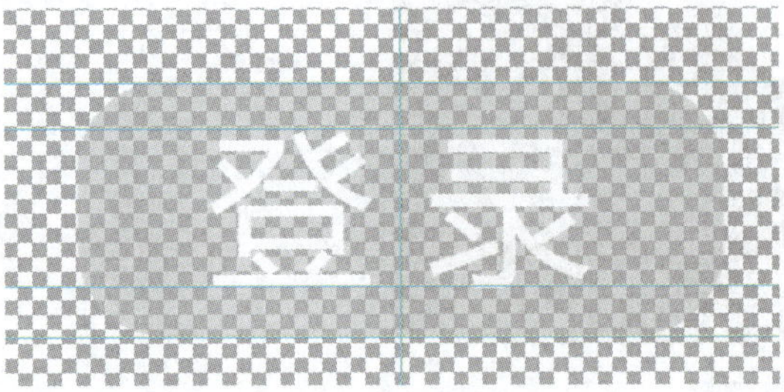

图 6-4-4

图 6-4-5

步骤 02：修改图标字体：字体微软雅黑，字体小大 48 pt，描边 4 pt，填色为#595757，将文件保存两份：单击“文件”→“导出”，png 格式；单击“文件”→“存储为”，ai 格式。

① 代付款图标。单击“文件”→“新建”，A4 大小。按 Ctrl+R 组合键拉取参考线。选择“圆形矩形工具”，画一个矩形，描边。按 Ctrl+C 和 Ctrl+V 组合键复制两个矩形，按住 Shift 键（等比例）缩小，如图 6-4-6 所示。选中两个图形，单击“窗口”→“路径查找器”→“减去顶层”，得到如图 6-4-7 所示。

图 6-4-6

图 6-4-7

将备用的矩形移动到合适位置，在图标下方输入“待付款”，保存。效果如图 6-4-8 所示。

② 完成标志。将“待付款”作为参考图。选择“圆角矩形工具”，画一个长矩形，再用“字体工具”输出人民币标志“¥”，如图 6-4-9 所示。使用“椭圆工具”，按 Shift+Alt 组合键画出一个正圆，填色。再用“字体工具”输出“ √”，保存，如图 6-4-10 所示。

图 6-4-8

图 6-4-9

输入“完成”，效果如图 6-4-11 所示。

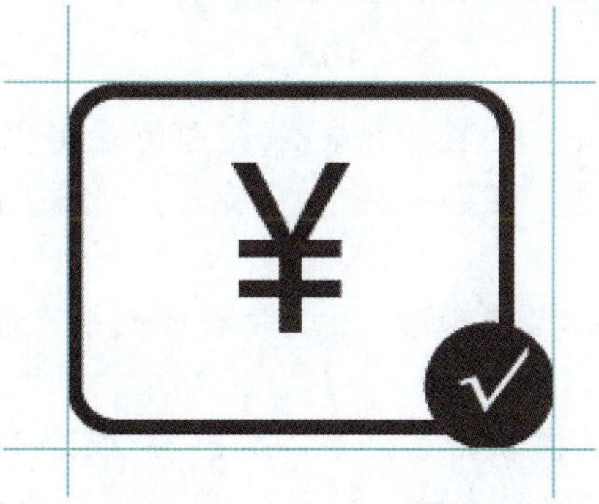

图 6-4-10

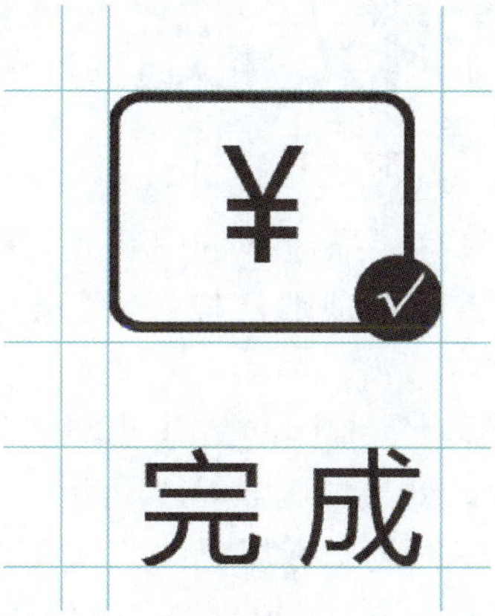

图 6-4-11

③ 待收货图标。用“钢笔工具”画出货车的轮廓，描边 4 pt，如图 6-4-12 所示。使用“椭圆工具”，按住 Shift 键画一个正圆，描边。按 Ctrl+C、Ctrl+V 组合键复制并水平移动。选择“直线段工具”将两个圆连接起来，如图 6-4-13 所示。

图 6-4-12

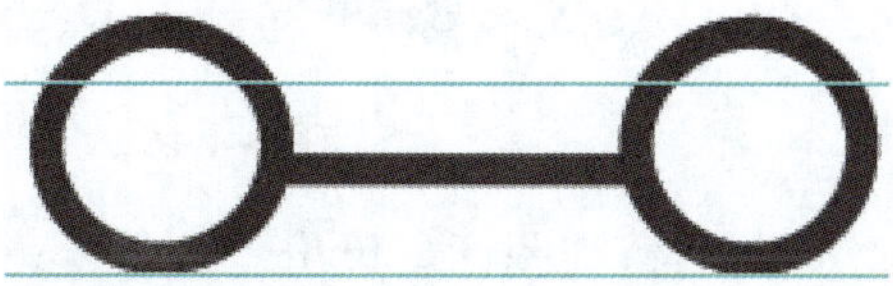

图 6-4-13

在图案底部输入“待收货”，保存，效果如图 6-4-14 所示。

④ 待评价图标。“待收货”作为参考图，选择“圆角矩形工具”画一个矩形。再用多边形工具画三角形，双击图案，输入边数“3”，如图 6-4-15 所示。

图 6-4-14

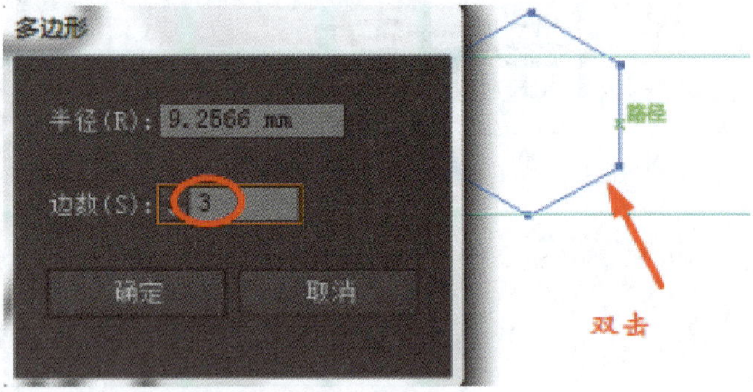

图 6-4-15

选中图案，描边 4 pt。再用“矩形工具”画一个长矩形，填充白色。用“圆角矩形工具”画出笔的顶端，描边。组合后，使用“选择工具”选中并旋转，效果如图 6-4-16 所示。

将“铅笔”选中，右击，单击“编组”，将其拖至“矩形”上方。在图案下方输入“待评价”，保存，效果如图 6-4-17 所示。

步骤 03：为图标填色红色（#C61E1D），字体微软雅黑，字体颜色为#3E3A39，字体大小为 42 pt，描边为 4 pt。将文件保存两份：单击“文件”→“导出”，文件类型为 png；单击“文件”→“存储为”，文件类型为 ai。

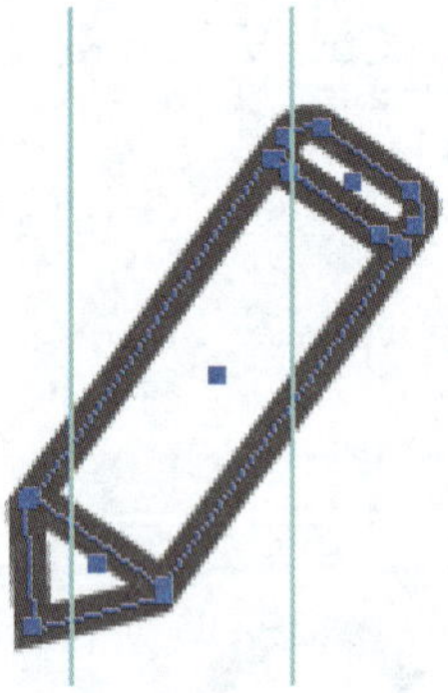

图 6-4-16

图 6-4-17

① 我的资产图标。单击“文件”→“新建”，A4 大小。按 Ctrl+R 组合键拉取参考线，选用“圆角矩形工具”画两个圆角矩形，如图 6-4-18 所示。

画出四条圆角矩形，如图 6-4-19 所示。在下方输入“我的资产”字样，描边，保存，效果如图 6-4-20 所示

图 6-4-18

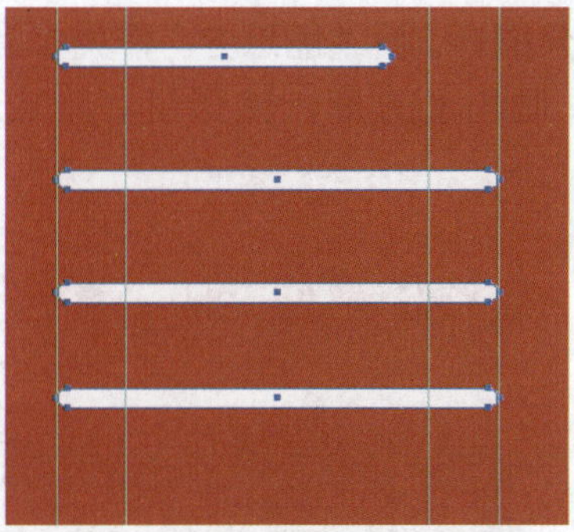

图 6-4-19

② 账单查询图标。在“我的资产”上修改。去除上面白色的圆角矩形，将图案拉窄。选择“椭圆工具”，按住 Shift 键画出一个正圆。然后按 Ctrl+C、Ctrl+V 组合键复制两个正圆，并移至圆角矩形边缘，如图 6-4-21 所示。

图 6-4-20

图 6-4-21

选择“文字工具”，输入“人民币”，打出“¥”，描边为白色。在图案下方输入“账单查询”，保存，效果如图 6-4-22 所示。

③ 优惠券图标。在“我的资产”上修改，将上方填充白色圆角矩形，复制后移至下方水平线。选择“椭圆工具”，按 Shift 键画一个正圆，复制三个并移动至同一水平线。输入“优惠券”字样，保存，效果如图 6-4-23 所示。

图 6-4-22

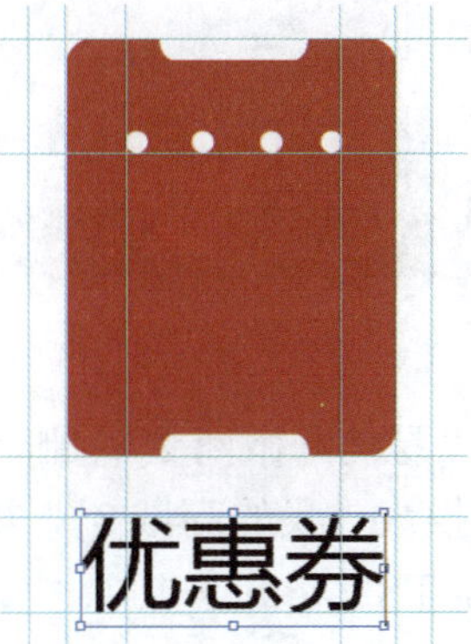

图 6-4-23

④ 我的积分图标。将“优惠券”作为参考图。选择“圆角矩形工具”画出一条圆角矩形。用“矩形工具”画出长方形，然后用“直接选择工具”选中“锚点”并移动，呈现梯形，如图 6-4-24 所示。

图 6-4-24

选用“椭圆工具”，按住 Shift 键画出正圆，复制并排列，如图 6-4-25 所示。然后用“矩形工具”画出如图 6-4-26 所示图形，在下方输入“我的积分”字体，保存，效果如图 6-4-27 所示。

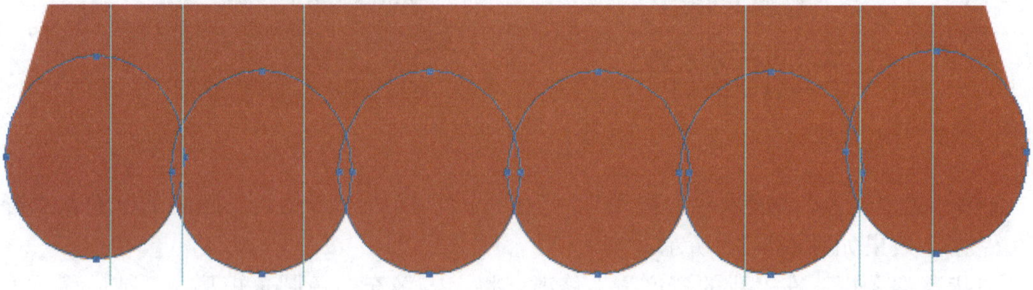

图 6-4-25

图 6-4-26

步骤 04： 打开“易优鲜微商 2”，删除不需要的内容。将底部图标“首页”替换为“首页 2”，“我的商城”替换成“我的商城 2”，如图 6-4-28 所示。单击“文件”→“存储为”，命名为“易优鲜微商 3”，PSD 格式。

图 6-4-27

图 6-4-28

步骤 05：新建组，组名为“上”。选用画出长方形，前景色（Alt+Delete 组合键）填充为#b51e22，如图 6-4-29 所示。使用，按住 Shift 键画一个白色正圆，后景色（Ctrl+Delete 组合键）填充为#ffffff，如图 6-4-30 所示。

图 6-4-29

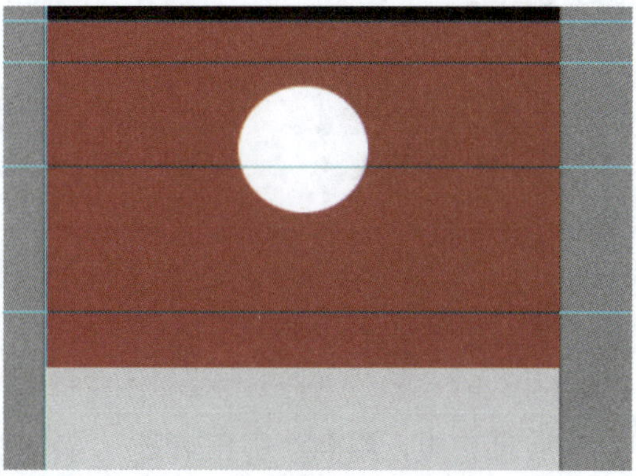

图 6-4-30

选用 T，输入“设置”，字体：微软雅黑，大小：18，字距 140，颜色：白色（#ffffff）。将在 AI 中做的“登录”“注册”拉入组，按 Ctrl+T 组合键。按 Shift 键调整大小，效果如图 6-4-31 所示。

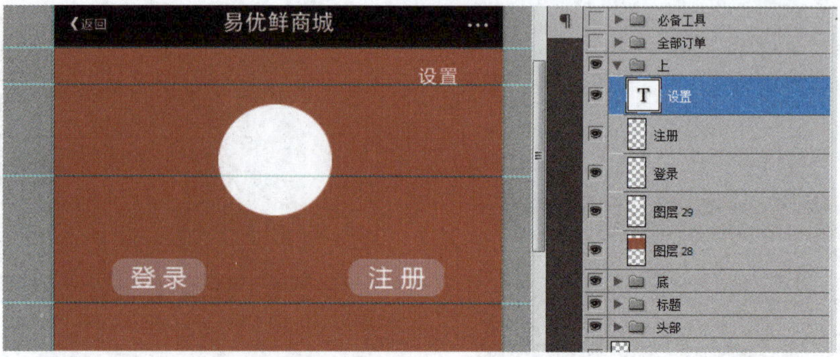

图 6-4-31

步骤 06： 新建组“全部收单”，新建图层“底 1”和“底 2”，注意中间有空隙。选用画出两个白色矩形，如图 6-4-32 所示。

图 6-4-32

选择T，输入“全部订单”，字体：微软雅黑，大小：17，字距 140。将刚才所做的图标拖入组中，按 Ctrl+T 组合键。按住 Shift 键拉取参考线，调整大小，如图 6-4-33 所示。

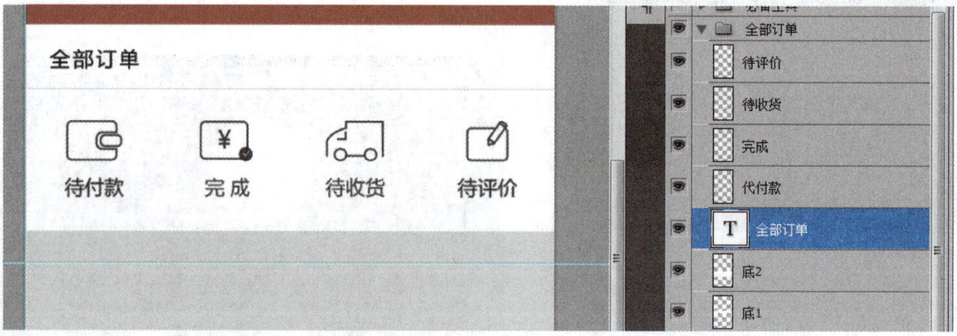

图 6-4-33

步骤 07： 新建组，组名“必备工具”，新建图层“底 1”和“底 2”，注意中间有空隙。选用画出两个白色矩形，如图 6-4-34 所示。

选择T，输入“必备工具”，字体：微软雅黑，大小：17，字距 140。将“我的资产”“账单查询”“我的积分”“优惠券”图标拖入组中，按 Ctrl+T 组合键。按住 Shift 键调整大小，效果如图 6-4-35 所示。

图 6-4-34

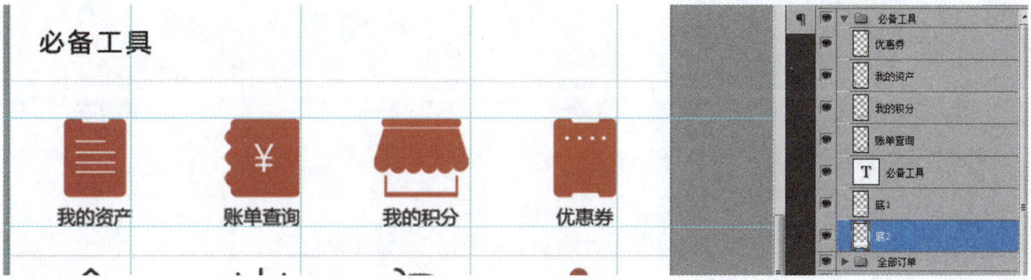

图 6-4-35

最终效果如图 6-4-36 所示。

图 6-4-36